高职高专计算机应用技能培养系列规划教材

安徽财贸职业学院"12315教学质量提升计划"——十大品牌专业(软件技术专业)建设成果

ASP.NET 程序设计
教学做一体化教程

主　编　胡配祥　陈良敏
参　编　侯海平　王会颖
　　　　房丙午　陆金江

图书在版编目(CIP)数据

ASP.NET 程序设计教学做一体化教程/胡配祥,陈良敏主编.—合肥:安徽大学出版社,
2016.12
高职高专计算机应用技能培养系列规划教材
ISBN 978-7-5664-1280-5

Ⅰ.①A… Ⅱ.①胡… ②陈… Ⅲ.①网页制作工具—程序设计—高等职业教育—教材
Ⅳ.①TP393.092.2

中国版本图书馆 CIP 数据核字(2017)第 001499 号

ASP.NET 程序设计教学做一体化教程　　　　　胡配祥　陈良敏　主　编

出版发行：	北京师范大学出版集团 安 徽 大 学 出 版 社 (安徽省合肥市肥西路 3 号 邮编 230039) www.bnupg.com.cn www.ahupress.com.cn
印　　刷：	合肥现代印务有限公司
经　　销：	全国新华书店
开　　本：	184mm×260mm
印　　张：	18.75
字　　数：	456 千字
版　　次：	2016 年 12 月第 1 版
印　　次：	2016 年 12 月第 1 次印刷
定　　价：	41.00 元

ISBN 978-7-5664-1280-5

策划编辑：李　梅　蒋　芳　　　　　　　　装帧设计：李　军　金伶智
责任编辑：张明举　　　　　　　　　　　　美术编辑：李　军
责任印制：赵明炎

版权所有　侵权必究

反盗版、侵权举报电话：0551－65106311
外埠邮购电话：0551－65107716
本书如有印装质量问题,请与印制管理部联系调换。
印制管理部电话：0551－65106311

编写说明

为贯彻《国务院关于加快发展现代职业教育的决定》，落实《安徽省人民政府关于加快发展现代职业教育的实施意见》，推动我省职业教育的发展，安徽省高等学校计算机教育研究会和安徽大学出版社共同策划组织了这套"高职高专计算机应用技能培养系列规划教材"。

为了确保该系列教材的顺利出版，并发挥应有的价值，合作双方于2015年10月组织了"高职高专计算机应用技能培养系列规划教材建设研讨会"，邀请了来自省内十多所高职高专院校的二十多位教育领域的专家和资深教师、部分企业代表及本科院校代表参加。研讨会在分析高职高专人才培养的目标、已经取得的成绩、当前面临的问题以及未来可能的发展趋势的基础上，对教材建设进行了热烈的讨论，在系列教材建设的内容定位和框架、编写风格、重点关注的内容、配套的数字资源与平台建设等方面达成了共识，并进而成立了教材编写委员会，确定了主编负责制等管理模式，以保证教材的编写质量。

会议形成了如下的教材建设指导性原则：遵循职业教育规律和技术技能人才成长规律，适应各行业对计算机类人才培养的需要，以应用技能培养为核心，兼顾全国及安徽省高等学校计算机水平考试的要求。同时，会议确定了以下编写风格和工作建议：

(1) 采用"教学做一体化＋案例"的编写模式，深化教材的教学成效。

以教学做一体化实施教学，以适应高职高专学生的认知规律；以应用案例贯穿教学内容，以激发和引导学生学习兴趣，将零散的知识点和各类能力串接起来。案例的选择，既可以采用学生熟悉的案例来引导教学内容，也可以引入实际应用领域中的案例作为后续实习使用，以拓展视野，激发学生的好奇心。

(2) 以"学以致用"促进专业能力的提升。

鼓励各教材中采取合适的措施促进从课程到专业能力的提升。例如，通过建设创新平台，采用真实的课题为载体，以兴趣组为单位，实现对全体学生教学质量的提高，以及对适应未来潜在工作岗位所需能力的锻炼。也可结合特定的专业,增加针对性案例。例如,在 C 语言程序设计教材中,应兼顾偏硬件或者其他相关专业的需求。通过计算机设计赛、程序设计赛、单片机赛、机器人赛等竞赛或者特定的应用案例来实施创新教育引导。

(3) 构建共享资源和平台,推动教学内容的与时俱进。

结合教材建设构筑相应的教学资源与使用平台,例如,MOOC、实验网站、配套案例、教学示范等,以便为教学的实施提供支撑,为实验教学提供资源,为新技术等内容的及时更新提供支持等。

通过系列教材的建设,我们希望能够共享全省高职高专院校教育教学改革的经验与成果,共同探讨新形势下职业教育实现更好发展的路径,为安徽省高职高专院校计算机类专业人才的培养做出贡献。

真诚地欢迎有共同志向的高校、企业专家参与我们的工作,共同打造一套高水平的安徽省高职高专院校计算机系列"十三五"规划教材。

胡学钢
2016 年 1 月

编委会名单

主　任　　胡学钢（合肥工业大学）
委　员　　（以姓氏笔画为序）
　　　　　　丁亚明（安徽水利水电职业技术学院）
　　　　　　卜锡滨（滁州职业技术学院）
　　　　　　方　莉（安庆职业技术学院）
　　　　　　王　勇（安徽工商职业学院）
　　　　　　王韦伟（安徽电子信息职业技术学院）
　　　　　　付建民（安徽工业经济职业技术学院）
　　　　　　纪启国（安徽城市管理职业学院）
　　　　　　张寿安（六安职业技术学院）
　　　　　　李　锐（安徽交通职业技术学院）
　　　　　　李京文（安徽职业技术学院）
　　　　　　李家兵（六安职业技术学院）
　　　　　　杨圣春（安徽电气工程职业技术学院）
　　　　　　杨辉军（安徽国际商务职业学院）
　　　　　　陈　涛（安徽医学高等专科学校）
　　　　　　周永刚（安徽邮电职业技术学院）
　　　　　　郑尚志（巢湖学院）
　　　　　　段剑伟（安徽工业经济职业技术学院）
　　　　　　钱　峰（芜湖职业技术学院）
　　　　　　梅灿华（淮南职业技术学院）
　　　　　　黄玉春（安徽工业职业技术学院）
　　　　　　黄存东（安徽国防科技职业学院）
　　　　　　喻　洁（芜湖职业技术学院）
　　　　　　童晓红（合肥职业技术学院）
　　　　　　程道凤（合肥职业技术学院）

内容简介

本书结合网上书店系统的设计与开发,系统地讲解了 ASP.NET Web 应用程序的设计与开发,全书共分 9 章,详细地介绍了 ASP.NET 应用程序开发概述、ASP.NET 的常用系统对象、三层架构方式搭建应用程序框架、常用服务器控件、CSS 与 DIV 进行页面布局、用户控件和母板的应用,详细讲解了数据绑定技术,阐述了 Ajax 异步刷新技术,结合网上书店系统,全面阐述了 ASP.NET 应用程序的设计与开发过程。

教材采用知识讲解与技能训练相结合,突出教学做一体化的教学方式。首先要吃透书中所讲知识点,并通过学习书中示例,完成技能练习,以实现在学中做,在做中学。为了进一步提高同学们的开发能力,最后一章,提供了一个课程综合实训项目,概要地讲述了图书借阅管理系统的设计与开发思路。请同学们以小组分工方式完成图书借阅管理系统的开发。

本书内容实用,讲解透彻,理论知识完全融于示例之中,特别适合作为高职高专院校 ASP.NET 应用开发方向课程的教材,以及从事 ASP.NET 开发的相关人员学习与参考。

为了满足课堂学习与教学需要,教材配有完备的电子课件和完整的源代码可供下载,如有需要,请联系作者,邮箱:hupeixiang@126.com。

前　言

ASP.NET 是微软公司推出的企业级 B/S 模式 Web 应用程序的开发平台,与其他的类似开发技术相比,它具有开发效率高、使用简单、支持多语言、运行速度快等特点,是微软公司构建良好交互性网站的关键技术,现在 Internet 上提供服务的网站很多都是用 ASP.NET 技术开发的。

本书是由多年从事 ASP.NET 教学的老师,根据多年教学及实践经验积累完成的,是安徽财贸职业学院 12315 教学质量提升计划之十大品牌专业(软件技术)建设成果之一。

教学采用以能力培养为本位的"项目引导,任务驱动"教学做一体化模式编写。优选课程教学内容,精心设计课程项目,把 ASP.NET 应用开发技术与项目开发相结合。教材以同学们熟悉的应用系统——"网上书店系统"的开发为主线,采用知识与技能训练相结合模式,逐章探讨如何应用 ASP.NET 技术开发 Web 应用系统。

本书具有以下特色。

1. 教学做一体化。突破传统的以知识结构体系为架构的思维,不追求完整的知识体系结构,按照教学做一体化的教学模式重构内容体系。

2. 项目贯穿。实用为主,知识与技能训练相结合,全书贯穿项目是网上书店,结合项目系统地阐述了 Web 应用程序的设计与开发。最后一章,提供了一个课程实训综合项目,概要地讲述了图书借阅管理系统的设计与开发思路,让同学们以小组分工方式完成图书借阅管理系统的开发,达到学以致用,融会贯通。

全书共分 9 章,第 1 章介绍 ASP.NET 应用开发概述;第 2 章介绍 ASP.NET 常用对象;第 3 章介绍三层架构的系统框架;第 4 章介绍 ASP.NET 常用的服务器控件;第 5 章结合阶段项目介绍页面布局、用户控件和母板的应用;第 6 章介绍数据绑定技术;第 7 章介绍 Ajax 异步刷新技术;第 8 章结合阶段项目全面阐述项目开发;第 9 章是课程实训项目,概要地阐述了图书借阅管理系统的开发要点,让同学们完成。

本书由胡配祥、陈良敏主编。陈良敏编写了第 1 章、第 2 章和第 9 章,侯海平编写了第 4 章,胡配祥编写了第 3 章、第 5 章、第 6 章、第 7 章和第 8 章,项目案例及教材配套资源由胡配祥、陈良敏、侯海平、王会颖、房丙午和陆金江等共同开发完成。

本书适合作为高职高专院校计算机类专业"ASP.NET 应用开发"相关课程的教材,也可供从事 ASP.NET 开发和应用的相关人员学习与参考。

由于编者水平有限,书中不足之处,请广大读者批评指正。

编　者

2016 年 7 月

目 录

第 1 章 ASP.NET 应用开发概述 ... 1

- 1.1 ASP.NET 的特色与优势 ... 2
- 1.2 ASP.NET 相关概念 ... 3
- 1.3 搭建 ASP.NET 开发环境 ... 4
  - 1.3.1 Visual Studio 2013 集成开发环境介绍 ... 4
  - 1.3.2 技能训练:安装 Visual Studio 2013 ... 5
- 1.4 创建第一个 ASP.NET 程序 ... 6
  - 1.4.1 创建 ASP.NET 应用程序 ... 6
  - 1.4.2 技能训练:利用海伦公式计算三角形面积 ... 8
- 1.5 ASP.NET 应用程序的调试 ... 9
  - 1.5.1 语法错误、语义错误与逻辑错误 ... 9
  - 1.5.2 程序调试 ... 9
- 习题 1 ... 12

第 2 章 常用系统对象 ... 14

- 2.1 ASP.NET 运行机制 ... 15
- 2.2 系统对象(一) ... 15
  - 2.2.1 Page 对象 ... 16
  - 2.2.2 Request 对象 ... 19
  - 2.2.3 技能训练:Request 及 Page 对象的应用 ... 21
  - 2.2.4 Response 对象 ... 22
  - 2.2.5 Cookie 对象 ... 24
  - 2.2.6 技能训练:Cookie 对象的应用 ... 25
- 2.3 系统对象(二) ... 28
  - 2.3.1 Session 对象 ... 28

	2.3.2 技能训练:后台管理子系统登录页面设计	31
	2.3.3 Application 对象	36
	2.3.4 Server 对象	37
	2.3.5 Global.asax 文件	39
	2.3.6 技能训练:网站总访问量和在线人数统计	40
	2.3.7 技能训练:简易聊天室设计	42
习题 2		45

第 3 章 搭建网上书店的系统框架   46

3.1	三层架构概述	47
3.2	系统需求分析和功能模块设计	49
	3.2.1 前台购物子系统功能模块	50
	3.2.2 后台管理子系统功能模块	51
3.3	数据库设计	51
	3.3.1 数据库概念设计(E-R 图)	51
	3.3.2 数据库逻辑结构设计	52
	3.3.3 数据库参照完整性设计	56
	3.3.4 技能训练:数据库物理设计与实施	57
3.4	模型子层设计	58
	3.4.1 系统解决方案的项目构成	58
	3.4.2 模型子层设计	58
	3.4.3 技能训练:模型子层设计	63
3.5	数据访问层设计	63
	3.5.1 公共数据访问类 SqlDBHelper 的构建	64
	3.5.2 数据访问类设计	68
	3.5.3 技能训练:数据访问类设计	71
3.6	业务逻辑层设计	77
3.7	表示层设计	78
习题 3		79

第 4 章 ASP.NET 常用服务器控件   80

4.1	服务器控件概述	81
	4.1.1 Web 服务器控件	81
	4.1.2 Web 服务器控件的基类	81
	4.1.3 服务器端事件、客户端事件	83

4.2 标准服务器控件 ... 85
4.2.1 标签及文本框控件 ... 85
4.2.2 按钮控件 ... 87
4.2.3 技能训练：前台顾客登录界面设计 ... 89
4.2.4 复选框及复选列表框控件 ... 93
4.2.5 单选按钮及单选按钮组控件 ... 95
4.2.6 列表框及下拉列表框控件 ... 99
4.2.7 图像显示控件、隐藏域控件及文件上传控件 ... 100
4.2.8 技能训练：图书信息添加页面设计 ... 101
4.2.9 超链接控件 ... 105
4.2.10 多视图控件 ... 105
4.2.11 技能训练：图书搜索页面设计 ... 105
4.3 导航控件 ... 109
4.3.1 站点地图与站点导航控件 ... 109
4.3.2 TreeView 控件与 Menu 控件 ... 111
4.4 数据验证控件 ... 112
4.4.1 验证控件概述与分类 ... 112
4.4.2 验证控件的详细介绍 ... 114
4.4.3 技能训练：顾客注册时验证信息 ... 116
习题 4 ... 120

第 5 章 阶段项目——网上书店表示层框架搭建 122

5.1 Div＋CSS 布局 ... 123
5.1.1 CSS 样式基础 ... 123
5.1.2 Div 布局对象 ... 126
5.2 应用 Div＋CSS 进行系统前台界面布局 ... 129
5.2.1 设计网上书店主菜单 ... 129
5.2.2 应用 Div＋CSS 进行前台页面框架布局 ... 132
5.3 用户控件设计 ... 135
5.3.1 用户控件 ... 135
5.3.2 设计网上书店的用户控件 ... 136
5.4 母版页及内容页创建 ... 140
5.4.1 母版页制作 ... 140
5.4.2 创建内容页 ... 144
5.5 站点导航及后台菜单设计 ... 144
5.5.1 后台子系统站点导航设计 ... 144
5.5.2 后台子系统树形菜单制作 ... 147
习题 5 ... 149

第 6 章 数据绑定控件 150

6.1 数据绑定概述 151
6.2 Repeater 控件 152
6.3 DataList 控件 157
6.3.1 DataList 的模板及属性 157
6.3.2 PagedDataSource 分页组件 160
6.3.3 DataList 的事件 160
6.3.4 技能训练:数据列表信息的分页显示 161
6.3.4 技能训练:数据列表信息的编辑和删除 167
6.4 GridView 控件 172
6.4.1 GridView 的列字段与模板 172
6.4.2 GridView 的分页与排序 175
6.4.3 技能训练:分页与排序的应用 176
6.4.4 GridView 的常用事件 181
6.4.5 技能训练:数据列表信息的编辑与删除 181
6.4.6 技能训练:数据列表信息的批量删除 187

习题 6 192

第 7 章 Ajax 异步刷新技术 194

7.1 Ajax 概述 195
7.2 ASP.NET Ajax 框架 198
7.3 ASP.NET Ajax 常用组件 200
7.3.1 Ajax 脚本管理器控件 200
7.3.2 更新块面板控件 203
7.3.3 更新进度条控件 214
7.3.4 定时器控件(Timer) 216
7.3.5 技能训练:利用 Ajax 异步技术重构前台母版 218
7.3.6 技能训练:Ajax 异步环境下顾客信息的注册 220

习题 7 226

第 8 章 阶段项目——网上书店实例设计 228

8.1 前台购物子系统设计 229
8.1.1 前台子系统首页设计 229
8.1.2 图书分类展示页面设计 231
8.1.3 购物车页面设计 239
8.1.4 订单结账页面设计 245

8.1.5 我的订单页面设计 ………………………………………………… 250
8.2 后台管理子系统设计 …………………………………………………… 254
8.2.1 图书列表页面设计 ………………………………………………… 254
8.2.2 图书信息编辑与更新 ……………………………………………… 257
8.2.3 订单管理页面设计 ………………………………………………… 262
8.3 网上书店系统的发布 …………………………………………………… 266
习题 8 ……………………………………………………………………………… 268

第 9 章 课程项目——图书借阅管理系统 269

9.1 需求分析和功能模块设计 ……………………………………………… 270
9.2 数据库设计与实施 ……………………………………………………… 271
9.3 三层架构框架设计 ……………………………………………………… 275
9.4 表示层网页设计 ………………………………………………………… 277
习题 9 ……………………………………………………………………………… 283

第 1 章
ASP.NET 应用开发概述

本章工作任务
- 完成 VS2013 的安装与配置
- 完成第一个 ASP.NET 程序

本章知识目标
- 理解 ASP.NET 相关概念及发展历史
- 掌握 ASP.NET 程序的组成结构

本章技能目标
- 掌握 VS2013 的安装与配置
- 掌握 ASP.NET 项目的搭建与程序调试方法

本章重点难点
- ASP.NET 项目的搭建与程序调试方法

ASP.NET是创建动态页面的一种强大服务器技术,是一种基于B/S的应用程序开发技术。随着互联网的快速发展和应用普及,越来越多的企业和机构在网络上搭建自己的平台。在微软的.NET战略中,ASP.NET是其中的一项核心技术,是一种主流的可开发动态交互页面的Web技术。

1.1 ASP.NET的特色与优势

ASP.NET将WinForm事件模型带入了Web应用程序开发,程序员只需要拖动控件,处理控件的属性,不需要面对庞大的HTML编码,可以说是一项具有重大意义的技术。

下面列举一下ASP.NET的优点。

(1)与浏览器无关。

ASP.NET生成的代码遵循W3C标准化组织推荐的XHTML标准,该标准的承诺是:只需设计页面一次,即可让该页以完全相同的方式在任何浏览器中显示和工作。

(2)方便设置断点,易于调试。

(3)编译后执行,运行效率高。

代码编译是指将代码"翻译"成机器语言。但在ASP.NET中并未直接编译成机器语言,而是先编译为微软中间语言(MSIL或IL),然后由即时编译器(JIT)进一步编译成机器语言。其中,JIT并非一次完全编译,而是调用哪部分代码就编译哪部分,这样启动时间更短。同时编译好的代码,再次运行时不需要重新编译,极大提高Web应用程序的性能,如图1-1所示。

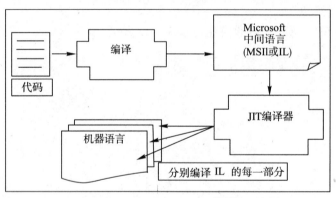

图1-1 ASP.NET页面编译

(4)丰富的控件库。

大家上网经常看到有树形目录作为导航的功能,在JSP中,实现一个树形导航菜单需要很多代码,但在ASP.NET中,可以直接使用控件来完成,拖拖拽拽就可以,节省了大量的开发时间。ASP.NET2.0中内置了80多个常用的控件,可实现许多功能。

(5)代码后置,使代码更清晰。

ASP.NET采用代码后置技术,将Web界面元素和程序逻辑分开显示,这样可以使代码更清晰,有利于阅读和维护。

1.2 ASP.NET 相关概念

1. 网页

在浏览器中看到的页面,是一个单个的文件,网页里可以有文字、表格、图像、声音、视频等,网站中的第一个页面称为首页或主页。网页分为静态网页和动态网页。

2. 网站

也称为站点,英文名称为 Web Site,它是存放在网络服务器上的完整信息的集合体,它包含一个或多个网页。这些网页按照一定的组织结构,以链接等方式连接在一起。

3. 主页

又称首页,它是进入站点看到的第一个页面,它是一个单独的网页,又是站点的出发点和各网页的汇总点,主页总是与一个网址(URL)相对应,引导用户走进一个网站。

4. 静态网页

静态网页就是在网页中不包含需要在服务器端执行的代码。含有 JavaScript 客户端代码的 HTML 网页也是静态页面,它们虽然在网页呈现的效果会"动",甚至还有运行代码,但是都是在客户端执行的代码,因而算不上动态页面,网页文件编写完成后,其内容不再发生变化。

静态网页文件里只有 HTML 标记或 JS 等客户端代码,客户端代码是在浏览器上运行的,这种网页缀名一般为 .html、.htm、.shtml 等。

静态网页的优点是速度快,静态页面已提前创建好并放在服务器上,浏览器访问它时,服务器直接把它发送给浏览器就行了,如图 1-2。缺点是维护起来困难,需要大量创建静态页面。

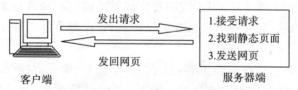

图 1-2 静态网页工作原理

5. 动态网页

动态页面指网页中包含有需要在服务器端执行的脚本代码。当向 Web 服务器请求一个动态网页时,运行 Web 服务器端代码,把执行结果与页面的 HTML 标记部分动态组装成一个网页,传送到浏览器,所以浏览器接收到的仍是 HTML 代码。

脚本是指嵌入到网页文件中的程序代码。按照执行方式和位置的不同,脚本分为客户端脚本(JavaScript)和服务器端脚本(C#)。脚本所使用的编程语言称为脚本语言。

动态网页的扩展名根据不同的程序设计语言而不同,常见的有 .jsp、.php 及 .aspx 等。向 Web 服务器请求动态网页工作时,要运行其中的服务器端代码,并把运行结果与页面的 HTML 标记动态组装成一个网页,再传送到浏览器,所以静态网页的运行速度是远远快于动态网页的,如图 1-3。

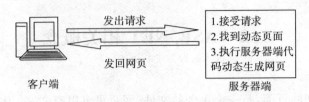

图 1-3 动态网页工作原理

6. B/S(Browser/Server)架构

即浏览器/服务器架构。它是随着 Internet 技术的兴起而出现的，在这种架构下，用户工作界面就是浏览器，部分代码逻辑在前端(Browser)实现，主要代码逻辑在服务器端(Server)实现。Web 应用程序的访问不需要安装客户端程序，可以通过任一款浏览器来访问 Web 应用程序，当服务器端 Web 应用程序进行升级时，并不需要在客户端做任何更改。

1.3 搭建 ASP.NET 开发环境

微软 Visual Studio 被认为是世界上最好的开发环境之一，使用 VS2013 能快速构建 ASP.NET 应用程序，并为 ASP.NET 应用程序提供所需的类库、控件和智能提示，下面介绍 VS2013 的安装及 VS2013 开发环境中各窗口的功能。

1.3.1 Visual Studio 2013 集成开发环境介绍

VS2013 集成开发环境主窗口界面如图 1-4 所示。

VS2013 主窗口包括多个子窗口，最左侧的是工具箱，用于存放各类服务器控件，系统为开发人员提供了数十种服务器控件，不同类别的服务器控件被归为不同的类别。集成开发环境中间是网页设计的文档窗口，用于应用程序代码的编写和样式控制，其下方有错误列表窗口。右侧是解决方案资源管理器窗口和属性窗口，每个服务器控件都有自己的属性，通过属性窗口可以设置控件的相应属性。

开发人员还能够在工具箱中添加第三方控件，添加后，第三方控件就出现在相应的工具类别选项中，第三方控件的使用方法与 VS 自带工具的使用类似，具体使用方法在相应第三方控件中进行详细说明。

图 1-4 Visual Studio 2013 集成开发环境主窗口

解决方案资源管理器对解决方案中的文件进行管理,它是个文件与项目管理器,解决方案中包括项目的管理、类库的管理和组件的管理,在解决方案管理器中可以进行项目的添加、删除和项目间的引用等。

在应用程序开发中,通常需要进行不同的组件的开发,例如,一个人开发用户界面,而另一个人进行后台开发,解决方案管理器就能够解决这个问题,每个组件就是一个项目,不同的项目在一个解决方案中可以进行相应的调用,构成一个整体。

有时在解决方案资源管理器中不显示解决方案名称,可以在"工具"菜单栏的"选项"中的"项目和解决方案"中勾选"总是显式解决方案"即可。

1.3.2 技能训练:安装 Visual Studio 2013。

【训练 1-1】 课后自己动手安装 Visual Studio 2013。

(1)拷贝 Visual Studio Ultimate 2013 安装包,解压后,找到其中的 vs_ultimate.exe,双击进入安装程序,如图 1-5 所示。

图 1-5　Visual Studio 2013 的安装界面

(2)在弹出的界面中,选中"我同意许可条款和隐私策略",进入下一步后,弹出要求勾选要安装的可选功能,这里一般默认即可。VS2013 安装界面中,不会出现 VS2010 安装界面中所出现的自定义安装,比如把自己不用的 VB.NET、VC++.NET 等勾掉不安装,感觉这是 VS2013 安装中的不足之处,等待大概 30 分钟完成安装。安装过程中,最好不要开启其他软件,等待安装结束,安装结束后弹出如图 1-6 左侧所示界面,点击下方的"启动 VS"按钮,启动 VS2013。

(3)首次启动 VS2013 后,由于没有在微软网站注册用户,所以点击"以后再说",这样 VS2013 就启动成功了。

(4)VS2013 的注册。

最后要给 VS2013 注册一下,否则软件只有 30 天的试用期。打开 VS2013,在菜单栏中找到"帮助"菜单,点击"注册产品",会弹出一个对话框如图 1-7 所示,里面会显示软件的注册状态,点击更改我的产品许可证,会弹出一个对话框,要求输入产品密钥。此时,需要一个产品密钥,若没有密钥,大家自己到网上去搜索一个填入即可。

图1-6　Visual Studio 2013 安装结束界面

图1-7　Visual Studio 2013 注册界面

注册成功后,所有的操作算是基本完成,可以正常使用了。

1.4　创建第一个 ASP.NET 程序

ASP.NET 网站的创建过程一般分为:创建网站→编写页面→调试运行。

1.4.1　创建 ASP.NET 应用程序

打开 VS2013,可以单击菜单栏上的【文件】按钮,选择【新建】|【网站】,选择"ASP.NET 空网站",在界面下方的"Web 位置"中,设置网站的存储位置,设置网站的性质,单击"确定"后即可创建 ASP.NET 应用程序。

【例1-1】　在页面上放置一个文本框,一个按钮和两个标签,效果如图1-8,在文本框中输入姓名,单击"确定"按钮,将根据时间段,在下方的标签中显示相应的问候信息及具体时间。具体情况是:8点~11点,显示晚上好,12点~13点,显示中午好,14点~17点,显示下午好,18点～20点,显示晚上好,21点～22点,显示晚安,其他时间提醒休息。

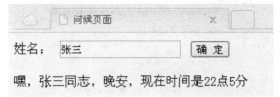

图 1-8 根据时间段显示问候信息的页面

新建一个空网站后,向网站中添加一个网页,从工具箱中将文本框、按钮、标签控件拖放到设计视图中,把显示信息的标签的 id 改为"lblMessage","确定"按钮事件代码如下:

```
protected void btnSubmit_Click(object sender, EventArgs e)
{
    string msg = "";
    switch (DateTime.Now.Hour)
    {
        case 8:
        case 9:
        case 10:
        case 11:
            msg = string.Format("嘿,{0}同志,上午好,现在时间是{1}点{2}分", txtName.Text, DateTime.Now.Hour, DateTime.Now.Minute);
            break;
        case 12:
        case 13:
            msg = string.Format("嘿,{0}同志,中午好,现在时间是{1}点{2}分", txtName.Text, DateTime.Now.Hour, DateTime.Now.Minute);
            break;
        case 14:
        case 15:
        case 16:
        case 17:
            msg = string.Format("嘿,{0}同志,下午好,现在时间是{1}点{2}分", txtName.Text, DateTime.Now.Hour, DateTime.Now.Minute);
            break;
        case 18:
        case 19:
        case 20:
            msg = string.Format("嘿,{0}同志,晚上好,现在时间是{1}点{2}分", txtName.Text, DateTime.Now.Hour, DateTime.Now.Minute);
            break;
        case 21:
```

```
            case 22:
                msg = string.Format("嘿,{0}同志,晚安,现在时间是{1}点{2}分", txtName.Text, DateTime.Now.Hour, DateTime.Now.Minute);
                break;
            default:
                msg = string.Format("嘿,{0}同志,现在时间是{1}点{2}分", txtName.Text, DateTime.Now.Hour, DateTime.Now.Minute);
                break;
        }
        this.lblMessage.Text = msg;
    }
```

说明： 在网站中添加一个网页后，默认会自动出现两个文件，这里出现了 Default.aspx 文件和 Default.aspx.cs 文件。这是代码分离后置技术，即把一个网页分成两个文件，一个是用来设计网页界面的，另一个是网页的后置代码文件。Default.aspx.cs 文件是与 Default.aspx 文件相对应的。Default.aspx.cs 文件是 Default.aspx 的后置代码文件。采用这种代码技术，将 Web 界面元素和程序逻辑分开显示，可以使代码更清晰，有利于阅读和维护。

程序编写完成后，右击"解决方案资源管理器"中"网站项目"名，选择"生成网站"，对该 Web 应用程序进行编译，编译过程中可以发现语法错误。单击工具栏中"运行"按钮，或按 F5 键，即可运行此 Web 应用程序。

Visual Studio 2013 中包含了虚拟服务器，开发人员无需安装 IIS 就可以运行应用程序。但是为了更好地测试 ASP.NET 网站应用程序，建议在发布网站前使用 IIS 进行测试。

1.4.2 技能训练：利用海伦公式计算三角形面积

【训练 1-2】 设计如图 1-9 所示的利用海伦公式计算三角形面积的页面，输入三角形的三个边，计算三角形的面积，并把结果显示在"面积为"右侧的标签中。海伦公式为：$s=\sqrt{p(p-a)(p-b)(p-c)}$，公式中 s 为三角形面积，a、b、c 分别为三角形边长，p 为 $(a+b+c)/2$。在计算时要对数据进行判断，如果有负数或 0，显示"边长必须为正数"，如果三个边不能构成三角形，显示"数据不能构成三角形"，设计时控件的命名要规范，见名知义。

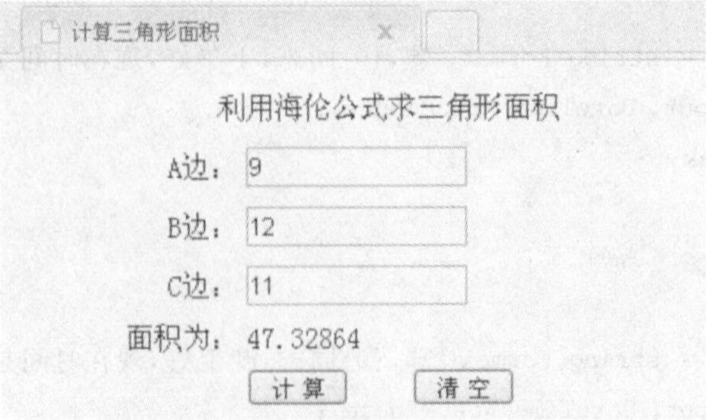

图 1-9 利用海伦公式计算三角形面积

1.5 ASP.NET 应用程序的调试

1.5.1 语法错误、语义错误与逻辑错误

ASP.NET 程序错误分为语法错误、语义错误和逻辑错误。语法错误是比较简单的错误，它会影响编译器工作，几乎所有的语法错误都能被编译器发现，并将错误消息显示出来。在解决方案中，右击站点或项目，选"生成网站"或"生成"，将进行编译，编译时若有语法错误时，错误消息将显示在"错误列表"窗口中，双击这些错误消息，光标会自动跳到语法错误的位置。

程序源代码的语法正确而语义与程序开发人员本意不同时，就会出现语义错误。此类错误比较难以察觉，它通常在程序运行过程中才出现，语义错误会导致程序非正常终止。例如，在将数据信息显示到控件中时，经常会出现"未将对象引用设置到对象的实例中"错误，语义错误在程序运行时，会被调试器以异常的形式显示给开发人员。

不是所有的语义错误都容易被发现，它们可能隐藏得很深。在某些语义错误下，程序仍可以继续执行，但执行结果却不是程序开发人员想要的，此类错误就是逻辑错误。例如，在程序中，需要计算表达式 $c=a+b$ 的值，但在编程的过程中，将表达式中的"＋"写成了"－"，像这样的错误，调试器不能以异常的形式告诉程序开发人员，这种错误就是逻辑错误。程序开发人员可以通过调试消除此类错误。

语义错误和逻辑错误，编译器不能帮助你发现，而且这两类错误很难看出来，所以必须用调试器来发现。VS 集成开发环境提供了功能强大的调试器可能帮助发现这类错误。

1.5.2 程序调试

应用程序在某行代码上暂停执行被称为"中断"，发生中断时，称程序处于中断模式，在中断模式下可以利用调试器观察程序的状态，发现其中的语义或逻辑错误。

插入断点有 3 种方式：在要设置断点行左边的灰色空白处单击；右击设置断点的代码行，在弹出的快捷菜单中选择"断点"/"插入断点"命令；单击要设置断点的代码行，选择菜单中的"调试"/"切换断点(G)"命令。

插入断点后，就会在断点行左边出现一个红色圆点，并且该行代码也以红色背景方式高亮显示。

删除断点也有 3 种方式：单击断点行的红色圆点；右击断点行，在弹出的快捷菜单中选择"断点"/"删除断点"命令；单击断点行，选择菜单中的"调试"/"切换断点(G)"命令。

在程序运行时，如果出现了语义错误或逻辑错误，在不能很快找到错误的情况下，就用启用调试。首先大致估计出错的位置，在其上方的代码行中插入断点，当然，如果错误比较复杂，也可以估计出错误的大致位置，在其周围插入一个或若干个断点，当启用调试后，程序运行到断点处会停下来，借助监视窗口或其他调试窗口，可以观察各变量或对象的数据值，进行分析，发现错误。

当程序进入调试模式后，一般情况下，"调试"工具栏会自动出现，"调试"工具栏如图 1-10 所示。

图1-10 "调试"工具栏

下面看看调试工具栏中一些命令的用法。

1. 启用调试

可以通过在"调试"菜单中选择"启动调试",或单击工具栏中的"启动调试"按钮,或者直接按F5键,程序进入调试运行状态,执行到断点处,运行暂停。当程序进入调试状态后,"启动调试"按钮变成"继续"按钮。程序调试运行进入暂停状态后,可以利用"调试"/"窗口"/"监视"命令打开监视窗口,在监视窗口中观测跟踪对象的状态数据。

在"监视窗口"中添加被观测跟踪对象有多种方法,最直接的方法是,选中代码中需要观测跟踪的变量、表达式、对象或对象的某个属性,右击选"添加监视",即可把它送入"监视窗口"进行跟踪;如果要观察的对象或表达式在代码窗口中没有,可以直接在"监视窗口"的名称中输入。

2. "逐语句"调试和"逐过程"调试

单步执行是最常见的调试过程之一,即每次执行一行代码,单步执行又分为"逐语句"执行和"逐过程"执行。

"逐语句"和"逐过程"的差异在于它们处理函数调用的方式不同,这两个命令都指示调试器执行下一行的代码。如果某一行代码包含函数调用,"逐语句"执行不仅单步执行调用行本身,而且会进入被调用函数内部进行单步执行;而"逐过程"仅单步执行调用行本身,不会进入被调用函数内部进行单步执行。如果要监视被调用函数的内部执行过程,则使用"逐语句";如果仅要调试监视函数调用的结果而不关心函数的内部,则使用"逐过程"。

3. "跳出"调试

根据调试所处的当前行位置,"跳出"的功能不同,当光标位于被调用函数的内部并想返回到调用处时,可以使用"跳出","跳出"将一直执行完该函数的代码,直到函数返回,然后在函数调用处中断停下来。

当光标位于事件代码的主程序时,使用"跳出","跳出"将执行完该事件的所有代码,结束该事件代码的调试。

4. "继续"运行

如果在程序代码中,插入了两个断点,单击"继续"运行按钮,则程序从当前光标直接运行到下一个断点处暂停下来。这对加速调试略过确定没有错误的代码非常实用,可以大大提高调试的效率。

下面举例说明程序的调试。

【例1-2】 设计如图1-11所示的利用海伦公式计算三角形面积的页面,输入三角形的三个边,计算三角形的面积,并把结果显示在"面积为"右侧的标签中。海伦公式为:$s=\sqrt{p(p-a)(p-b)(p-c)}$,公式中$s$为三角形面积,$a$、$b$、$c$分别为三角形边长,$p$为$(a+b+c)/2$。在计算时要对数据进行判断,如果有负数或0,显示"边长必须为正数",如果三个边不能构成三角形,显示"数据不能构成三角形",设计时控件的命名要规范,见名知义。

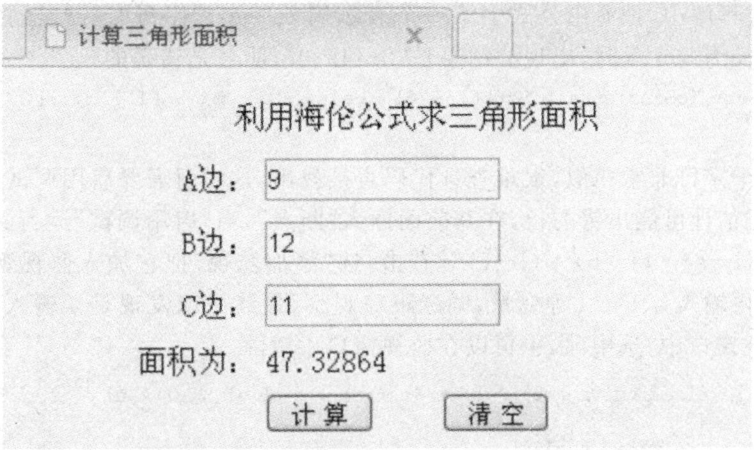

图1-11 利用海伦公式计算三角形面积

本题解题思路是这样的,假定输入的数据都是数值型,不考虑输入非数值的情况。所以可能的情况是:输入负数、输入的三个数值不能构成三角形、输入的三个数值可以构成三角形,在编程时,这里把表示周长一半的 p 用 L 表示,如果在输入时,把小写 L 写成了数字"1",是很难发现这个错误的,必须用单步调试,监视变量值的方式才能发现。

"计算"按钮的"单击"事件代码为:

```
float a, b, c;
a = Convert.ToSingle(this.txtEdge1.Text);
b = Convert.ToSingle(this.txtEdge2.Text);
c = Convert.ToSingle(this.txtEdge3.Text);
if (a <= 0 || b <= 0 || c <= 0)
{
    this.lblResult.Text = "数据可能有负数或零!";
}
else if ((a + b) > c && (a + c) > b && (b + c) > a)
{
    float s, l;
    l = (a + b + c) / 2;
    s = Convert.ToSingle(Math.Sqrt(l * (l - a) * (l - b) * (l - c)));//此行把L错写为数字1
    this.lblResult.Text = s.ToString();
}
else
{
    this.lblResult.Text = "数据都是正数,但不能构成三角形!";
}
```

上述的程序,是没有问题的,可以正确计算出三角形面积,如果输入异常也会在标签中显示信息。

但是，假定程序中，把海伦公式中第一个表示周长一半的字母"l"错误输入成数字"1"，当分别输入边长为 3、4、5 时，出现的结果是"2.44949"，明显是错误的。

　　　s = Convert.ToSingle(Math.Sqrt(1 * (l - a) * (l - b) * (l - c)));//此行第1个L错写为数字1

但是这两个字符非常相似，很难查看代码直接找出，这时就需要启用调试。

这里，首先估计可能出错的行，在其前面插入"断点"，当"启用调试"运行到断点时，选中待观察的"1 * (l−a) * (l−b) * (l−c)"，右击，选"添加监视"把它加入监视观察窗口中，并在监视窗口中再输入 a、b、c、l 等变量，调试跟踪观察，最终可以发现是误输入。调试界面如图 1-12，在监视窗口中，选中项，也可以在监视窗口中清除。

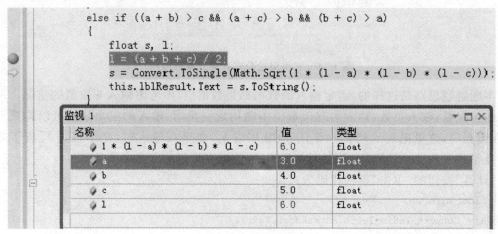

图 1-12　调试界面

　习　题　1

1. 简述动态网页和静态网页的工作原理。

2. 在 VS2013 开发环境中，代码段中出现红色波浪线和蓝色波浪线分别表示什么意义？如何解决程序的语法错误和逻辑错误，如何调试应用程序？

3. 创建一个页面如图 1-13 所示，在网页上添加三个文本框和三个相应标签和一个按钮，其中三个标签作为文本框相应说明，在第一个文本框中输入身份证号，单击按钮后，根据输入的身份证号，用 string 对象的 Substring() 方法提取子串，获取此人的出生日期，判断其性别，并显示在下方的两个文本框中。说明：18 位身份证的第 17 位数字表示性别，此位数字是奇数则为男性，是偶数则为女性。

图 1-13 提取信息

第 2 章 常用系统对象

本章工作任务
- 完成系统登录页面设计
- 完成网站总访问量和在线人数统计
- 完成简易聊天室设计

本章知识目标
- 理解 ASP.NET 常用对象的属性、方法和应用场景
- 理解 ASP.NET 常用对象事件运行机制及编写方法

本章技能目标
- 应用常用对象设计各类登录界面及跨页面传送数据
- 通过网站总访问量、在线人数统计及简易聊天室设计掌握常用对象的应用

本章重点难点
- 常用对象的属性、方法与事件
- Cookie、Session、Application 对象存储数据的异同点及工作机制

2.1 ASP.NET 运行机制

所有的 Web 站点都是基于 HTTP 协议的，ASP.NET 也不例外。所有站点的运行都有许多相似的地方，下面讲解 ASP.NET 的运行机制。

ASP.NET 应用程序是编译后执行的，它的运行机制如图 2-1 所示。

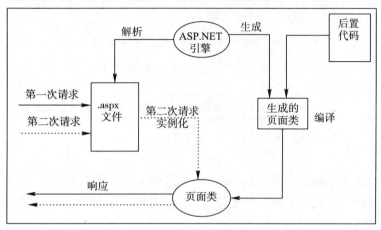

图 2-1　ASP.NET 运行机制

页面有.aspx 文件和.cs 文件构成，实际上两者是局部类的关系。用户访问.aspx 文件时，此时 ASP.NET 的引擎会编译.aspx 文件和.cs 文件，合并生成页面类，用户请求经过处理后，返回处理结果，这是第一次请求的处理过程。当第二次请求该页面时，情况就不一样了，因为该页面类已存在于内存中，所以只剩下执行和输出了。

上面就是为什么.aspx 页面第一次执行的时间比第二次长的原因。

2.2 系统对象（一）

在 ASP.NET 中，包含了一些系统内置的类，在页面中可以直接使用，被称为系统对象。在 JSP 中，它们的名字叫隐式对象或内置对象，如 Page、Request、Response、Application、Session、Cookie、Server 等。这些对象不仅能够获取页面传递的参数，还可以保存用户的信息，如 Cookie、Session 等，这些对象无需实例化，就可以直接使用它们。

使用 Page、Request、Response、Application、Session、Cookie、Server 等对象，就可以在 Web 应用程序中克服 HTTP 无状态特性，进行状态维护。表 2-1 列出了常用对象。

表 2-1　ASP.NET 的常用对象

对象名	说　明
Page 对象	代表一个页面对象，在整个页面的执行期间，都可以使用该对象。

续表

对象名	说　明
Request 对象	代表客户端发出的请求,通过它从客户端获取信息,此对象封装了由 Web 浏览器或其他客户端生成的 HTTP 请求的细节(参数、属性和数据)。
Response 对象	此对象封装了返回到 HTTP 客户端的输出,代表服务器对客户端的响应,通过它向客户端输出信息。
Application 对象	代表整个 Web 应用程序的整个运行过程,可以存储同一个应用程序中所有用户之间的共享信息。
Session 对象	代表一个用户访问网站的过程,可存储该用户的信息。
Cookie 对象	用于在客户端保存用户的信息,这些信息以 Cookie 形式保存在客户端的磁盘上。
Server 对象	该对象提供了服务器端的一些属性和方法,比如,页面文件的绝对路径等。

2.2.1　Page 对象

该对象继承自 System.Web.UI.Page 类,它代表一个页面对象,每一个 ASP.NET 的页面对应一个页面类,Page 对象就是页面类的实例,在整个页面的执行期间,都可以使用该对象。

1. Page 对象的常用属性

表 2-2　Page 对象的常用属性

属　性	说　明
IsPostBack	指示该页是为响应客户端请求,首次回发而加载,还是在页面中执行回传事件而再次回发而加载。它是一个布尔值,当该值为真(true)时,则页面为回传,否则就是首次加载。
IsValid	指示页验证是否成功。

经常使用 IsPostBack 属性来判断是首次加载还是回传请求,这个属性一定要深入理解,熟练应用,否则程序会出逻辑问题。

经常用 Page 对象的 IsPostBack 属性指示该页是为响应客户端请求,首次响应而加载,还是在页面中执行回传事件而回发后加载。

当客户端请求一个页面时,服务器执行代码并把响应发到客户端并显示,这是首次响应而加载,Page 的 IsPostBack 为 False;当用户在浏览器操作此页面时,单击按钮等回传控件后,当前页面再次向服务器发送请求,服务器执行代码并再次把响应发到客户端并显示,这是回发后加载,Page 的 IsPostBack 为 True;也经常用 Page 对象的 IsValid 属性指示页面中对用户输入的数据进行验证是否成功,如果通过验证,请求才会发送到服务器,否则请求不会发送。

【例 2-1】　在网上书店程序中,需要通过输入用户名和密码进行登录,而当用户名为空时,不允许用户登录,并给出相应提示。当进行验证时,Page 对象 IsValid 属性如果返回 true,则 lblOutput 控件的 Text 属性被设置为"页面验证通过!"。否则,它被设置为"不允许必要的字段为空！"。需要控件：2个文本框、1个按钮、1个自定义验证控件、1个标签。图2-2为验证未通过页面效果。

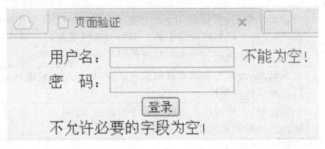

图 2-2　IsValid 返回 false 的效果图

"登录"按钮的 click 事件代码如下：
```
protectedvoid ValidateBtn_Click(Object Sender, EventArgs E) {
    if (Page.IsValid == true)//判断页面验证是否有效
    {
        lblOutput.Text = "页面验证通过！";
    }
    else {
        lblOutput.Text = "不允许必要的字段为空！";
    }
}
```

CustomValidator1 验证控件的验证事件代码如下：
```
protected void CustomValidator1_ServerValidate(object source, ServerValidateEventArgs args)
{
    args.IsValid = (txtName.Text.Trim().Length > 0);
}
```

2. Page 的生命周期

ASP.NET 页面运行的时候将经历一个生命周期，整个生命周期中会进行一系列的操作，调用一系列的方法。了解 ASP.NET 页面的生命周期对于精确控制页面的控件呈现方式和行为非常重要。表 2-3 列举了 Page 类的生命周期的几个阶段。

表 2-3　Page 类的生命周期

阶　　段	说　　明
页请求	页请求发生在页生命周期开始之前。用户请求页时，ASP.NET 将确定是否需要分析和编译页（从而开始页的生命周期），或者是否可以在不运行页的情况下发送页的缓存版本以进行响应
开始	在开始阶段，将设置页属性，如 Request 和 Response。在此阶段，页还将确定请求是回发请求还是新请求，并设置 IsPostBack 属性

阶　段	说　明
页初始化	页初始化期间，可以使用页中的控件，并将设置每个控件的 UniqueID 属性。此外，任何主题都将应用于页。如果当前请求是回发请求，则回发数据尚未加载，并且控件属性值尚未还原为视图状态中的值。
加载	加载期间，如果当前请求是回发请求，则将使用从视图状态和控件状态恢复的信息加载控件属性。
验证	在验证期间，将调用所有验证程序控件的 Validate 方法，此方法将设置各个验证程序控件和页的 IsValid 属性。

对于每个阶段 Page 类又有相应事件对应。具体参见表 2-4。

表 2-4　Page 类生命周期事件

页事件	典型使用
Page_Load	当服务器控件加载到 Page 对象中时发生。

【例 2-2】　添加一个页面，页面内有两个成员变量，datestring 和 n，n 的初值为 0，在页面上添加一个"累加"按钮，"累加"按钮的事件代码是给变量 n 自加 1，页面的 Page_Load 事件各按钮的单击事件代码如下，请分析运行结果。

```
string datestring;
int n = 0;
protected void Page_Load(object sender, EventArgs e)
{
    if (datestring == null)
        datestring = DateTime.Now.ToString();
    Response.Write("当前时间:" + datestring);
    if (! Page.IsPostBack)
    {
        Response.Write("第一次加载。");
        txtN.Text = n.ToString();
    }
    else
    {
        Response.Write("响应客户端回发而加载。");
        txtN.Text = n.ToString();
    }
}
```

"累加"按钮的单击事件代码如下：

```
protected void btnAdd_Click(object sender, EventArgs e)
{
    n++;
}
```

按照正常理解，第一次运行的时候 datestring 字符串为 null，应该显示当前时间，文本框中显示 n 的值，应该是 0；单击"累加"按钮后，datestring 字符串不再为空，会依然输出刚才的时间字符串，文本框中显示 n 的值，应该是逐步增大的，但是结果却不是这样。

初次打开以及刷新时运行效果图如图 2-3，单击"累加"按钮后运行效果图如图 2-4。也就是当前时间是不断变化的，文本框中始终显示 0。

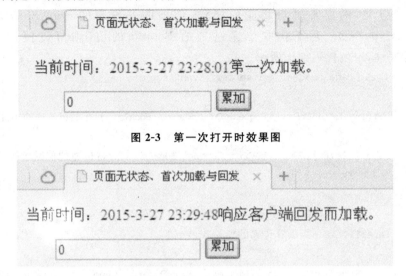

图 2-3　第一次打开时效果图

图 2-4　点击按钮后效果图

这就证明了页面是无状态的，因为只有在生成页面新实例的情况下 datestring 字符串变量才为空，才会被重新设置值，也只有在生成新页面时，成员变量 n 才是初始值 0。即使是页面回传，甚至刷新当前页，服务器都会重新生成一个当前页面的实例。每次服务器产生的页面实例，在发送到客户端后，就从服务器内存中清除，这就是无状态的本质。

刷新当前页以及响应客户端回发，都会重新生成一个当前页面的新实例，新实例与当前页的原实例，是完全不同的两个实例对象，这就是无状态。必须通过后面介绍的常用对象才能克服这种无状态现象。

由此可见每次打开一个页面和刷新一个页面效果都是一样的，只有响应客户端回发时 IsPostBack 属性才是 true。

2.2.2　Request 对象

Request 对象是 HttpRequest 类的一个实例，Request 对象用于读取客户端在 Web 请求期间发送的 HTTP 值。利用 Request，可以读取客户端提交过来的数据。提交的数据有两种形式：一种是通过超级链接后面的参数提交过来，另一种是通过 Form 表单提交过来，两种方式都可以利用 Request 对象读取。Request 对象常用的属性如下所示。

➢ QueryString：获取 HTTP 查询字符串变量的集合。
➢ Path：获取当前请求的虚拟路径。
➢ UserHostAddress：获取远程客户端 IP 主机的地址。
➢ Browser：获取有关正在请求的客户端的浏览器功能的信息。
➢ Cookies：设定或获取当前请求的 Cookie 集合。

> Url:获取当前请求完整的 URL。

1. QueryString:请求参数

QueryString 属性是用来获取 HTTP 查询字符串变量的集合,通过 QueryString 属性能够获取页面传递的参数。在超链接中,往往需要从一个页面跳转到另外一个页面,跳转的页面需要获取 HTTP 的值来进行相应的操作,例如图书页面的 ShowBookDetail.aspx?BookId=28&type=2。为了获取传递过来的 BookId 的值,则可以使用 Request 的 QueryString 属性,示例代码如下所示。

```
protected void Page_Load(object sender, EventArgs e)
{
    if (! String.IsNullOrEmpty(Request.QueryString["BookId"]))//如果传递的 ID 值不为空
    {
        Label1.Text = Request.QueryString["BookId"];//将传递的值赋予标签中
    }
    else
    {
        Label1.Text = "没有传递的值";
    }
    if (! String.IsNullOrEmpty(Request.QueryString["type"]))//如果传递的 TYPE 值不为空
    {
        Label2.Text = Request.QueryString["type"];//获取传递的 TYPE 值
    }
    else
    {
        Label2.Text = "没有传递的值";
    }
}
```

使用 Request 的 QueryString 属性来接受传递的 HTTP 的值,当访问页面路径为"http://localhost:29867/ShowBookDetail.aspx"时无参数,而当访问的页面路径为"http://localhost:29867/ShowBookDetail.aspx?BookId=1&type=2&action=get"时,就可以从路径中看出该地址传递了三个参数,参数间用"&"分隔,这三个参数和值分别为 BookId=1、type=2 以及 action=get。

2. Path:获取路径

通过使用 Path 的方法可以获取当前请求的虚拟路径。当在应用程序开发中使用 Request.Path.ToString()时,就能够获取当前正在被请求的文件的虚拟路径的值,当需要对相应的文件进行操作时,可以使用 Request.Path 的信息进行判断。

3. UserHostAddress:获取客户端 IP 地址

通过使用 UserHostAddress 的方法,可以获取远程客户端 IP 主机的地址。

4. Browser:获取浏览器信息

通过使用 Browser 的方法,可以判断正在浏览网站的客户端的浏览器的类型及版本等信息。

2.2.3 技能训练:Request 及 Page 对象的应用

【训练 2-1】 设计含有四个标签和一个超链接的 Web 页面,效果如图 2-5 所示,获取客户端的虚拟路径、客户端 IP、浏览器信息以及被请求页面的完整的 URL,页面正文图书信息是一个超链接,它跳转到另一个页面,并通过链接字符串中向目标页面传递图书编号和图书类别参数值,并在目标页中显示这两个参数的值。

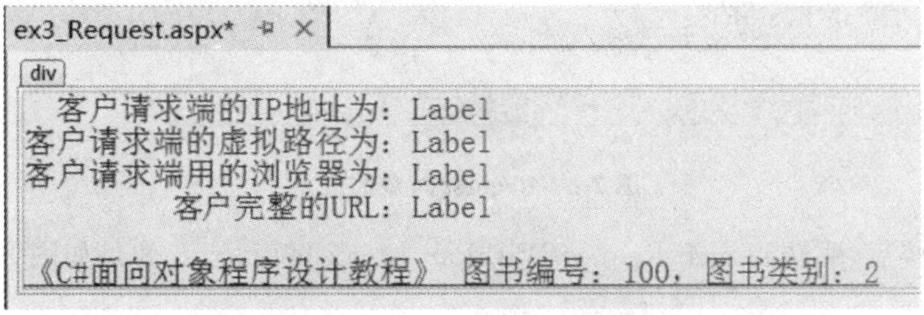

图 2-5 Request 及 Page 对象的应用

实施步骤:
(1)设计上述页面。
产生对应 HTML 标记为:

　　客户请求端的 IP 地址为:<asp:Label ID="lblIP" runat="server" Text="Label"></asp:Label>
　　　　
客户请求端的虚拟路径为:<asp:Label ID="lblPath" runat="server" Text="Label"></asp:Label>
　　　　
客户请求端用的浏览器为:<asp:Label ID="lblBrowse" runat="server" Text="Label"></asp:Label>
　　　　
客户请求的完整 URL:<asp:Label ID="lblURL" runat="server" Text="Label"></asp:Label>
　　　　
　　　　<a href="ex4_RequestWithPara.aspx?BookId=100&BookTypeId=2">《C#面向对象程序设计教程》图书编号:100,图书类别:2</a>

(2)页面的加载事件代码:
```
protected void Page_Load(object sender, EventArgs e)
{
    if (! IsPostBack)
    {
        lblIP.Text = Request.UserHostAddress;
        lblPath.Text = Request.Path;
        lblBrowse.Text = Request.Browser.Type;
        lblURL.Text = Request.Url.ToString();
```

            }
    }

运行结果如图2-6所示。

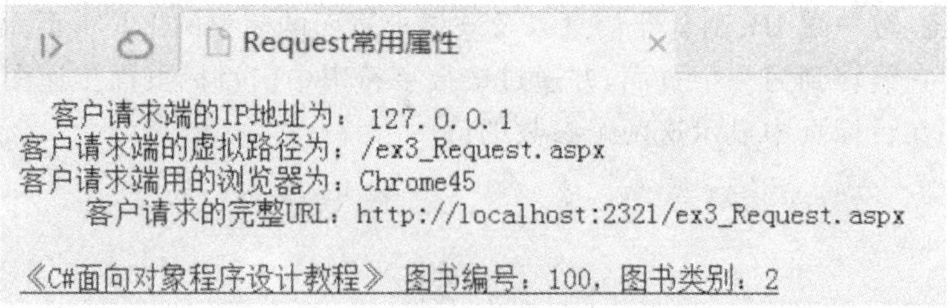

图2-6　Request对象的应用

单击超链接后，跳转到 ex4_RequestWithPara.aspx 页面，运行效果如图2-7所示。

图2-7　通过 URL 中请求字符串传递参数

(3)页面的 Page_Load 事件：

```
protected void Page_Load(object sender, EventArgs e)
{
    lblQueryString.Text = Request.QueryString.ToString();
    if (! string.IsNullOrEmpty(Request.QueryString["BookId"]))
    {
        lblBookId.Text = Request.QueryString["BookId"];
    }
    if (! string.IsNullOrEmpty(Request.QueryString["BookTypeId"]))
    {
        lblBookTypeId.Text = Request.QueryString["BookTypeId"];
    }
}
```

2.2.4　Response 对象

Response 对象是 HttpResponse 类的一个实例。此对象封装了返回到 HTTP 客户端的输出，代表服务器对客户端的响应，通过它向客户端输出信息。

Response 方法可以输出 HTML 流到客户端，其中包括发送信息到客户端和客户端 URL 重定向，不仅如此，Response 还可以设置 Cookie 的值以保存客户端信息。

1. Response 的常用属性

➢ Cookies：设定或获取当前响应的 Cookie 集合。

2. Response 的常用方法

➢ Write：向客户端发送指定的 HTTP 流。
➢ Redirect：客户端浏览器的 URL 地址重定向。

在 Response 的常用方法中，Write 方法是最常用的方法，Write 能够向客户端发送指定的 HTTP 流，并呈现给客户端浏览器，由浏览器进行解析，如下面代码会向浏览器输出一串 HTML 流并被浏览器解析，呈现出特定效果。

Response.Write("<div style='font-size:18px;'>这是一串 ASP.NET 服务器端输出的HTML流</div>");

Redirect 方法通常使用于页面跳转，代码 Response.Redirect("http://www.163.com");执行时，将会跳转到相应的 URL。

【例 2-3】 设计一个网页，里面只含有两个按钮，按钮上文本分别为"跳转到网页 ex3"和"弹出消息框"，编写页面的 Page_Load 事件和两个按钮的单击事件，代码如下。

```
protected void Page_Load(object sender, EventArgs e)
{
    Response.Write("Hello World!");
    Response.Write("<h2>Hello World! </h2>");
    Response.Write("<p style='color:#0000ff'>Hello World! </p>");
    Response.Write("<div style='font-size:18px;'>这是一串 ASP.NET 服务器端输出的<span style='color:red'>HTML</span>流</div>");
}
protected void Button1_Click(object sender, EventArgs e)
{
    Response.Redirect("ex3_Request.aspx");
}
protected void Button2_Click(object sender, EventArgs e)
{
    Response.Write("<script>alert('这是弹出的消息框!');</script>");
}
```

运行后，显示的网页效果如图 2-8 左边所示，单击"跳转到网页 ex3"，可以跳转到指定的页面，单击"弹出消息框"，弹出图 2-8 右侧的消息框。

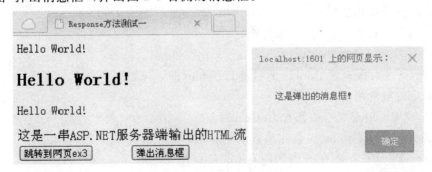

图 2-8　Response.Write 方法

Web 应用程序经常使用 Response.Write()这个方法,输出消息及弹出消息框。

但如果稍加留心,你会发现用 Response.Write()这个方法输出的信息,始终都是显示在页面的开始,即使在设计页面时,页面头部有其他控件占据位置。为了克服它始终输出显示在页面头部,不用控制输出位置,经常用"Literal"控件来代替,把被输出对象赋值给"Literal"控件。显示消息框,不用 Response.Write()也可以,直接把 js 代码赋值给"Literal"控件即可,具体情况直接看电子例题中代码并运行进行直观感受。

这是因为"Literal"控件在服务器端运行后,控件本身不产生任何 HTML 标记。

服务器对客户端的响应,ASP.NET 如果不指定字符集,默认的字符集为 UTF-8。另外最常见的服务器响应类型 ContentType 为"text/html",也是 Response 对象 ContentType 的默认值,表示以 html 形式传输数据。

Response 也支持其他形式的 ContentType,如:
- Image/Jpeg:响应对象是 jpeg 图片。
- text/xml:响应对象是 xml 文件。
- text/javascript:响应对象是 javascript 脚本文件。

假如需要用 jpeg 图片的格式响应客户端请求,则需要设置 ContentType 属性为"image/jpeg",然后将图片内容输出到客户端,这样客户端就会看到 jpeg 格式的图片而不是 HTML 文件,具体实例应用,在网上书店后台登录页面的验证码部分有具体介绍。

2.2.5 Cookie 对象

Cookies、Session 和 Application 对象都是一种集合对象,都采用"键/值"对这种散列表方式存储数据。但 Cookies 和后两者最大的不同是 Cookies 将数据存放于客户端的磁盘上,而 Application 及 Session 对象是将数据存放于 Server 端。

Cookie 是在 Web 服务器和浏览器之间传递的一小段文本信息,并且采用 base-64 编码方式保存信息,而不是直接保存明文信息。Cookie 最根本的用途是帮助网站把浏览者的信息保存在其本机的硬盘上,所以当用户上网以后,可以在其机器硬盘的缓冲区临时文件夹下找到一些 base-64 编码 Cookie 文本文件。

Cookie 有两种形式:会话性 Cookie 和永久性 Cookie。会话性 Cookie 是临时性的,只有浏览器打开时才存在,一旦会话结束或超时,这个 Cookie 就不存在了。永久性 Cookie 则是永久性地存储在用户的硬盘上,并在指定的日期之前一直可用。

1. Cookie 对象常用的属性
- Name:获取或设置 Cookie 的名称
- Value:获取或设置 Cookie 的 Value
- Expires:获取或设置 Cookie 的过期日期和时间

2. Cookie 对象常用的方法
- Add:向 Cookies 集合中添加 Cookie 对象
- Remove:通过 Cookie 键名称或索引删除 Cookies 集合中某个 Cookie
- Clear:清除 Cookies 集合内的所有 Cookie
- Get:通过键名称或索引得到 Cookies 集合的 Cookie 对象

Cookie 在客户端和服务器端来回传输,它附着在请求流和响应流上,所以可以通过

Request 和 Response 对象的 Cookies 集合来访问它。

服务器使用 Response 对象的 Cookies 属性向客户端写入 Cookie 信息,再通过 Request 对象的 Cookies 属性来读取 Cookie。

3. 创建 Cookie 对象

Cookies 对象的创建有两种方法：

(1)在 Response 的 Cookies 对象中直接创建 Cookie,并设置其属性值：

如:Response.Cookies["cookiekey"].Value ="Cookie 值";

(2)先创建 Cookie 对象,然后把它加入到 Response 的 Cookies 集合中,如：

HttpCookiecookie = new HttpCookie("cookiekey","Cookie 值");

cookie.Expires = DateTime.Now.AddDays(5);//通过 Expires 设置 Cookie 过期时间

Response.Cookies.Add(cookie);

注意:Cookies 目录在 Windows 下是隐藏目录,并不能直接对 Cookies 文件夹进行访问,在该文件夹中可能存在多个 Cookie 文本文件,这是由于在一些网站中进行登录保存了 Cookies 的原因。

4. Cookie 对象的生命期

通过设置 Cookie 对象的 Expires 属性可以设置过期时间,超过过期时间自动释放。语法如下所示：

Response.Cookies[CookieName].Expires = DateTime 对象名

例如：Response.Cookies["myCookie"].Expires = new DateTime(2013,1,1);

设置 Cookie 变量在 2013 年 1 月 1 日失效。

Expires 属性,设置 Cookie 的过期时间,如果没有设置 Cookie 的过期时间,它有一个默认值,默认为 30 分钟,这时的 Cookie 不会保存到用户的硬盘上,只存储于客户端的内存中,成为用户会话信息的一部分,关闭浏览器或会话超时这个 Cookie 即会消失,这种 Cookie 称作临时性的会话 Cookie。存放 SessionID 的 Cookie 就是这样的一种 Cookie,它不存放在硬盘上,只存在内存之中。

一旦设定过期时间后,Cookie 就将在客户端机器的硬盘上以文件形式保存下来。

5. 读取 Cookie 对象

读取 Cookie 中存储的数据,是从 Request 的 Cookies 集合中读取的,格式形如：

变量 = Request.Cookies["cookiekey"].Value;

如果希望把 Cookie 中键/值对的名、值、过期时间取出来,可以用下面代码实现。

```
HttpCookie getCookie = Request.Cookies["cookiekey"];//获取 Cookie
Response.Write("Cookie 的键名:" + getCookie..Name + "<br/>");//显示 Cookie 键名
Response.Write("Cookie 的值:" + getCookie.Value + "<br/>");//显示 Cookie 保存的值
Response.Write("Cookie 的过期时间:" + getCookie.Expires.ToString() + "<br/>");
```

2.2.6 技能训练:Cookie 对象的应用

【训练 2-2】 在一些网站或论坛中,经常使用到 Cookie,当用户成功登录网站后,Web 应用程序通过 Cookie 把用户信息进行保存,当用户再次登录时,可以直接获取客户端 Cookie 中保存的用户名,而无需用户再次输入用户名,效果如图 2-9。

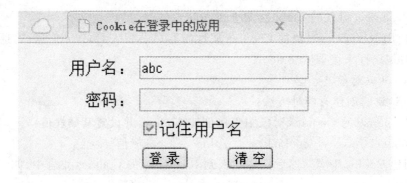

图 2-9　Cookie 对象在登录中的应用

实施步骤：
(1)页面布局及控件设置。
设计上述页面，产生的对应 HTML 标记为：
```
<form id="form1" runat="server">
<div>
    <table class="style1">
        <tr>
            <td class="style2" align="right">用户名：</td>
            <td>
                <asp:TextBox ID="txtUserName" runat="server" Width="160px"></asp:TextBox>
            </td>
        </tr>
        <tr>
            <td class="style3" align="right">密码：</td>
            <td>
                <asp:TextBox ID="txtPwd" runat="server" TextMode="Password"></asp:TextBox>
            </td>
        </tr>
        <tr>
            <td class="style2"> </td>
            <td>
                <asp:CheckBox ID="ckbRemember" runat="server" Checked="True"
                    Text="记住用户名" /> </td>
        </tr>
        <tr>
            <td class="style2"> </td>
            <td>
                <asp:Button ID="btnLogin" runat="server" onclick="btnLogin_Click"
                    Text="登 录" />      
```

```
            <asp:Button ID = "btnClear" runat = "server" onclick = "btnClear_Click"
                Text = "清空" />
            </td>
        </tr>
    </table>
</div>
</form>
```

(2)"登录"按钮的单击事件。
```
protected void btnLogin_Click(object sender, EventArgs e)
{
    if (this.ckbRemember.Checked)
    {
        HttpCookie userCookie = new HttpCookie("myUserName", this.txtUserName.Text);
        userCookie.Expires = DateTime.Now.AddDays(7);   //设置 Cookie 过期时间
        Response.Cookies.Add(userCookie);        //创建好 Cookie 后,加入响应流
    }
}
```

(3)窗体的"Page_Load"事件。
```
protected void Page_Load(object sender, EventArgs e)
{
    if (! IsPostBack)
    {
        if (Request.Cookies["myUserName"] ! = null) //有可能已过期释放,故要判断
        {
            this.txtUserName.Text = Request.Cookies["myUserName"].Value;
        }
    }
}
```

(4)用户登录尝试次数的限制。

有些网站,要限制用户尝试登录的次数,如果超过一定次数后,仍然没有登录成功,则登录被禁用,过一天后再被解禁。利用 Cookie 就可统计用户尝试登录的次数。

大致实现的思路:先判断用户是否第一次登录站点,若是第一次登录站点,Cookies["lastVisitCounter"]将为空。若不是第一次登录站点,则取出 Cookies["lastVisitCounter"]的值。无论是否为空,都需要增加一次访问次数,并重新写到 Cookies["lastVisitCounter"]中去。

按照上面思路,改造后的"登录"按钮的单击事件代码为:
```
protected void btnLogin_Click(object sender, EventArgs e)
{
    int visitCount;
    if (Request.Cookies["lastVisitCounter"] == null)
        visitCount = 0;
```

```
else
    visitCount = int.Parse(Request.Cookies["lastVisitCounter"].Value);
visitCount++;
HttpCookie newCookie = new HttpCookie("lastVisitCounter");
newCookie.Value = visitCount.ToString();
newCookie.Expires = DateTime.Now.AddDays(1);  //一天后该 Cookie 自动释放
Response.Cookies.Add(newCookie);
if (visitCount>5)
    btnLogin.Enabled = False;  //超过5次仍未成功,禁用登录按钮
}
```

请大家按照这个思路,自己设计一个限制登录次数的登录页面,并测试效果。

2.3 系统对象(二)

2.3.1 Session 对象

Session 对象是 HttpSessionState 的一个实例,代表一个用户访问一个 Web 应用程序的过程,可存储供该用户在整个 Web 应用程序中使用的信息,不同用户进入 Web 应用程序后,产生不同的 Session 对象,特定用户的 Session 中保存的信息只能被本用户访问,其他用户不能访问。

当一个用户首次进入一个 Web 应用程序时,Web 应用程序就在服务端内存中创建一个 Session 对象,自动为其分配一个 SessionID,用以唯一标识这个用户,对于不同的用户会话,SessionID 是唯一的,只读的。默认情况下,当此用户离开这个应用程序 20 分钟后,其所对应 Session 对象被从服务器端释放。

例如用户 A 和用户 B,当用户 A 访问该 Web 应用程序时,应用程序可以为该用户创建一个 Session,同时用户 B 访问该 Web 应用程序时,应用程序同样可以为用户 B 创建一个 Session。用户 A 无法存取用户 B 的 Session 值,用户 B 也无法存取用户 A 的 Session 值。但是 Session 对象变量终止于用户离线时,也就是说当网页使用者关闭浏览器或者网页使用者在页面进行的操作时间超过系统规定时(默认 20 分钟),Session 对象将会自动注销。

1. Session 对象常用的属性

➢ TimeOut:传回或设置 Session 对象的过期时间,如果在过期时间内没有任何客户端动作,则会自动注销其 Session 对象。如:Session.Timeout = 50;这个代码设置 Session 过期时间为 50 分钟。但也可不在代码中设置 Session 对象的过期时间,而是在 Web.config 文件中修改,这样后期容易控制。

注意:系统默认 Session 的过期时间为 20 分钟。

2. Session 对象常用的方法

➢ Add:往 Session 对象中添加"键/值"对,但更常用:Session["变量名"]=变量值;来添加"键/值"对,如 Session["UserName"]="admin"。

➢ Remove:从 Session 中以数据项名的方式移除一个数据项。

➤ Abandon：结束当前会话并清除对话中的所有信息，即主动释放 Session 对象。

➤ Clear：清空 Session 对象中保存的全部变量，但不释放 Session 对象。

3. Session 对象的常用事件

Session 对象常用的事件有 Session_OnStart（在开始一个新会话时引发）和 Session_OnEnd（在会话被放弃或过期时引发）。这两个事件是放在应用程序全局配置文件 Global.asax 文件中。

4. Session 对象的使用

Session 对象可以使用于安全性相比之下较高的场合，例如后台登录。在后台登录的制作过程中，管理员拥有一定的操作时间，而如果管理员在这段时间不进行任何操作的话，为了保证安全性，后台将自动注销，如果管理员需要再次进行操作，则需要再次登录。

【例 2-4】 设计如图 2-10A 图的简单用户登录页面，如果登录成功，则把用户名保存到 Session 对象中，以便其他页面中用到用户名，登录成功后，跳转到如图 2-10B 图页面，把用户名显示在标签上；单击登录页面的"注销"按钮，可以把 Session 对象中保存的用户名信息注销，并跳转到如图 2-10C 图页面，显示尚未登录，Session 对象中保存的用户名信息不存在。这里假定用户名和密码分别为"abc"和"123"。

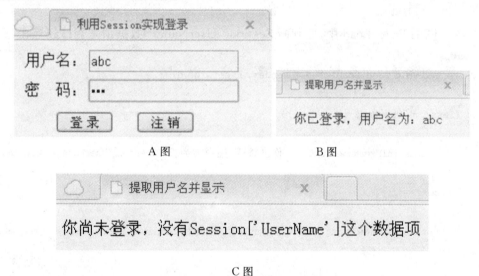

A 图   B 图

C 图

图 2-10 用户登录前后两个页面信息

设计步骤：

(1)添加两个页面，分别命名为"ex7_sessionLogin"和"ex7_sessionLoginInfo"前者的界面的布局，是用表格进行布局，添加两个文本框和一个按钮，设定密码文本框的属性 TextMode 的值为"Password"，以便用星号方式显示文本，后面网页只添加一个标签，都比较简单，不再详述。下面重点学习代码的编写。

(2)A 图中，"登录"按钮的单击事件代码如下。

```
protected void btnLogin_Click(object sender, EventArgs e)
{
```

```csharp
if (this.txtUserName.Text.Trim().ToLower() == "abc" & this.txtPwd.Text.Trim() == "123")
        {
            Session["UserName"] = this.txtUserName.Text.Trim();
            Response.Redirect("ex7_sessionLoginInfo.aspx");
        }
        else
        {
            Response.Write("<script>alert('输入用户名或密码错误!')</script>");
        }
    }
```

(3) A 图中,"注销"按钮的单击事件代码如下。

```csharp
    protected void btnClear_Click(object sender, EventArgs e)
    {
        Session.Remove("UserName");
        Response.Redirect("ex7_sessionLoginInfo.aspx");
    }
```

(4) 在 B 图的 Page_Load 中,要判断 Session["UserName"]数据项是否已经存在,页面的 Page_Load 事件代码如下。

```csharp
    protected void Page_Load(object sender, EventArgs e)
    {
    if (Session["UserName"] != null)
        {
            this.lblUserName.Text = "你已登录,用户名为:" + Session["UserName"].ToString();
        }
        else
        {
            this.lblUserName.Text = "你尚未登录,没有 Session['UserName']这个数据项";
        }
    }
```

当然,上面考虑的问题是不完善的,完善的情形应当是,当用户没有登录时,会出现登录按钮,注销按钮隐藏;如果登录了,存在 Session["UserName"]键/值对,则登录按钮被隐藏,只显示注销按钮。上述这种完善的情况,请大家补充代码,实现上述要求的效果。

提示说明:完善上面情况很简单,只需要在 A 图登录页面的 Page_Load 事件中,添加如下代码即可。

```csharp
    protected void Page_Load(object sender, EventArgs e)
    {
        if (Session["UserName"] == null) //如果 Session["UserName"]不为空
        {
    btnLogin.Visible = true;//显示登录控件
            btnClear.Visible = false; //隐藏注销控件
```

```
        }
        else
        {
btnLogin.Visible = false;
            btnClear.Visible = true;
        }
    }
```

2.3.2 技能训练:后台管理子系统登录页面设计

【**训练 2-3**】 任何一个 Web 应用程序,都需要设计一个后台管理员登录页面,这些后台管理员登录页面的设计,思路和方法一般都是相同的,仅在布局和美观方面变化而已。设计如图 2-11 所示页面,含有三个文本框和一个复选框,当登录成功后,把用户 ID 保存到 Session 对象中,以便于其他页面中用到管理员的 ID。

为了防止有黑客通过编程序,用户名和密码遍历尝试登录,引入验证码。验证码是随机生成的字符串,当提交一次登录信息时,验证码都会在服务器端重新生成并发送过来,不但用户名和密码要输入正确,验证码也要输入正确,登录才成功。所以引用验证码可以避免黑客程序遍历尝试性攻击登录系统。

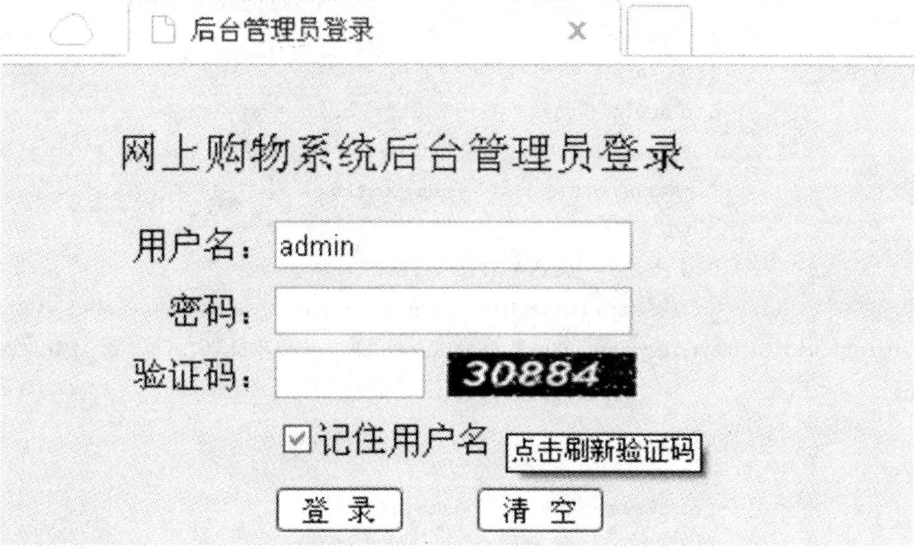

图 2-11 后台管理员登录页面

实施步骤:
(1)设计上述页面,产生的对应 HTML 标记为:

```
<form id="form1" runat="server">
<div style="text-align:center; margin:100px auto;">
    <div>
        <table style="height: 240px; width: 327px; margin:2px auto;">
        <tr>
```

```
                <td class="style1" colspan="3" style="font-size:20px;color:#0000FF">
                    网上书店后台管理员登录</td>
            </tr>
            <tr>
                <td class="style2">用户名:</td>
                <td style="text-align:left" colspan="2">
                    <asp:TextBox ID="txtUsername" runat="server" Width="160px"
                        MaxLength="30"></asp:TextBox>
                </td>
            </tr>
            <tr>
                <td class="style2">密码:</td>
                <td style="text-align:left" colspan="2">
                    <asp:TextBox ID="txtPwd" runat="server" Width="160px"
MaxLength="30" TextMode="Password"></asp:TextBox>
                </td>
            </tr>
            <tr>
                <td class="style2">验证码:</td>
                <td style="text-align:left" class="style3">
                    <asp:TextBox ID="txtCheckCode" runat="server" Width="65px"
                        MaxLength="5"></asp:TextBox>
                </td>
                <td style="text-align:left">
                    <asp:Image ID="CodeImg" runat="server" ImageUrl="CheckCode.aspx" style="width:89px;height:22px" onclick="this.src=this.src+'?'" title="点击刷新验证码"/></td>
            </tr>
            <tr>
                <td class="style2"> </td>
                <td style="text-align:left" colspan="2">
                    <asp:CheckBox ID="ckbRemember" runat="server" Text="记住用户名" />
                </td>
            </tr>
            <tr>
                <td class="style2"> </td>
                <td style="text-align:left" colspan="2">
                    <asp:Button ID="btnLogin" runat="server" Text="登 录" Width="60px"
                        onclick="btnLogin_Click" />   
                    <asp:Button ID="btnClear" runat="server" Text="清 空" Width="60px"
```

```
                onclick="btnClear_Click" />
            </td>
        </tr>
    </table>
</div>
</div>
</form>
```

(2) 验证码的生成。

经常在网站会员注册、会员登录等地方,提供验证码功能,验证码是应用程序服务器端随机产生的由数字或字母组成的字符串,并经图形化处理后变成图片传到客户端显示出来,图形化处理的原因是因为字符串形式验证码在网上传输时可被窃取。

验证码具体的使用流程是:页面加载(或刷新页面),以及用户提交请求时,得到一张由验证码图形化的随机图片,并显示在登录页面上,这一图片形式返回的 Response 数据流,必须将 Response 对象的 ContentType 属性,设置其值为 Image/jpeg。

在站点中,添加一个新页面文件,把它命名为"CheckCode.aspx",这个文件就是服务器用来产生验证码的,把这个文件只保留下面这一行,其他全部删除。

```
<%@ Page Language="C#" AutoEventWireup="true" CodeFile="CheckCode.aspx.cs" Inherits="CheckCode" %>
```

打开后台代码文件,用 using System.Drawing 这条语句导入画图命名空间。编写网页的 Page_Load 事件代码如下:

```
protected void Page_Load(object sender, EventArgs e)
{
    string checkCode = GenerateCheckCode();    //得到随机验证码
    Session["VerifyCode"] = checkCode;    //保存到 Session,以便登录页面用到
    CreateImage(checkCode);//输出验证码图片
}
```

产生随机验证码字符串的方法的代码如下:

```
private string GenerateCheckCode()
{
    string strChar = "0,1,2,3,4,5,6,7,8,9,A,B,C,D,E,F,G,H,I,J,K,M,N,P,Q,R,S,T,U,W,X,Y,Z";
    string[] charArray = strChar.Split(',');
    int n;
    string checkCode = "";
    Random random = new Random();
    for (int i = 0; i < 5; i++)
    {
        n = random.Next(0,35);
        checkCode += charArray[n];
    }
    return checkCode;
```

}

利用随机验证码字符串创建验证码图片,以便发送到客户端。下面是利用随机验证码字符串创建验证码图片的函数代码:

```
private void CreateImage(string checkCode)
{
    int Gheight = (int)(checkCode.Length * 20);
    //gheight 为图片宽度,根据字符长度自动更改图片宽度
    System.Drawing.Bitmap Img = new System.Drawing.Bitmap(Gheight, 20);
    Graphics g = Graphics.FromImage(Img);
    g.DrawString(checkCode, new System.Drawing.Font("Calibri", 12), new System.Drawing.SolidBrush(Color.Black), 5, 5);
    //在矩形内绘制字串(字串,字体,画笔颜色,左上 x.左上 y)
    System.IO.MemoryStream ms = new System.IO.MemoryStream();
    Img.Save(ms, System.Drawing.Imaging.ImageFormat.Png);
    Response.ClearContent();
    Response.ContentType = "image/Jpeg";//指定返回形式为图片
    Response.BinaryWrite(ms.ToArray());//将二进制字符串写入 HTTP 输出流
    g.Dispose();//释放资源
    Img.Dispose();//释放资源
    Response.End();
}
```

(3)登录按钮相关事件编程。

页面的布局参见前面的 HTML 代码,输入验证码的地方是一个文本框,在其后面显示验证码的是一个 Image 图片框控件,与此图片框控件对应的 HTML 标记如下:

```
<asp:Image ID="CodeImg" runat="server" ImageUrl="CheckCode.aspx" style="width: 89px; height: 22px" onclick="this.src=this.src+'?'" title="点击刷新验证码"/>
```

ImageUrl 表示图片数据来自"CheckCode.aspx",代码 onclick="this.src=this.src+'?'"设置了通过 onclick 事件指定点击刷新图片。

"CheckCode.aspx"文件产生验证码并图形化,这里需要命名空间 System.Drawing。为了向客户端输出图片,必须设定 Response 对象的 ContentType 属性值为"image/Jpeg"。

输入验证码提交后与服务器上原来生成的验证码进行对比,Session["VerifyCode"] = checkCode;用到这一行代码来保存。

登录页面的"Page_Load"事件代码如下,用来恢复用户名及上次复选框状态。

```
protected void Page_Load(object sender, EventArgs e)
{
    if (!IsPostBack)
    {
        if (Request.Cookies["myUName"] != null) //有可能已过期释放,故要判断
        {
            this.txtUser.Text = Request.Cookies["myUName"].Value;
        }
```

```csharp
        if (Request.Cookies["myCheck"] != null)    //根据上次复选框状态设置当前复选
状态
        {
            this.ckbRem.Checked = Convert.ToBoolean(Request.Cookies["myCheck"].Value);
        }
    }
}
```

"登录"按钮的单击事件代码如下：

```csharp
protected void btnLogin_Click(object sender, EventArgs e)
{
    if (this.txtUser.Text == "" || this.txtPwd.Text == "")
    {
        Response.Write("<script>alert('用户名和密码不能为空！')</script>");
    }
    else
    {
        if (this.txtCheckCode.Text != Session["VerifyCode"].ToString())
        {
            Response.Write("<script>alert('验证码错误！')</script>");
        }
        else
        {
            int result = UserLogin(this.txtUser.Text, this.txtPwd.Text);
            //登录返回用户ID
            if (result > 0)
            {
                Session.Add("manageUserId", result);
                if (this.ckbRem.Checked)
                {
                    HttpCookie userCookie = new HttpCookie("myUName", this.txtUser.Text);
                    userCookie.Expires = DateTime.Now.AddDays(10);
                    //设置Cookie过期时间
                    Response.Cookies.Add(userCookie);
                    //创建好Cookie后，加入响应流
                    HttpCookie checkedCookie = new HttpCookie("myCheck", "true");
                    //记复选框状态的Cookie
                    checkedCookie.Expires = DateTime.Now.AddDays(10);
                    Response.Cookies.Add(checkedCookie);
                }
```

```
            Response.Write("<script>alert('登录成功!')</script>");
        }
        else
        {
            Response.Write("<script>alert('用户名、密码错误,请重新输入!')
            </script>");
        }
    }
}
```

2.3.3 Application 对象

Application 对象代表整个 Web 应用程序的运行过程,存储在 Application 对象中的数据可以被这个应用程序的所有用户所共享。Application 对象是保存整个 Web 应用程序的全局变量,无论有多少浏览者同时访问网页,Application 对象只有一个,它对应着这个 Web 应用程序。Application 对象的生命周期起始于 Web 应用程序的开始运行,终止于 Web 应用程序终止运行或服务器关机。

与 Session 对象和 Cookies 对象一样,Application 对象也是以"键/值"对方式存储数据,存储的数据都是 Object 类型。

1. Application 对象的常用属性

➢ AllKey:获取 HttpApplicationState 集合中的键名集合。
➢ Count:获取 HttpApplicationState 集合中的对象数量。

2. Application 对象的常用方法

➢ Add:向 Application 对象新增一个成员。
➢ Clear:清除 Application 对象全部的成员。
➢ Lock:锁定 Application 对象以防多用户同时对它进行写操作时的并发冲突。
➢ UnLock:解锁 Application 对象锁定。
➢ Remove:使用名称移除 Application 对象一个成员。
➢ RemoveAll:移除 Application 对象的所有成员。

由于 Application 为访问应用程序的所有用户共享,所以在进行写操作时会存在并发访问冲突问题。为了防止并发访问冲突,在对 Application 中存储的数据进行修改时,要用 Application.Lock() 先加锁,加锁后其他客户就不能更改数据了,修改完成用 Application.Unlock() 立即解锁。

当然,读取操作不用加解锁。

3. Application 对象的常用事件

➢ Application_Start:在 Web 应用程序启动,Application 对象被创建时触发。
➢ Application_End:Web 应用程序结束时触发,这时 Application 对象也将被释放。
➢ BeginRequest:在 Web 应用程序每一次被请求时都会发生,即客户每访问一次 ASP.NET 页面时,就触发一次该事件,在这个事件中,可以编写日志。

这些个事件都写在应用程序配置文件 global.asax 中。

4. Application 对象的使用

Application 对象采用"名|值"对的方式来存储数据。

➢ 保存数据对象到 Application 中。

格式一：Application["关键字名称"]= 表达式；

格式二：Application.Add("关键字名称",表达式)；

➢ 删除 Application 中数据对象。

格式：Application.Remove("关键字名称")；

➢ 引用 Application 中存储的数据对象。

格式：Application["关键字名称"]；

2.3.4 Server 对象

Server 对象是用于获取服务器的相关信息的对象。它是 HttpServerUtility 的一个实例，该对象提供的属性和方法对服务器的相关信息进行访问。

1. Server 对象的常用属性

➢ MachineName：获取远程服务器的名称。

➢ ScriptTimeout：获取和设置请求超时。

通过 Server 对象的 MachineName 属性能够获取远程服务器名称，通过 Server 对象的 ScriptTimeout 属性能够获取或设置脚本文件执行的最长时间，默认为 90 秒，代码如下：

```
Response.Write(Server.MachineName);//结果根据服务器的名称不同而不同
Response.Write(Server.ScriptTimeout);//输出服务器代码最长时间
```

2. Server 对象的常用方法

➢ HtmlEncode：对要在浏览器中原样显示的 HTML 标记字符进行编码。

➢ HtmlDecode：对已被编码的 HTML 标记字符进行解码。

➢ MapPath：返回 Web 服务器上的虚拟路径文件相对应的物理文件路径。

➢ UrlEncode：编码字符串，以便通过 URL 传递特殊字符。

➢ UrlDecode：对编码后的字符串进行解码，该字符串为了进行 HTTP 传输而进行编码并在 URL 中传递的。

3. Server 对象 HtmlEncode 和 HtmlDecode 方法的应用

在 Web 应用程序中，响应流中的 HTML 标记字符，是不会原样显示在页面上的，而是会被浏览器进行解析，比如，想在页面上原样显示"
"，但是确显示不出来，而是显示为一个换行。

但经常需要原样显示，比如在学习网站上，原样显示 HTML 标记进行讨论。

这时可以用 HtmlEncode 方法用来编码其中的 HTML 标记字符串，它可以将字符串中的 HTML 标记转换为字符实体，如将"<"转换为"<"，将">"转换为">"。

使用 HtmlDecode 这个方法，用来把转化后的字符串恢复原状，它可以将字符串中的字符实体再转换为 HTML 标记，如将"<"转换为"<"，将">"转换为">"。

HtmlEncode 方法与 HtmlDecode 方法是互反的，用于编码和解码。

【例2-5】 使用HtmlEncode和HtmlDecode对字符串中HTML标记进行编码和解码，并用Server对象的MapPath方法，获取文件的物理路径。添加一个页面，设计时页面布局效果如图2-12所示，右边是四个标签。

图2-12 测试HtmlEncode和HtmlDecode时页面布局

页面的Page_Load事件代码如下：

```
protected void Page_Load(object sender, EventArgs e)
{
    string oldString = "<p>这是<font color='red'>购物系统</font>！</p>";
    string EncodedString = Server.HtmlEncode(oldString);      //编码
    string DecodedString = Server.HtmlDecode(EncodedString);  //解码
    Label1.Text = oldString;          //原始字符串的输出效果
    Label2.Text = EncodedString;      //编码转换后的输出效果
    Label3.Text = DecodedString;      //反编码恢复后的输出效果
    Label4.Text = Server.MapPath("ex1_PageIsValid.aspx");//映射文件物理路径
}
```

上面页面运行后效果如图2-13所示。

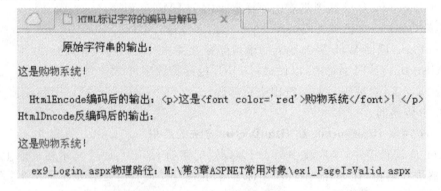

图2-13 HtmlEncode和HtmlDecode对HTML标记编码和解码

可以看出，没有进行编码前，响应流字符串中HTML标记字符串，会被浏览器按HTML规则进行解析，如果不想被解析，原样显示，必须用HtmlEncode方法编码。在HtmlDecode方法进行解码后，相应的字符又会转换回原始状态。

通过Server对象的MapPath方法，获取文件的物理路径，这就为Web应用程序中对文件进行管理提供了可能，因为对文件进行管理，必须知道文件的物理路径，而不是虚拟路径。

4. Server 对象 UrlEncode 和 UrlDecode 方法的应用

还有一个问题，就是利用 URL 传递参数时，若参数值中包含空格、换行等特殊字符，是不能通过 URL 方式传递过去的，这就需要用 UrlEncode 方法和 UrlDecode 方法进行编码解码。

浏览器的 URL 地址栏中对页面的参数的传递不能够包括空格、换行等特殊符号，如果需要使用这些特殊符号，可以使用 UrlEncode 方法和 UrlDecode 方法对 URL 不能传递的特殊字符进行编码解码，示例代码如下所示。

```
protected void Button1_Click(object sender, EventArgs e)
{
    string str = Server.UrlEncode("错误信息 \n 操作异常");    //使用 UrlEncode 进行编码
    Response.Redirect("Server.aspx? str=" + str);//页面跳转
}
```

在 Page_Load 方法中可以接收该字符串，示例代码如下所示。

```
if (Request.QueryString["str"] != "")
{
    Label3.Text = Server.UrlDecode(Request.QueryString["str"]);
//使用 UrlDecode 进行解码
}
```

2.3.5 Global.asax 文件

在 ASP.NET 中，还要用到服务器控件事件外的另一类事件——应用程序事件。在应用程序事件中，可以执行一些特别的处理任务。例如，使用应用程序事件，可以编写日志代码，每次接收一个页面请求时，无论请求的是哪个页面，该编写日志代码都将被运行。

然后在 Web 窗体的代码后置文件中，无法对应用程序事件进行处理，这就需要另一个重要的文件：Global.asax。

应用程序事件，都是放在 Global.asax 文件中，通过右键网站，选择"添加新项"|"全局应用程序类"，添加 Global.asax 文件，一个应用程序只能有一个 Global.asax 文件。

Global.asax 文件看上去与普通的.aspx 文件很类似，但是 Global.asax 文件中并不能包含任何 HTML 标记或 ASP.NET 标记，实际上，Global.asax 文件中仅能包含事件处理方法。

每一个 ASP.NET 应用程序仅能包含一个 Global.asax 文件。一旦在网站的目录中创建了 Global.asax 文件，ASP.NET 将自动识别并使用该文件。例如，如果将上面创建的 Global.asax 文件放在某个 Web 应用程序中，那么该应用程序中的所有页面都将具有一个表示页面创建时间的页脚。

最常见的应用程序事件如下：
➤ Application_Start()：该事件仅在 Web 应用程序启动时触发。
➤ Application_End()：该事件仅在 Web 应用程序停止运行时触发。
➤ Application_BeginRequest()：在 Web 应用程序每一次被请求时都会发生，即客户每访问一次 ASP.NET 页面时，就触发一次该事件，并且该事件将在页面代码被执行之前触发。

➢ Application_EndRequest():在 Web 应用程序每一次被请求时都会发生,即客户每访问一次 ASP.NET 页面时,就触发一次该事件,并且该事件将在页面代码被执行之后触发。

➢ Session_Start():当接收到一个新的用户请求并且会话开始时,触发该事件。

➢ Session_End():当一个会话超时,或者用程序代码来结束一个会话时,触发该事件。

➢ Application_Error():当 Web 应用程序中发生了错误,但是对这些错误并未使用错误处理机制进行处理时,将触发该事件。

2.3.6 技能训练:网站总访问量和在线人数统计

【训练 2-4】 在很多系统中,都会在页面上显示出系统当前的在线访问人数,以及总访问量。在网上书店中,设计如图 2-14 所示的系统总访问量和在线人数统计界面,每当来一个用户访问网站时,在线人数加 1,总访问量加 1,当一个用户离开网站时,在线人数减 1。同时要求,当服务器重启或关机重启后,再次统计的总访问量是在重启前的总访问量基础上继续累加。

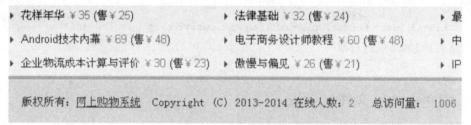

图 2-14 系统总访问量和在线人数统计

实施步骤:
(1)设计页面界面。

页面底部用来显示在线人数和总访问量的是两个标签,对应的 HTML 标记为:

<div style="width:990px; height:58px; background-image:url(images/bottombg.jpg);">

版权所有:<a href="#">网上书店</a>Copyright (C) 2013-2014

在线人数:<asp:Label ID="lblOnLine" runat="server" Text="Label"></asp:Label>

总访问量:<asp:Label ID="lblCounter" runat="server" Text="Label"></asp:Label>

</div>

因为要求当服务器重启后,再次统计的总访问量是在重启前的总访问量基础上继续累加,所以,应该把重启时的总访问量保存到数据库或文件中,不然的话,重启后原来的信息会丢失。为此,在数据库中设计了名为"VisitInfo"的数据库表,仅含一个名为"VisitCount"整型字段,记录也只有一条,初值为 0。

(2)页面"Page_Load"事件代码。

在页面的 Page_Load 事件中,把保存在 Application 中的数据,在相应标签中显示出来,对应的代码如下:

```csharp
protected void Page_Load(object sender, EventArgs e)
{
    if (! Page.IsPostBack)
    {
        this.lblOnLine.Text = Application["OnLineCounter"].ToString();
        this.lblCounter.Text = Application["Counter"].ToString();
    }
}
```

(3) Application_Start 事件代码。

Application 中的数据又从哪得来呢？原来是在应用程序刚启动时，在 Application 对象中创建相应"名/值"对，赋给初始值，这个初始值，在线人数是 0，总访问量的初值是到数据库中读取原来保存的总访问量值，而不能简单赋为 0。在 Application_Start 事件中完成相应操作，代码如下。

```csharp
void Application_Start(object sender, EventArgs e)
{   // 在应用程序启动时运行的代码
    VisitInfoDAL visitInfoDAL = new VisitInfoDAL();  //实例化访问 VisitInfo 表的类
    int Count = visitInfoDAL.GetVisitCount();   //读取数据库中保存的原来的总访问量
    Application.Lock();    //锁定以防多用户同时写操作时并发冲突
    Application["Counter"] = Count;
    Application["OnLineCounter"] = 0;
    Application.UnLock();
}
```

(4) Application_End 事件代码。

当服务器重启或关机重启时，要把这时的总访问量写入数据库，以便下次启动应用程序时，读取这个访问量，实现总访问量的累加，在 Application_End 事件中完成相应操作，代码如下。

```csharp
void Application_End(object sender, EventArgs e)
{   //  在应用程序关闭时运行的代码
    VisitInfoDAL visitInfoDAL = new VisitInfoDAL();
    visitInfoDAL.UpdateVisitInfo(Application["Counter"].ToString());
    //上行代码功能是在应用程序结束时把总访问量写入数据库
}
```

(5) Session_Start 事件代码。

每当来一个用户访问网站时，在线人数加 1，总访问量加 1，在 Session_Start 事件完成，代码如下。

```csharp
void Session_Start(object sender, EventArgs e)
{   // 在新会话启动时运行的代码
    Application.Lock();
    Application["Counter"] = (int)Application["Counter"] + 1;
    Application["OnLineCounter"] = (int)Application["OnLineCounter"] + 1;
    Application.UnLock();
```

}

(6) Session_End事件代码。

当一个用户离开网站时,在线人数减1,总访问量不变,在Session_End事件完成,代码如下。

```
void Session_End(object sender, EventArgs e)
{    // 在会话结束时运行的代码
    Application.Lock();
    Application["OnLineCounter"] = (int)Application["OnLineCounter"] - 1;
    Application.UnLock();
}
```

这里VisitInfoDAL是对表VisitInfo进行操作的数据访问类,它提供了两个方法,第一个方法的函数原型是:public int GetVisitCount(),其功能是读取VisitInfo数据库表中保存的总访问量,另一个方法的原型是:public void UpdateVisitInfo(int count),其功能是把当前的总访问量写入数据库表VisitInfo中。这两个方法的内容这里不再叙述。

2.3.7 技能训练:简易聊天室设计

【**训练2-5**】 使用应用程序事件、Application对象和Session对象制作简单聊天室,效果如图2-15。用户进入聊天室后进行聊天,输入自己的昵称和聊天内容,单击"发送"后把信息发出,在上方显示出聊天内容,为了及时看到所有用户的聊天内容,要求聊天内容每隔5秒刷新显示,单击"清除"可以清除之前的聊天内容。

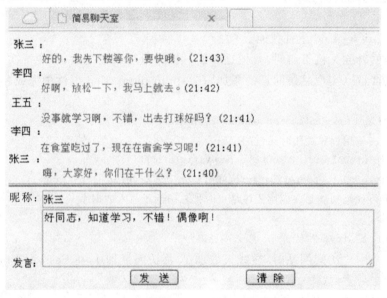

图2-15 聊天室界面

(1)总体设计思路。

因为页面上方要每隔5秒刷新显示聊天内容,而下方不需要刷新,为简便起见,这里采用框架集frameset,把页面划分成上下两个部分,上部载入显示聊天内容的"message.aspx"页面,下部载入聊天内容输入页面"say.aspx"。当然,后期学习了Ajax异步技术后,可以不用框架集 frameset,用页面分块的方式也可以实现效果。

采用框架集实现简易聊天,需要在网站中添加 3 个文件。

第一个文件是主框架集页面 index.htm,是个静态页,通过 rows="*,155px",把页面分为上下两部分,下部的高度为 155px,剩余的全部留给上部。其 HTML 标记为:

```html
<html xmlns="http://www.w3.org/1999/xhtml">
<head>
    <title>简易聊天室</title>
</head>
<frameset rows="*,155px">
    <frame name="message" src="message.aspx">
    <frame name="say" src="say.aspx">
</frameset>
</html>
```

(2)聊天内容显示页设计。

"message.aspx"页面用来显示聊天内容,要求每隔 5 秒刷新显示一次聊天内容,HTML 标记如下,其中<meta http-equiv="refresh" content="4">这一行的功能是每 5 秒刷新页面。

```html
<html xmlns="http://www.w3.org/1999/xhtml">
<head runat="server">
    <title>显示发言页面</title>
    <meta http-equiv="refresh" content="4">
</head>
<body style="font-size:13px;line-height:150%;">
    <form id="form1" runat="server">
    <div>
    </div>
    </form>
</body>
</html>
```

该页面只有一个"Page_Load"事件,就是显示聊天内容,代码如下。

```
protected void Page_Load(object sender, EventArgs e)
{
    Response.Write(Application["strChat"].ToString());
}
```

(3)聊天内容输入页"say.aspx"的设计。

"say.aspx"页面就是聊天内容输入页,这个页面有"昵称"和"发言"两个文本框和"发送"和"清除"两个按钮,其中"发言"文本框是多行文本框。产生的 HTML 标记如下:

```html
<head runat="server">
    <title>聊天内容输入页</title>
</head>
<body style="font-size:13px;">
```

```
<form id="form1" runat="server">
<div>
    昵称：<asp:TextBox ID="txtName" runat="server" Width="147px"></asp:TextBox>
</div>
<div>
    发言：<asp:TextBox ID="txtSay" runat="server" Height="66px" MaxLength="100"
        TextMode="MultiLine" Width="556px"></asp:TextBox>
</div>
<div style="text-align:left;margin-left:150px;">
    <asp:Button ID="btnSend" runat="server" Text="发　送" Height="21px"
        onclick="btnSend_Click" Width="63px" />
             
    <asp:Button ID="btnClear" runat="server" Height="21px" onclick="btnClear_Click"
        Text="清　除" Width="64px" />
</div>
</form>
</body>
```

"发送"按钮的单击事件代码如下：

```
protected void btnSend_Click(object sender, EventArgs e)
{
    string strContent = "";
    if (this.txtName.Text.Trim() != "" && this.txtSay.Text.Trim() != "")
    {
        strContent = string.Format("{0}说：<font color='blue'>{1}</font>({2})<br/>", txtName.Text, txtSay.Text, DateTime.Now.ToShortTimeString());
        Application.Lock();
        Application["strChat"] = strContent + Application["strChat"];
        Application.UnLock();
        txtSay.Text = "";
    }
}
```

"清除"按钮的单击事件代码如下：

```
protected void btnClear_Click(object sender, EventArgs e)
{
    Application["strChat"] = "";
}
```

(4) 应用程序启动事件 Application_Start 设计。

最后在 Global.asax 文件中，编写应用程序启动事件 Application_Start，此事件就一行代码 "Application.Add("strChat", "");" 它用来在 Application 对象中，创建键值为 strChat

的"名/值"对,并初始为空串,以便后面的事件中使用它的名/值对。
```
void Application_Start(object sender, EventArgs e)
{
    //在应用程序启动时运行的代码
    Application.Add("strChat", "");
}
```

习题 2

1. 简述 Session、Cookie 和 Application 的区别;如果要记录并显示网站在线人数,说说可以怎么做。

2. 设计一个页面,在页面中添加一个按钮,编写页面的"Page_Load"事件,如果是页面第一次运行,显示"这是当前页面的第一次加载",如果是单击按钮触发的回传,显示"这是当前页面为响应客户端回发的加载"。

3. 设计一个页面,在页面的"Page_Load"事件中,判断访问当前页面的客户端 IP 地址前两字节是否为"192.168",若是,显示"欢迎光临",否则显示"你没有访问权限",同时程序执行结束。

4. 为网上书店设计后台用户登录页面,假定用户名和密码分别是"zhangshan"、"123456",要求输入用户名,密码和验证码,如果都正确,显示"登录成功",否则,如果验证码错误其他正确,显示"验证码输入错误",如果验证码正确其他错误,显示"用户名或密码不正确",单击验证码可以更新验证码。

第3章
搭建网上书店的系统框架

本章工作任务
- 完成网上书店数据库的分析与设计
- 完成网上书店系统框架的搭建
- 完成实体类、数据访问类设计

本章知识目标
- 理解系统需求分析和功能模块设计的重要性和必要性
- 理解三层架构体系结构的意义及各层功能的分工

本章技能目标
- 应用数据库设计方法分析设计数据库
- 搭建网上书店三层构架的体系框架,掌握各层中类的设计方法

本章重点难点
- 功能模块的划分及数据库的设计
- 搭建网上书店体系框架并设计实体类和数据访问类

搭建什么样的系统框架取决于项目的具体需求。

有的企业站点只是公司的介绍,数据库的内容可能就几篇新闻。在这种情况下,基本不需要做太多的系统框架设计工作,有一个通用的数据库访问类就足够了。

有的站点则比较庞大,这类站点往往需要多人协作才能完成。而且由于功能模块复杂,程序员也有各自的分工:有的负责用户管理模块,有的负责商品管理模块等。如果模块功能上有交叉,就有必要制定一个统一的标准,大家都按照一致的标准来,这就有必要设计一个完善的系统框架,本章采用三层结构的系统框架。

在软件体系架构设计中,分层式结构是最常见,也是重要的一种结构。分层式结构一般分为三层,从下至上分别为:数据访问层、业务逻辑层、表示层。

3.1 三层架构概述

与网络协议是分层一样,软件设计也要进行分层,分层的目的是为了实现"高内聚、低耦合",采用"分而治之"的思想,把任务划分成子任务,逐个解决,易于控制,易于延展,易于多个项目进行合作。

所谓的三层架构就是将整个业务应用划分为表示层、业务逻辑层和数据访问层,由数据访问层去访问数据库,十分有利于系统的开发、维护、部署和扩展。

那么为什么要使用分层开发呢,它有什么独特的优势呢?

对于简单的应用来说,没有必要搞得那么复杂,可以不进行分层,但是对一个大型系统来说这样的设计的缺陷就很严重了。面向对象的程序设计模式追求的是代码的通用性、可移植性和可维护性,分层开发这种设计模式体现了面向对象的思想,而在页面的后台代码中直接访问数据库,实际上是打着面向对象的幌子却依然走着面向过程的老路。

试问一下,用 Access 做后台开发的未分层程序,如果有一天因为数据量的增加,安全的需要等,数据库有 Access 变成了 SQL Server,怎么办?网页代码文件中的所有程序都要重新修改,整个系统需要重新来做,这都是设计不合理惹的祸。

多层开发架构的出现有效地解决了这样的问题。

三层架构中,各个层之间的分工是很明确的。就像一个公司中的部门一样,每个部门的分工是不一样的,是哪个部门的任务就有哪个部门完成,对应的,各个部门的维护工作也是各自完成且不会影响其他的部门,至少影响不是很大,否则就只能说明分工还不合理。采用三层架构设计系统,各层高内聚、低耦合,通过有效的协作来完成系统的高效运行。由于三层架构系统将数据的访问操作完全限定在数据访问层内,如果数据库发生了改变,只需要修改数据访问层,其他的地方不用修改。

三层架构的优点是:便于系统开发人员的分工与协作;使开发人员可以只关注整个系统中某一层的分析与设计;可以很容易地用新层的实现来替换原有层的实现;利于各层代码的复用;在后期维护的时候,极大地降低了维护成本。

三层架构的缺点是它降低了系统的运行性能,如果不采用分层式结构,页面对数据库的访问,通过一个类就可以实现,而通过三层架构,则需要创建多个类的配合才能完成。

三层架构中各层的功能分工如下:

1. 表示层(UI)

用于显示数据和接收用户输入的数据,在 ASP.NET 中一般是.aspx 页面,为用户提供一种交互式操作界面,通过调用 BLL 相关方法,展示站点的功能。

2. 业务逻辑层(BLL)

针对表示层提交的请求,进行业务逻辑处理,还作为表示层与数据访问层之间通信的桥梁,负责数据的传递和处理,访问数据库时,就调用数据访问层 DAL 的方法,对数据库进行操作。

3. 数据访问层(DAL)

专门用于直接访问后台数据库,直接操纵数据库,实现对数据的保存和读取操作。

三层架构的框架模型如图 3-1 所示。

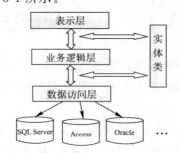

图 3-1 三层架构框架模型

理想的分层式架构,应该是一个支持可抽取、可替换的"抽屉"式架构。

这个框架模型中,出现了实体类,可以用实体对象形式在层与层之间以及层内模块间进行数据传输。实体类是现实世界中实体对象在计算机中的表示,一般来说,实体类一般只具有属性,不具有方法。

大多情况下,实体类和数据库中的表是对应的,实体类的属性和表的字段对应。

虽然现在分层的设计开发中,一般都是用实体类对应数据库的表。但是有些专家意见是慎用,因为如果把数据展示在页面上的话,从数据库中读出的 DataSet 本身就是 XML 形式,数据展示也用 XML,如果用了实体类就多了一次不必要的转化,降低效率。

图 3-2 显示了实体对象在三层架构中传递数据的过程。

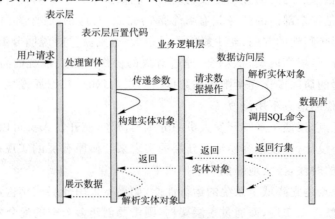

图 3-2 实体类在三层架构中的数据传递

分层的思想讲完了,在多人合作开发系统的过程中,就可以按层来划分任务,只要设计的时候把任务分配好,开发人员就可以同时开发,而且不会发生冲突,做前台的人不需要关心怎么实现到数据库中去查询、更新、删除和增加数据,他们只需要去调用相应的类就可以了。做数据访问层的人也不需要知道前台的事,定义好与其他层交互的接口,规定好参数就行,各个层都一样,做好自己的工作就可以了。这样的系统,清晰性、可维护性和可扩展性都非常强大,测试和修改也比较方便。

本章围绕网上书店的具体实例,搭建其三层架构框,并完成实体类子层,数据访问层和业务逻辑层的设计。

3.2 系统需求分析和功能模块设计

整个系统分为前台购物子系统和后台管理子系统。

在前台购物子系统用户可以登录、注册,可以浏览商品,搜索商品,购买商品,查看及修改购物车信息,订单的查看,前台网站还进行新商品宣传展示和热销商品推荐等。

后台管理子系统供公司内部管理人员使用,可以进行新商品上传,商品修改和调整,商品种类维护,可以对普通用户进行管理;对用户的订单、发货进行管理,系统工作流程如图3-3所示。

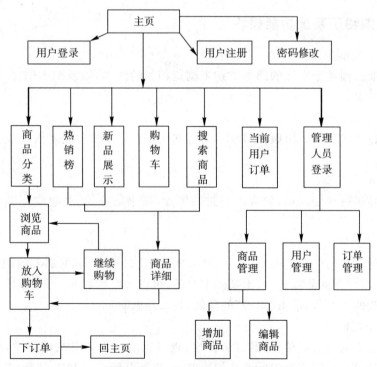

图 3-3　系统工作流程示意图

根据上面的系统需求分析,得到如图3-4所示的系统功能模块图。设计出完备的系统功能模块图以后,系统开发就可以按照功能模块图所示,构思系统表示层所需要的页面,以及各页面具有的功能,并指导数据库的设计,以及业务逻辑层和数据访问层各个类的方法设计。

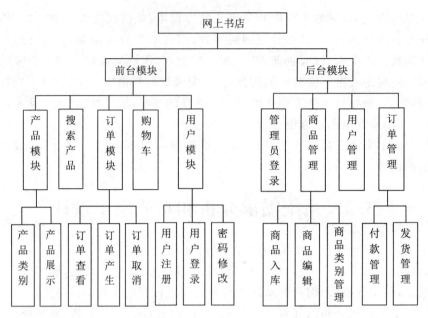

图 3-4 网上书店功能模块图

3.2.1 前台购物子系统功能模块

➢ 图书类别功能模块

用户可以通过预先分类好的图书类别来浏览相关的图书，以及图书的详细信息，从中发现自己感兴趣的书。

➢ 图书搜索功能模块

让用户通过书名、作者、出版社、ISBN等条件，通过搜索的功能来快速找到自己想要买的书。

➢ 图书展示功能模块

对图书商品进行详细展示，包含图书封面图片，图书简介等，若想购买则"加入购物车"即可。

➢ 购物车功能模块

当用户找到自己想购买的书时，单击"加入购物车"图标，将图书加入到购物车中。在购物车页面中，可以修改商品数量，移出某图书商品，可以清空购物车，可以继续购物。等到用户找到所有想买的书之后，单击"结账"的功能，进入结账页面。

➢ 用户订单功能模块

浏览客户已下的所有订单、查看订单详情，也可以取消尚未付款的订单，对未付款的订单进行付款，已发货的订单，其中所涉及的图书，要更新其销售量和库存量，以及是否有货的状态信息。

➢ 结账功能模块

在购物车模块，当用户找到所有想买的书之后，单击"结账"的功能，进入结账页面。在结账页，会显示订单的明细商品信息，订单金额，及默认的收货地址及收货人等。这里可以更改收货地址和收货人,然后单击"提交订单",即产生订单,并进入付款页面。
➢ 付款功能模块
在付款页面,付款金额自动传递过来,输入顾客的资金账户号,以及支付密码,进行付款处理。付款时,要先判断顾客的资金账户的余额是否充足,然后进行付款,付款过程以事务处理方式进行,确保资金安全。

3.2.2 后台管理子系统功能模块

➢ 图书及图书类别管理功能模块
负责对图书信息进行添加、修改和删除,利用图书类别管理,还可以增加和修改图书类别。注意,网上书店中,已存在的图书和图书类别都是不能删除的,所以这里的删除实际上是更改图书的状态为"被删除",这一点是初学设计者容易忽略的,想一想为什么不能物理删除图书记录。
➢ 订单管理功能模块
管理员可以通过该模块实时对客户的订单进行处理。管理员可以对订单进行浏览、查询,可以管理订单的发货。
➢ 用户管理功能模块
管理员可以通过该模块对用户信息进行维护。

3.3 数据库设计

3.3.1 数据库概念设计(E-R 图)

结合系统的需要分析与功能模块设计,找出系统中的实体,并进而找出各实体之间的联系,并把实体间的冗余的联系去除掉,得到系统的 E-R 图。经过分析,得到系统的实体如下:

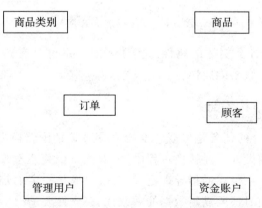

图 3-5 网上书店实体分析图

该实体图中省略了各个实体的属性描述。这些实体的属性分别如下,其中有下划线的属性为实体的主键。

顾客：{用户名,口令,E-mail,用户姓名,性别,电话,收货地址,电话,状态……}
管理用户：{管理人员编号,用户名,口令,E-mail,姓名,电话……}
商品类别：{图书类别编号,图书类别名……}
商品：{图书编号,图书类别,书名,作者,ISBN,出版社,出版日期,价格,折扣,销量,库存量,是否缺货,封面图片,目录,简介……}
订单：{订单号,用户编号,订单金额,下单日期,所处状态,付款日期,发货日期,收货日期,收货地址,收货人,电话……}

下面再分析这些实体间的联系。根据系统的需要分析,并结合系统的功能模块图,得出网上书店实体间的初步联系,对实体间的初步联系经过优化去掉冗余的联系,最后得到如图 3-6 所示的经过优化的 E-R 图：

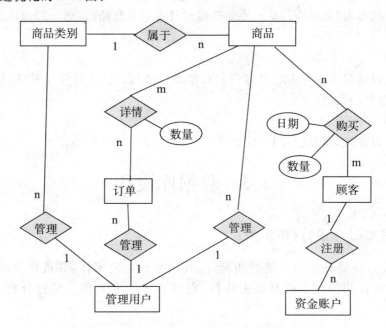

图 3-6　网上书店 E-R 图

该 E-R 图中省略了各个实体的属性。实体间的联系也是有属性的,这里标出了"购物车"和"订单详情"这两个联系的属性。

3.3.2　数据库逻辑结构设计

数据库逻辑结构设计的任务是将概念设计阶段的 E-R 图转换为关系模型逻辑结构的过程,就是进行关系模式的设计。在转换过程中,要保证每个关系至少有一个码。在进行关系模式的设计时,要遵循关系模式的指导理论,使各关系满足一定的规范,达到减少数据冗余、提高查询效率的目的,同时还要满足数据的一致性、完整性要求。

下面回顾一下 E-R 图向关系模型转换应遵循的 7 条原则。

将 E-R 图转换为关系模式实际上就是要将实体和实体之间的联系转化为关系模式,这种转换一般遵循如下原则：

(1)实体型转换为关系模式。实体的属性就是关系的属性,实体的键就是关系的键。

(2) m:n 联系转换为关系模式。与该联系相连的各实体的键以及联系本身的属性均转换为关系的属性,而关系的键为各实体键的组合。

(3) 1:n 联系可以转换为独立的关系模式,但多数是与 n 端对应的关系模式合并。

(4) 1:1 联系可以转换为一个独立的关系模式,但多数是与任意一端对应的关系模式合并。

(5) 三个或三个以上实体间的多元联系转换为一个关系模式。与该多元联系相连的各实体的键以及联系本身的属性均转换为关系的属性,而关系的键为各实体键的组合。

(6) 同一实体集内实体间的联系,即自身联系,也可按上述 1:1、1:n 和 m:n 三种情况分别处理。如全国的各级行政区,就是实体集内部实体间的一对多联系。

(7) 具有相同键的关系模式可合并,以减少系统中的关系个数。合并方法是将其中一个关系模式的全部属性加入到另一个关系模式中,然后去掉其中的同义属性(可能同名也可能不同名),并适当调整属性的次序。

按照上述 7 个原则得到的关系模式还不是最终的,还需要按照范式理论进行必要的关系模式的分解,最终达到第一范式、第二范式或第三范式的关系模式。最终需要达到第几范式,要结合数据库系统运行效率等多方面因素,综合考虑,不一定范式越高越好。

本系统中,没有考虑"管理用户"和其他表的联系,最终网上书店的 E-R 图转变成为如下的 7 张表,表逻辑结构如下。

ShopUser(顾客用户表):用来存储顾客用户的详细信息,主键为用户序号,另外还有用户名,口令,E-mail,用户姓名,性别,电话,收货地址,状态等字段。

ManageUser(管理用户表):用来存储管理用户信息,主键为管理用户序号,另外还有管理用户名,口令,用户姓名,E-mail,电话等字段。

Book(图书信息表):用来存储图书信息,主键为图书序号,还有图书类别号,书名,作者,ISBN,出版社,出版日期,价格,折扣,销量,库存量,是否缺货,封面图片,目录,简介等,其中折扣和是否缺货字段默认值都为 1。

BookType(图书类别表):用来存储图书类别,主键为图书类别号,还有图书类名称等字段。

ShoppingCart(购物车表):用来存储购物车信息,主键为购物车序号,还有用户名,图书号,购买图书数量,购买价格,购物日期(默认值为 getdate())等字段。

Orders(订单表表):用来存储订单信息,主键为订单序号,另外还有用户号,订单金额,下单日期,所处状态,付款日期,发货日期,收货日期,收货地址,收货人,电话等字段。

OrderDetails(订单详情表):用来存储订单详细信息,主键为订单详情序号,还有订单号,图书号,购买数量,购买价格等。

PayAccount(资金账户表):用来存储顾客资金账户信息,主键为账户序号,还有资金账户,支付密码,账户余额,所属顾客等。

上述表的结构只用文字说明了大致包含哪些字段,并没有详细设计,在 SQL Server 2008 环境下,设计出的数据库表结构的详细情况如下:

表 3-1 图书商品信息表(Book)结构

字段名	字段类型	宽度	主键/外键	允许空	含义	说明
BookId	int		主键	否	图书编号	标识列
BookTypeId	int		外键	否	图书类别号	
BookName	nvarchar	50		否	书名	
Author	nvarchar	50		是	作者	
ISBN	varchar	15		是	书的 ISBN	
Publisher	nvarchar	50		否	出版社	
PublishDate	datetime			否	出版日期	
Price	decimal	(10,2)		否	价格	
Discount	decimal	(10,2)		否	折扣	默认值为 1
Cover	varchar	100		是	封面	
Sales	int			否	销售量	默认值为 0
Amount	int			否	库存量	默认值为 0
Status	int			否	是否有货	1:正常;2:缺货;3:删除
Directory	text			是	书的目录	
Description	text			是	书的简介	

图书信息"是否删除",通过 Status 字段体现,其值为 3 表示逻辑删除。

表 3-2 图书商品类别表(BookType)结构

字段名	字段类型	宽度	主键/外键	允许空	含义	说明
BookTypeId	int		主键	否	图书类别号	
TypeName	nvarchar	50		否	图书类别名	

表 3-3 顾客用户信息表(ShopUser)结构

字段名	字段类型	宽度	主键/外键	允许空	含义	说明
UserId	int		主键	否	用户序号	是标识列
UserName	varchar	30		否	用户名	
Passwords	varchar	20		否	密码	
Email	varchar	30		是	电子邮箱	
XinMin	nvarchar	5		是	用户姓名	
Sex	bit	1		是	性别	默认值为 1
Birthday	datetime			是	出生日期	
Tel	varchar	12		是	电话	
Address	nvarchar	50		是	收货地址	
Nation	nvarchar	15		是	民族	
Status	bit	1		是	状态	1:正常;2:删除

表 3-4 管理用户信息表(ManageUser)结构

字段名	字段类型	宽度	主键/外键	允许空	含义	说明
ManageUserId	int		主键	否	用户序号	是标识列
ManageUserName	varchar	30		否	用户名	
Passwords	varchar	20		否	密码	
Email	varchar	30		是	电子邮箱	
XinMin	nvarchar	5		是	姓名	
Tel	varchar	13		是	电话	

表 3-5 购物车信息表(ShoppingCart)结构

字段名	类型	宽度	主键/外键	允许空	含义	说明
ShopingCartRecordId	int		主键	否	购物序号	是标识列
ShopUserId	int		外键	否	用户序号	
BookId	int		外键	否	图书序号	
BuyPrice	decimal	(10, 2)				
Quantity	int			否	购买数量	
ShopingDate	datetime			否	购买日期	默认值为 getdate()

表 3-6 订单信息表(Orders)结构

字段名	字段类型	宽度	主键/外键	空	含义	说明
OrderId	int		主键	否	订单序号	是标识列
ShopUserId	int		外键	否	用户序号	
SumMoney	float			否	总金额	
OrderDate	datetime			否	下单日期	默认值为 getdate()
OrderStatus	int			否	状态	1:下单未付款;2:已付款;3:已发货;4:已收货;5:已取消;
PaymentDate	datetime			是	付款日期	
DeliverGoodsDate	datetime			是	发货日期	
GetGoodsDate	datetime			是	收货日期	
AddressOfDeliverGoods	nvarchar	100		否	收货地址	

续表

GetGoodsPersonName	nvarchar	5		否	收货人	
Tel	varchar	13		是	联系电话	

表 3-7　订单详情表(OrderDetail)结构

字段名	字段类型	宽度	主键/外键	允许空	含义	说明
OrderDetailId	int		主键	否	订单详情序号	是标识列
OrderId	int		外键	否	订单号	
BookId	int		外键	否	图书序号	
Quantity	int			否	购买数量	
BuyPrice	decimal	(10,2)		否	购买价格	

3.3.3　数据库参照完整性设计

关系完整性是为了保证数据库中数据的正确性和相容性,对关系模型提出的某些约束或规则。

关系完整性通常包括实体完整性、参照完整性和用户定义完整性,其中实体完整性和参照完整性,是关系模型必须满足的完整性约束条件。

实体完整性是指关系的主关键字不能"重复"也不能取"空值"。

用户定义完整性是根据应用系统的实际需要,对某一具体应用所涉及的数据提出的约束性条件,约束了字段的取值范围、是否允许为空以及同一元组字段之间的关系,它保证了数据库字段取值的合理性。

用户定义完整性主要包括字段有效性约束和记录有效性。比如"发货日期"必须小于"收货日期","年龄"的取值为"0～150"等。

参照完整性是定义了相互关联的关系之间的主键和外键引用的约束条件。对于两个关联关系 R 和 S,假设 S 中属性 F 是外键,则对于 S 中每个元组在 F 上的值要么为空值,要么等于 R 中某个元组的主码值。

正是由于参照完整性中,外键字段取值要么为空要么取对应主表中已存在的主键值,所以参照完整性的具体操作就是设计相互参照的主从表之间的插入记录规则,删除记录规则和更新记录规则。

对于相互关联的主从表,在更新、插入或删除记录时,如果只改其一不改其二,就会影响数据的完整性,造成异常:例如修改父表中主键值后,子表外键值未做相应改变;删除父表的某记录后,子表的相应记录未删除;对于子表插入的记录,父表中没有相应关键字值的记录。

在分析了网上书店中表之间的相互关系之后,在 SQL Server 2008 中,利用"数据库关系图",创建表之间的参照完整性,定义了相互参照的主从表之间的插入记录规则,删除记录规则和更新记录规则,如图 3-7 所示。

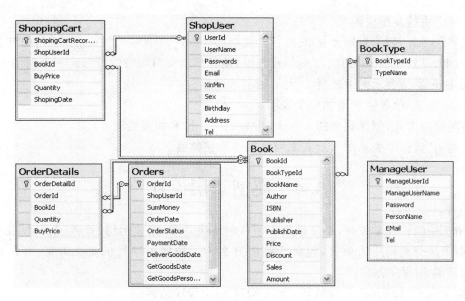

图 3-7 网上书店的参照完整性设计

3.3.4 技能训练:数据库物理设计与实施

【训练 3-1】 根据数据库概念模型 E-R 图,以及数据库逻辑结构设计的结果,在 SQL Server 2008 环境下,设计出 BookShop 物理数据库,包含图书表"Book"、图书类别表"BookType"、顾客表"ShopUser"、购物车表"ShoppingCart"、订单表"Orders"、订单详情表"OrderDetails"、管理员表"ManageUser"共 7 张表,设置各表的主键,表中各字段的约束,各字段的中文说明,设置各表间参照完整性。

实施步骤:

(1)在 SQL Server 2008 中,新建数据库"BookShop",并创建图书表"Book",表结构如图 3-8 所示:

列名	数据类型	允许 Null 值
BookId	int	☐
BookTypeId	int	☐
BookName	nvarchar(50)	☐
Author	nvarchar(50)	☑
ISBN	nvarchar(50)	☑
Publisher	nvarchar(50)	☐
PublishDate	datetime	☐
Price	decimal(10, 2)	☐
Discount	decimal(10, 2)	☐
Sales	int	☐
Amount	int	☐
Status	int	☐
Cover	varchar(100)	☑
Directory	text	☑
Description	text	☑

图 3-8 图书信息表 Book 表结构

(2) 设定主键及相应约束。

设定"BookId"列为自增型标识列。设置"Discount"、"Sales"、"Amount"列的默认值为 0,利用约束,设置"Status"列的 Checked 约束,使其只能取"1"、"2"、"3",此三个值的含义为: 1 表示图书正常,2 表示图书缺货,3 表示图书被删除。

为清晰起见,给各字段添加中文说明。

(3) 同样的方式,创建剩余的六张表,设置相应主键和相关约束。

(4) 利用"数据库关系图",给表之间添加参照完整性。

3.4 模型子层设计

应用三层架构开发系统,必须采用多项目的解决方案,把表示层、业务逻辑层、数据访问层和模型子层分别构建为项目,包含于解决方案中。构建多项目的解决方案,必须用创建 ASP.NET 应用程序方式。

下面来看看 ASP.NET 网站和 ASP.NET 应用程序的区别。

ASP.NET 应用程序的解决方案,一般被拆分成多个项目,各项目单独编译,相互引用,方便开发、管理。ASP.NET 网站一般只含单个项目,这个项目就是网站。

ASP.NET 网站适用于较小的网站开发,而 ASP.NET 应用程序适应大型的网站开发、维护等。

3.4.1 系统解决方案的项目构成

启动 VS,依次单击菜单"文件"|"新建"|"项目",弹出"新建项目"对话框,在"已安装的模板"下,单击展开"其他项目类型"折叠菜单,再单击"Visual Studio 解决方案",最后单击右边的"空白解决方案",选择好解决方案存放的路径,输入解决方案名"BookShopSystem",确定后就创建了一个空白解决方案。

然后在这个空白解决方案的资源管理器窗格中,右击"解决方案"名称,用"添加"|"新建项目"|"类库"方式,添加实体子层、数据访问层和业务逻辑层对应的项目;右击"解决方案"名称,用"添加"|"新建网站"|"ASP.NET 空网站"方式,添加表示层对应的站点,这样,一个多项目解决方案的应用程序就可以创建起来了。

3.4.2 模型子层设计

模型子层包含所有与数据库中表相对应的实体类,三层之间的数据传输可以通过实体对象的方式进行。实体类的设计比较简单,它一般与数据库中的表一一对应,针对每个表建一个实体类,本数据库中有 7 张表,故需要设计 7 个实体类。

模型子层的命名其实是约定俗成的规矩,大家都这么用,逐渐就成为规则。一般模型层的项目名称为 Model,或解决方案名＋Model,模型层中实体类的名称一般与对应的表名一致。

那么,实体类含有哪些字段呢?实际上很简单,对实体类对应的数据库表的各字段就是实体类的字段及属性。

但数据库表的字段又分为普通字段和外键字段,普通字段直接作为实体类的成员变量,而外键字段,可以用两种方式作为实体类的数据成员,一种是把外键字段以简单数据的方式作为实体类的数据成员,另一种是把外键字段对应的实体类,作为当前实体类的数据成员,即类的数据成员又是一个类。

比如 Book 表有一个"BookTypeId"字段,它是外键,对这个字段映射到类的成员,可以有如下两种写法,一种是以外键类方式作为当前类的属性,另一种是以外键 ID 方式作为当前类的属性,不同场景下各有优点。

形如:
```
public class BookModel
{
    private int _BookId;
    private string _BookName;
    private int _BookTypeId;
    public int BookId            // 图书编号
    {
        get { return _BookId; }
        set { _BookId = value; }
    }
    public string BookName       // 图书名称
    {
        get { return _BookName; }
        set { _BookName = value; }
    }
    public int BookTypeId        // 以图书类别实体的 ID 作为图书类的属性
    {
        get { return _BookTypeId; }
        set { _BookTypeId = value; }
    }
    ……
}
```

还可以采用一个实体类的成员,其类型又是一个类
```
public class BookModel
    {
        private int _BookId;
        private string _BookName;
        private BookTypeModel _BookTypeModel = new BookTypeModel();
        //必须用 new 才能分配空间
        public int BookId   // 图书编号
        {
        get { return _BookId; }
        set { _BookId = value; }
        }
```

```
        public BookTypeModel BookTypeModel  // 采用图书类别实体类作图书类的属性
        {
            get { return _BookTypeModel ; }
            set { _BookTypeModel = value; }
        }
        public string BookName    // 图书名称
        {
            get { return _BookName; }
            set { _BookName = value; }
        }
        ……
    }
```

具体设计时，表中外键字段，到底采用哪一种形式，完全根据需要，但建议采用第二种方式。

下面是网上书店系统中实体类子层的设计。

1. 在解决方案中添加实体类项目的方法

右击解决方案名，单击"添加"|"新建项目"，选择"类库"，输入项目名"BookShopModel"这样就添加了实体类项目，然后在此项目中添加实体类即可。

2. 序列化和反序列化

序列化就是把一个对象转换为数据流，反序列化就是利用这个数据流重新创建该类对象并还原对象，这两个过程是互反的。这两个过程结合起来，可以轻松地使用对象，存储和传输数据。

那么为什么需要序列化？

一个原因是将对象的状态数据保持起来，以便以后可以重新创建这个对象，而对象是不能保存的。

另一个原因是将对象从一个应用程序域远程传送到另一个应用程序域中，而传输的形式只能是数据流，对象是不能传递的。

要实现对象的序列化，首先要标记该类是可以序列化，可在类定义前面加上[Serializable]将类标识为可序列化的，当序列化程序试图序列化未标记的对象时将会出现异常。

序列化只是将对象的属性进行有效的保存，对象的方法是无法实现序列化的，故只有实体类才是可以序列化的。

3. 实体类设计示例

先针对图书信息表"Book"，制作相对应的实体类"BookModel"。其代码如下，为了节省篇幅，只写了部分字段，省去很多同类字段，完整代码大家自己打开项目查看体会。

为了保持命名的一致性，私有成员变量名采用在数据库相应字段前面加下划线"_"。

由于其他项目需要使用这些类，所以在关键字 class 前添加"public"，因为类的访问属性缺省值为"private"，这样的类只能在当前项目中使用，其他项目不能使用它。

```
    [Serializable]
```

```csharp
public class BookModel
{
    private int _BookId;
    private int _BookTypeId;
    private string _BookName;
    private DateTime _PublishDate;
    private Decimal _Price = 0;
    public int BookId                    // 图书编号
    {
        get { return _BookId; }
        set { _BookId = value; }
    }
    public int BookTypeId                // 图书类别
    {
    get { return _BookTypeId; }
    set { _BookTypeId = value; }
    }
    public string BookName               // 图书名称
    {
    get { return _BookName; }
    set { _BookName = value; }
    }
    public DateTime PublishDate          // 出版日期
    {
    get { return _PublishDate; }
    set { _PublishDate = value; }
    }
    public Decimal Price                 // 价格
    {
    get { return _Price; }
    set { _Price = value; }
    }
    ……
}
```

这个类中,"BookTypeId"这个外键字段,是以简单数据类型 int 映射到类的成员,这些因为在网上书店中,绝大多数显示图片信息时,并没有显示图书类别名称,只是用图书类别号,作为分类条件,少量的需要显示图书类别名称时,直接根据图书类别号读取到图书类别名称。

再看看针对订单详情表"OrderDetails",设计此表对应的实体类。此表中有两个外键字段"OrderId"和"BookId",在页面中显示订单详情时,一般要显示订单中图书的详细信息,所以对外键字段"BookId",映射为实体类"OrderDetailsModel"的数据成员时,设计成为类成员,而不是简单类型 int,而所属订单号"OrderId"字段主要用来进行筛选,根据它选择此订单的所有订单详情记录,所以对"OrderId"这个外键字段,设计为简单类型 int。

"OrderDetailsModel"实体类定义代码如下:

```csharp
[Serializable]
public class OrderDetailsModel
{
    private int _OrderDetailId;
    private int _OrderId;
    private BookModel _oBookModel = new BookModel();
    private int _Quantity = 0 ;    //设置类成员的默认值
    private Decimal _BuyPrice;
    public int OrderDetailId      // 订单详情号
    {
        get { return _OrderDetailId; }
        set { _OrderDetailId = value; }
    }
    public int OrderId     // 所属订单号
    {
        get { return _OrderId; }
        set { _OrderId = value; }
    }
    public BookModel oBookModel // 用图书实体类作为订单详情类的属性
    {
        get { return _oBookModel; }
        set { _oBookModel = value; }
    }
    public int Quantity     // 购买数量
    {
        set { _Quantity = value; }
        get { return _Quantity; }
    }
    public Decimal BuyPrice    // 购买价格
    {
        set { _BuyPrice = value; }
        get { return _BuyPrice; }
    }
}
```

其他数据库表对应的实体类的定义,这里不再详述。

3.4.3 技能训练：模型子层设计

【训练 3-2】 创建解决方案，搭建三层架构体系，然后添加名为"BookShopModel"的类库项目。参照"BookShopOnNet"数据库表，为图书表"Book"、图书类别表"BookType"、顾客表"ShopUser"、购物车表"ShoppingCart"、订单表"Orders"、订单详情表"OrderDetails"、管理员表"ManageUser"等七张表，建立相应的实体类。

实施步骤：
(1) 创建名为"BookShopOnNet"解决方案。
(2) 添加名为"BookShopModel"的类库项目。
(3) 为库中 7 张数据库表分别创建 7 个实体类。

要求在建实体类时，根据数据库表中字段的默认值设置情况，定义实体类时，为类的成员设定相应的默认值。

另外，对购物车表"ShoppingCart"中外键字段"BookId"，以及订单详情表"OrderDetails"中外键字段"BookId"，在定义实体类时，把这两个外键字段对应定义的类成员变量的类型，定义为 BookModel 类，其他的所有字段，都定义为类成员变量时，都定义为简单数据类型。

3.5 数据访问层设计

数据访问层专门用来与后台数据库进行交互，直接操纵数据库，实现数据库记录的增加、删除、修改、查询等，数据访问层不做业务逻辑处理。

数据访问层的命名。

数据访问层项目一般命名为 DAL，或解决方案＋DAL，数据访问类的命名一般为表名＋DAL。

在解决方案中添加数据访问类项目"BookShopDAL"的方法为：右击解决方案名，单击"添加"|"新建项目"，选择"类库"，输入项目名"BookShopDAL"这样数据访问类项目就添加了。

接着还要添加对实体类项目"BookShopModel"的引用，才能使用实体类项目中定义的类，添加引用的步骤是：右击项目中"引用"|"添加引用"，打开"项目"选项卡，选中"BookShopModel"，确定即可，如图 3-9 所示。

图 3-9 数据访问类项目对实体类的引用

3.5.1 公共数据访问类 SqlDBHelper 的构建

对数据库的访问,从数据库角度的抽象层次上看,只有增加、删除、修改和查询四种形态,所不同的,就是具体到针对的表,SQL 命令文本及命令中用到的参数不同罢了。

既然对数据库的访问,大体都是类似的步骤,仅命令文本和其中的参数不同,那么是否想过编写通用代码,提高数据访问代码的可重用性呢?答案是可以的。

下面展开叙述如下。

从数据访问类的方法返回值的角度看,增加记录、删除记录、修改记录是一种类型操作,它们执行的结果都是影响的行数,如 SQL 命令删除 3 条记录,返回 3,SQL 命令修改 5 条记录,返回 5,如果没有删除一条记录,返回 0。如果考虑多表同时操作时,要么全做,要么不做,则又有基于事务处理的增加记录、删除记录、修改记录。

而查询是另一种类型的操作,从数据访问类的方法返回值的角度看,它又细分为两种情况,一个是返回单个简单数据,一个是返回一个记录集。

返回单个简单数据,如一个整数,一个字符串等,在面向对象程序设计来看,所有数据的基类是 object。

返回一个记录集又可以两种形态出现,一种是以读取器 SqlDataReader 方式返回,一种是以 DataTable 记录表方式返回。

所以从数据访问方法返回值的角度看,所有的数据库访问,都可归为五种方法形态,即:(1)对记录增、删、改,返回影响的记录数;(2)基于事务处理,对记录增、删、改,返回影响的记录数;(3)查询,返回单个简单数据;(4)查询,返回 SqlDataReader;(5)查询,返回 DataTable。

上述 5 种,根据 SQL 命令中有没有命令参数,又各自重载了两种方法。

通过在这些方法中代入不同的 SQL 命令及 SQL 命令所用的参数,就可以实现对不同数据库、不同表的各种操作。为了实现代码的复用,减少编程量,可以把这 10 种形态的数据访问方法,抽象到一个公共类中,这个类被命名为 SqlDBHelper,这里没有考虑用存储过程来操作数据库。

下面是数据访问公共类 SqlDBHelper 的代码,采用的是静态类,这样的类不用实例化就可访问其成员。为了节省篇幅,方法的说明,改为//开关的注释说明,代码如下:

```
public static class SqlDBHelper
{
    private static string connStr = ConfigurationManager.ConnectionStrings["strConn"].ConnectionString;
    //执行增、删、改,返回所影响的行数
    public static int ExecuteNonQueryCommand(string sqltext)
    {
        using (SqlConnection Conn = new SqlConnection(connStr))
        {   Conn.Open();
            using (SqlCommand cmd = new SqlCommand(sqltext, Conn))
            {   int result = cmd.ExecuteNonQuery();
                Conn.Close();
```

```csharp
            return result;
        }
    }
}
//执行增、删、改,返回所影响的行数,要求传入参数
public static int ExecuteNonQueryCommand(string sqltext, params SqlParameter[] paras)
{
    using (SqlConnection Conn = new SqlConnection(connStr))
    {
        Conn.Open();
        using (SqlCommand cmd = new SqlCommand(sqltext,Conn))
        {
            cmd.Parameters.AddRange(paras);
            int result = cmd.ExecuteNonQuery();
            Conn.Close();
            return result;
        }
    }
}
//启用事务功能,执行增、删、改,返回所影响的行数
public static int TranExecuteNonQueryCommand(string sqlTexts)
{
int result = 0;
SqlTransaction tran = null;
SqlConnection Conn = new SqlConnection(connStr);
try
{   Conn.Open();
    tran = Conn.BeginTransaction(); //开始事务
    SqlCommand cmd = new SqlCommand(sqlTexts,Conn);
    cmd.Transaction = tran;
    result = cmd.ExecuteNonQuery();
    tran.Commit(); //提交事务
}
catch
{   tran.Rollback();//回滚事务
}
finally
{   Conn.Close();
}
return result;
}
//启用事务功能,执行增、删、改,返回所影响的行数,要求传入用到的参数
```

```csharp
public static int TranExecuteNonQueryCommand(string sqlTexts, params SqlParameter[] paras)
{
    int result = 0;
    SqlTransaction tran = null;
    SqlConnection Conn = new SqlConnection(connStr);
    try
    {
        Conn.Open();
        tran = Conn.BeginTransaction();//开始事务
        SqlCommand cmd = new SqlCommand(sqlTexts, Conn);
        cmd.Parameters.AddRange(paras);
        cmd.Transaction = tran;
        result = cmd.ExecuteNonQuery();
        tran.Commit();//提交事务
    }
    catch
    {
        tran.Rollback();//回滚事务
    }
    finally
    {
        Conn.Close();
    }
    return result;
}
//执行查询操作,返回查询结果的第一行第一列
public static object ExecuteScalarCommand(string sqltext)
{
    using (SqlConnection Conn = new SqlConnection(connStr))
    {
        Conn.Open();
        using (SqlCommand cmd = new SqlCommand(sqltext,Conn))
        {
            object r = cmd.ExecuteScalar();
            Conn.Close();
            return r;
        }
    }
}
//执行查询,返回查询结果的第一行第一列,要求传入命令中用到的参数
public static object ExecuteScalarCommand(string sqltext, params SqlParameter[] paras)
{
    using (SqlConnection Conn = new SqlConnection(connStr))
    {
        Conn.Open();
        using (SqlCommand cmd = new SqlCommand(sqltext,Conn))
```

```csharp
            cmd.Parameters.AddRange(paras);
            object r = cmd.ExecuteScalar();
            Conn.Close();
            return r;
        }
    }
}
//执行SQL Select 命令,以 SqlDataReader 方式返回
public static SqlDataReader GetReader(string sqltext)
{
    SqlConnection Conn = new SqlConnection(connStr);
    using (SqlCommand cmd = new SqlCommand(sqltext, Conn))
    {
        Conn.Open();
        SqlDataReader reader = cmd.ExecuteReader(CommandBehavior.CloseConnection);
        return reader;
    }
}
//执行Select 命令,以 SqlDataReader 返回,要求传入参数
public static SqlDataReader GetReader(string sqltext, params SqlParameter[] paras)
{
    SqlConnection Conn = new SqlConnection(connStr);
    using (SqlCommand cmd = new SqlCommand(sqltext, Conn))
    {
        Conn.Open();
        cmd.Parameters.AddRange(paras);
        SqlDataReader reader = cmd.ExecuteReader(CommandBehavior.CloseConnection);
        return reader;
    }
}
//执行SQL Select 命令,以 DataTable 离线方式返回
public static DataTable GetDataTable(string sqltext)
{
    using (SqlConnection Conn = new SqlConnection(connStr))
    {
        Conn.Open();
        using (SqlCommand cmd = new SqlCommand(sqltext, Conn))
        {
            DataSet ds = new DataSet();
            SqlDataAdapter da = new SqlDataAdapter(cmd);
            da.Fill(ds);
            Conn.Close();
            return ds.Tables[0];
        }
    }
}
```

```
    }
    //执行 SQL Select 命令,以 DataTable 离线方式返回
    public static DataTable GetDataTable(string sqltext, params SqlParameter[] paras)
    {
        using (SqlConnection Conn = new SqlConnection(connStr))
        {
            Conn.Open();
            using (SqlCommand cmd = new SqlCommand(sqltext,Conn))
            {
                cmd.Parameters.AddRange(paras);
                DataSet ds = new DataSet();
                SqlDataAdapter da = new SqlDataAdapter(cmd);
                da.Fill(ds);
                Conn.Close();
                return ds.Tables[0];
            }
        }
    }
}
```

3.5.2 数据访问类设计

当数据访问公共类 SqlDBHelper 定义好以后,对各个数据库表写相应的数据访问类就简单了,这时的工作重点就是构建 SQL 命令文本或其参数,然后调用 SqlDBHelper 类中相应方法,把命令文本及参数代入并执行,并把 SQL 命令返回结果进行处理,并通过方法返回值形式代回调用者。

对各个数据库表进行数据访问,一般都含有下面这几个方法:"添加记录"、"删除记录"、"修改记录"、"判断某某是否已存在"、"按主键值得到一条记录,并把记录以实体类返回"、"按条件查询记录集,以 DataTable 或泛型数组方式返回"。限于篇幅,仅以字段比较少的图书类别表为例,写出其部分代码如下,其他数据访问类直接研读项目源代码。

```
    public class BookTypeDAL
    {
        // 增加图书类别
        public int BookType_Add(int BookTypeId,string TypeName)
        {
            try
            {
                string sqlText ="INSERT INTO BookType(BookTypeId,TypeName) VALUES ( @BookTypeId, @TypeName)";
                SqlParameter[] paras = new SqlParameter[]
                {
                    new SqlParameter("@BookTypeId", BookTypeId),
                    new SqlParameter("@TypeName", TypeName)
```

```csharp
            };
            return SqlDBHelper.ExecuteNonQueryCommand(sqlText,paras);
        }
        catch (SqlException ex)
        {
            throw ex;
        }
        catch (Exception ex)
        {
            throw ex;
        }
    }
    //判断图书类别是否已存在
    public bool BookType_IsExistByBookTypeName(string BookTypeName)
    {
        try
        {
            string sqlText = "SELECT [BookTypeId] FROM BookType WHERE TypeName = '" + BookTypeName + "'";
            object obj = SqlDBHelper.ExecuteScalarCommand(sqlText);
            if (obj != null)
                return true;
            else
                return false;
        }
        ……
    }
    //按图书类别号获取图书类别详情
    public BookTypeModel BookType_GetModelById(int BookTypeId)
    {
        SqlDataReader reader = null;
        try
        {
            string sqlText = " SELECT BookTypeId, TypeName FROM BookType WHERE BookTypeId = " + BookTypeId.ToString();
            BookTypeModel oBookTypeModel = new BookTypeModel();
            reader = SqlDBHelper.GetReader(sqlText);
            if (reader.Read())
            {
                oBookTypeModel.BookTypeId = BookTypeId;
                oBookTypeModel.TypeName = reader["TypeName"].ToString();
```

```
                return oBookTypeModel;
            }
            else
            {
                return null;
            }
        }
        ……
        finally
        {
            reader.Close();
        }
    }
    //获取所有图书类别信息
    public List<BookTypeModel> BookType_GetList()
    {
        try
        {
            List<BookTypeModel> list = new List<BookTypeModel>();
            string sqlText = string.Format("SELECT BookTypeId,TypeName FROM BookType");
            DataTable dt = SqlDBHelper.GetDataTable(sqlText);
            if (dt.Rows.Count > 0)
            {
                foreach (DataRow row in dt.Rows)
                {
                    BookTypeModel oBookTypeModel = new BookTypeModel();
                    oBookTypeModel.BookTypeId = Convert.ToInt32(row["BookTypeId"]);
                    oBookTypeModel.TypeName = row["TypeName"].ToString();
                    list.Add(oBookTypeModel);
                }
                return list;
            }
            else
                return null;
        }
        ……
    }
}
```

最后一个方法中,出现了 List<T>,其中 T 为一个实体类,这就是一个泛型。

C#中提供了动态数组功能,最早出现的是 ArrayList,它就是动态数组,其数组中,可以存放各种类型对象,可以是各种简单类型变量,如:int、string 或其他类型,也可以是对象,所有的数据都隐式地转换成 Object 对象存放于 ArrayList 中,所以在存放时要经过装箱,读取时又要经过拆箱。装箱和拆箱影响系统的运行效率。

因为 ArrayList 中存放的任何类型都被转换为 Object,所以缺乏编译时的类型检查。

如果有一种动态数组,在实例化这个动态数组之前就指定存储数据的数据类型,并且一个动态数组只能存放一种类型的对象,那么就不需要把存储数据转换为 Object,而且编译器可以同时检查存储数据的数据类型,这就是泛型,或者叫泛型数组。

泛型数组的实例化格式为:

List<基类型> list1 = new List<基类型>();

其中基类型设定了泛型数组中能存储的对象类型。以后向这个泛型中添加数组,只能添加这种类型的对象,否则通不过,在泛型中写入数据和读出数据,就不需要进行数据的隐匿转换,不需要进行装箱和拆箱了。

3.5.3 技能训练:数据访问类设计

【训练 3-3】 在"BookShopOnNet"解决方案中添加名为"BookShopDAL"的类库项目,建立数据访问层,结合系统的需求分析和功能说明,为各个表建立相应的数据访问类。

实施步骤:

(1)思路分析:

对每个数据库表进行操作的数据访问类,至少应该都有 5 个方法,即:

①增加记录方法。

②按主键更新记录方法。

上面这两个方法中,通过参数传入的数据比较多,不便于操作,为减少形参的个数,请以实体类打包数据的方式传入。就像上街带东西,如果很多时,就打包封装到袋子中,如果很少时,直接拿在手中。

③按主键删除记录方法。

④按主键获取某记录的详细信息,这些信息以实体类方式返回。

⑤按组合条件查询记录,这些记录可以以泛型数组方式返回,查询条件以参数方式传入方法中。

(2)各数据访问类部分方法功能描述。

除了每个数据访问类上面五个方法外,为了明确大家的编程思路,下面还给出各个数据访问类的其他方法的描述,请按功能描述编写这些方法。

① BookDAL 数据访问类的方法:

➢ 按图书主键返回图书库存量。

➢ 启用事务功能,售出时更新图书销量与库存量,并根据库存量修改图书缺货状态。

➢ 按时间降序排序获取前 N 条最新图书列表信息。

➢ 按条件获取前 N 条图书列表信息(当条件为按折扣降序时,为 N 条特价商品)。

②ManageUserDAL 数据访问类的方法:

➢ 判断管理员用户名是否已存在,以免注册重复用户名。

➢ 更改管理员密码。

➢ 管理员登录,返回管理员编号。
③OrdersDAL 数据访问类的方法:
➢ 启用事务功能,根据购物车清单产生订单,写入订单表和订单详情表,同时删除购物车中购物清单。
➢ 根据订单号修改订单状态为已付款。
➢ 根据订单号修改订单状态为已发货。
➢ 根据订单号修改订单状态为已收货。
➢ 根据订单号撤消订单,即逻辑删除,只有状态是未付款(状态为1)的订单才能撤消。
➢ 根据订单号获取订单的状态,返回值为整形。
④OrderDetailsDAL 数据访问类的方法:
➢ 根据订单号获取某订单的清单详情列表。
➢ 更改管理员密码。
➢ 管理员登录,返回管理员编号。
⑤ShoppingCartDAL 数据访问类的方法:
➢ 购物车添加购物记录,若购物车中已有此图书,只需修改数量,否则新增记录。
➢ 按购物车表记录号更新购物车中某商品数量。
➢ 按用户号清空某用户购物车。
➢ 按用户号计算购物车总金额。
➢ 启用事务功能,结账产生订单时更新图书销量、库存量和图书状态。
➢ 按用户号获取某用户购物车清单。
⑥ShopUserDAL 数据访问类的方法:
➢ 判断顾客用户名是否已存在,以免注册重复用户名。
➢ 更改顾客用户密码。
➢ 按用户编号逻辑删除顾客用户,即修改其状态为删除。
➢ 顾客用户登录,返回顾客用户编号。
(3)数据访问类代码编写,仅以 BookDAL 类为例,部分代码如下:

```
public class BookDAL
{
    //增加图书
    public int Book_Add(BookModel oBookModel)
    {
        try{
            StringBuilder sqlText = new StringBuilder();
            sqlText.Append("INSERT INTO Book(BookTypeId,BookName,Author,ISBN,Publisher,PublishDate,Price,Discount,Sales,Amount,Status,Cover,Directory,Description)");
            sqlText. Append (" VALUES ( @ BookTypeId, @ BookName, @ Author, @ ISBN, @ Publisher, @ PublishDate, @ Price, @ Discount, @ Sales, @ Amount, @ Status, @ Cover, @ Directory, @Description)");
            SqlParameter[] paras = new SqlParameter[]
```

```csharp
            {
                new SqlParameter("@BookTypeId", oBookModel.BookTypeId),
                new SqlParameter("@BookName", oBookModel.BookName),
                new SqlParameter("@Author", oBookModel.Author),
                new SqlParameter("@ISBN", oBookModel.ISBN),
                new SqlParameter("@Publisher", oBookModel.Publisher),
                new SqlParameter("@PublishDate", oBookModel.PublishDate),
                new SqlParameter("@Price", oBookModel.Price),
                new SqlParameter("@Discount", oBookModel.Discount),
                new SqlParameter("@Sales", oBookModel.Sales),
                new SqlParameter("@Amount", oBookModel.Amount),
                new SqlParameter("@Status", 1),
                new SqlParameter("@Cover", oBookModel.Cover),
                new SqlParameter("@Directory", oBookModel.Directory),
                new SqlParameter("@Description", oBookModel.Description)
            };
            return SqlDBHelper.ExecuteNonQueryCommand(sqlText.ToString(), paras);
        }
        catch (SqlException ex) {
            throw ex;
        }
    }
    catch (Exception ex) {
        throw ex;
    }
}
// 返回图书库存量
public int Book_GetAmountByBookId(int BookId)
{
    try{
        string sqlText = "SELECT Amount FROM Book WHERE BookId = " + BookId.ToString();
        object obj = SqlDBHelper.ExecuteScalarCommand(sqlText);
        if (obj != null) {
             return Convert.ToInt32(obj);
            }else{
            return 0;
        }
    }
    catch (SqlException ex) {
        throw ex;
    }
    catch (Exception ex) {
```

```csharp
            throw ex;
        }
    }
    //按图书编号获取图书信息详情
    public BookModel Book_GetModelById(int BookId)
    {
        StringBuilder sqlText = new StringBuilder();
        sqlText.Append("SELECT BookId,BookTypeId,BookName,Author,ISBN,Publisher,PublishDate,Price,Discount,Sales,Amount,Status,Cover,Directory,Description");
        sqlText.Append(" FROM Book WHERE BookId=@BookId");
        BookModel oBookModel = new BookModel();
        SqlDataReader reader = null;
        try{
            SqlParameter[] paras = new SqlParameter[]
            {
                new SqlParameter("@BookId", BookId)
            };
            reader = SqlDBHelper.GetReader(sqlText.ToString(),paras);
            if (reader.Read()){
                oBookModel.BookId = BookId;
                if (! Convert.IsDBNull(reader["BookTypeId"])){
                    oBookModel.BookTypeId = Convert.ToInt32(reader["BookTypeId"]);
                }
                oBookModel.BookName = reader["BookName"].ToString();
                oBookModel.Author = reader["Author"].ToString();
                oBookModel.ISBN = reader["ISBN"].ToString();
                oBookModel.Publisher = reader["Publisher"].ToString();
                if (! Convert.IsDBNull(reader["PublishDate"])){
                    oBookModel.PublishDate = Convert.ToDateTime(reader["PublishDate"]);
                }
                if (! Convert.IsDBNull(reader["Price"])){
                    oBookModel.Price = Convert.ToDecimal(reader["Price"]);
                }
                if (! Convert.IsDBNull(reader["Discount"])){
                    oBookModel.Discount = Convert.ToDecimal(reader["Discount"]);
                }
                if (! Convert.IsDBNull(reader["Sales"])){
                    oBookModel.Sales = Convert.ToInt32(reader["Sales"]);
                }
                if (! Convert.IsDBNull(reader["Amount"])) {
                    oBookModel.Amount = Convert.ToInt32(reader["Amount"]);
```

```csharp
            }
            if (! Convert.IsDBNull(reader["Status"])){
                oBookModel.Status = Convert.ToInt32(reader["Status"]);
            }
            oBookModel.Cover = reader["Cover"].ToString();
            oBookModel.Directory = reader["Directory"].ToString();
            oBookModel.Description = reader["Description"].ToString();
            return oBookModel;
        }
        else{
            eturn null;
        }
    }
    catch (SqlException ex) {
        throw ex;
    }
    catch (Exception ex){
        throw ex;
    }
    finally{
        reader.Close();
    }
}
//按条件获取前 N 条图书列表信息
public List<BookModel> Book_GetTopNListByWhere(int n, string strWhere)
{
    try
    {
        List<BookModel> list = new List<BookModel>();
        StringBuilder sqlText = new StringBuilder();
        sqlText.Append("SELECT ");
        if (n > 0) {
            sqlText.Append(" top " + n.ToString());
        }
        sqlText.Append(" BookId,BookTypeId,BookName,Author,ISBN,Publisher,PublishDate,Price,Discount,Sales,Amount,Status,Cover,Description ");
        sqlText.Append(" FROM Book  WHERE Status <> 3 ");
        if (strWhere.Trim() != ""){
            sqlText.Append(" AND " + strWhere);
        }
        DataTable dt = SqlDBHelper.GetDataTable(sqlText.ToString());
```

```csharp
if (dt.Rows.Count > 0) {
    foreach (DataRow row in dt.Rows)
    {
        BookModel oBookModel = new BookModel();
        if (!Convert.IsDBNull(row["BookId"])) {
            oBookModel.BookId = Convert.ToInt32(row["BookId"]);
        }
        if (!Convert.IsDBNull(row["BookTypeId"])){
            oBookModel.BookTypeId = Convert.ToInt32(row["BookTypeId"]);
        }
        oBookModel.BookName = row["BookName"].ToString();
        oBookModel.Author = row["Author"].ToString();
        oBookModel.ISBN = row["ISBN"].ToString();
        oBookModel.Publisher = row["Publisher"].ToString();
        if (!Convert.IsDBNull(row["PublishDate"])){
            oBookModel.PublishDate = Convert.ToDateTime(row["PublishDate"]);
        }
        if (!Convert.IsDBNull(row["Price"])){
            oBookModel.Price = Convert.ToDecimal(row["Price"]);
        }
        if (!Convert.IsDBNull(row["Discount"])){
            oBookModel.Discount = Convert.ToDecimal(row["Discount"]);
        }
        if (!Convert.IsDBNull(row["Sales"])){
            oBookModel.Sales = Convert.ToInt32(row["Sales"]);
        }
        if (!Convert.IsDBNull(row["Amount"])){
            oBookModel.Amount = Convert.ToInt32(row["Amount"]);
        }
        if (!Convert.IsDBNull(row["Status"])){
            oBookModel.Status = Convert.ToInt32(row["Status"]);
        }
        oBookModel.Cover = row["Cover"].ToString();
        oBookModel.Description = row["Description"].ToString();
        list.Add(oBookModel);
    }
    return list;
}
else{
    return null;
```

```
        }
    }
    catch (SqlException ex) {
        throw ex;
    }
    catch (Exception ex) {
        throw ex;
    }
    ……
        }
}
```

3.6 业务逻辑层设计

1. 业务逻辑层的命名

业务逻辑层项目一般命名为 BLL,或解决方案+BLL,业务逻辑类的命名一般为表名+BLL。

在解决方案中添加业务逻辑层项目"BookShopBLL"的方法为:右击解决方案名,单击"添加"|"新建项目",选择"类库",输入项目名"BookShopBLL"这样业务逻辑项目就添加了。

接着还要添加对模型子层项目"BookShopModel"和数据访问层"BookShopDAL"的引用,才能使用这两个项目中定义的类,添加引用的步骤是:右击项目中"引用"|"添加引用",打开"项目"选项卡,选中相应项目,确定即可。

业务逻辑层位于表示层和数据访问层之间,它把表示层提交的访问请求,进行逻辑处理,又或调用数据访问层,对数据库进行访问操作,当然在项目中也要添加对所涉及的数据访问类项目和实体类项目的引用。

下面仍以对图书类别表进行操作为例,对应的业务逻辑类的部分代码如下:

```
using BookShopModel;
using BookShopDAL;
public class BookTypeBLL
{
    BookTypeDAL oBookTypeDAL = new BookTypeDAL();
    //增加图书类别
    publicbool BookType_Add(int BookTypeId, string BookTypeName)
    {
        //业务逻辑判断
        if(BookType_IsExistByBookTypeName(BookTypeName))
            return false;
        else{
            oBookTypeDAL.BookType_Add(BookTypeId,TypeName);
            return true;
```

```
        }
    }
    //判断图书类别是否已存在
    public bool BookType_IsExistByBookTypeName(string BookTypeName)
    {
        return oBookTypeDAL.BookType_IsExistByBookTypeName(BookTypeName);
    }
    //按图书类别号获取图书类别详情
    public BookTypeModel BookType_GetModelById(int BookTypeId)
    {
        return oBookTypeDAL.BookType_GetModelById(BookTypeId);
    }
    //获取所有图书类别信息
    public List<BookTypeModel> BookType_GetList()
    {
        return oBookTypeDAL.BookType_GetList();
    }
    ……
}
```

从上面类的定义可以看出，这样设计的写法，业务逻辑类仅是对数据访问类进行实例化并调用其相应方法，如果都是这样原样功能调用，没有扩充功能的话，这一层是完全可以拿掉，由表示层直接实例化数据访问类。少了这一层的话，功能没减少，而应用系统体量更少，运行更快，因为不用反复实例化类了，还节省了内存占用。

自己动手，在"BookShopOnNet"解决方案中添加名为"BookShopBLL"的类库项目，建立业务逻辑层，针对相应的数据访问类，设计对应的业务逻辑类。

3.7 表示层设计

表示层就是展示给用户的界面，是 Web 站点，表示层负责直接跟用户进行交互，用于数据录入，数据显示等。表示层的职责有以下两点：一个是接受用户的输入及数据验证，另一个是向用户展现信息。

表示层是一个系统的"门脸"，不论你的系统设计的多么优秀，代码多么规范高效，系统的可扩展性多么高，但是最终用户接触到的大多是表示层的东西。所以，表示层的优劣对于用户最终对系统的评价至关重要。

一般来说，表示层的优劣有以下两个评价指标：一、美观。即外观设计漂亮，能给人美的感觉；二、易用。即具有良好的用户体验，用户用起来舒服、顺手。

表示层的实现技术也是多种多样的，可以采用 C/S 架构下的 Windows 窗体技术，也可以是 B/S 架构下的 Web 页面技术，而且在 Ajax 技术出现以后，又分为同步模型的 B/S 架构实现和异步模型的 B/S 架构实现。

表示层侧重于外观界面设计，并通过调用业务逻辑层的代码实现对数据库的访问。

表示层要调用业务逻辑层的功能,并且层间传输数据经常以实体类对象的方式进行,所以也要添加对业务逻辑层项目和实体类项目的引用。

表示层站点的添加。

在解决方案中添加一个 Web 站点,比如这里添加名为"WebSite"的站点项目,操作方法是,右击解决方案名,选"添加"|"新建网站",选择"ASP.NET 空网站",选择站点存放路径后确定即可。

站点添加后,添加对"BookShopModel"和"BookShopBLL"项目的引用。

站点项目添加后,在其中添加网页,网页中进行界面布局和美化,添加控件,并编写事件代码,调用底层提供的功能,表示层的设计在后面的章节中详细展开。

习题 3

1. 简述什么是三层架构,各层的主要功能是什么?采用三层架构开发系统,优点有哪些?

2. 在三层架构中,为了实现代码的复用,通常设计对数据库的公共访问类 SqlDBHelper,请总结对数据库访问的不同形态及方法的重载方式,设计实现公共访问类 SqlDBHelper。

3. 采用三层架构方式搭建网上书店系统解决方案,添加实体类项目、数据访问类项目、业务逻辑类项目,结合 3.2 节系统功能模块,以及 3.3 节的数据库设计,针对"BookShopOnNet"数据库中的 7 个数据库表,添加相应的实体类,数据访问类和业务访问类,编写类的方法。

第 4 章
ASP.NET 常用服务器控件

本章工作任务
- 完成系统登录界面设计
- 完成图书信息添加页面设计
- 完成图书搜索页面设计

本章知识目标
- 理解常用服务器控件的功能及属性、方法与事件
- 掌握导航控件的功能与应用方法
- 掌握数据验证控件进行数据验证时属性的设置方法

本章技能目标
- 掌握常用服务器控件的用法以及应用数据验证控件进行非法数据的过滤
- 掌握应用导航控件设计站点导航及功能菜单

本章重点难点
- 列表框类控件、隐藏域及文件上传控件的应用
- 数据验证控件的灵活应用

ASP.NET 服务器控件是 ASP.NET 网页中的对象,当客户端浏览器请求服务器端网页时,这些服务器控件将在服务器端运行,并生成 HTML 标记并向客户端浏览器发送。使用 ASP.NET 服务器控件可以大幅减少开发 Web 应用程序所需编写的代码量,提高开发效率和 Web 应用程序的性能。

4.1 服务器控件概述

4.1.1 Web 服务器控件

在 ASP.NET 的"工具箱"中,除"HTML"选项中的控件是客户端控件,其他都是 Web 服务器控件,根据它们所提供的功能不同,被放置在"标准、数据、验证、导航、登录、AJAX、报表"等选项卡中。

ASP.NET 服务器控件的基本语法格式如下:

<asp:controlType id="ControlID" runat="server" Property="PropertyValue"></asp:controlType>

如:<asp:TextBox ID="txtA" runat="server" MaxLength="30"></asp:TextBox>

所有的控件标签都是以 asp:开头,这就是标记前缀,利用 id 属性值,可以在编程时引用这个控件,runat="server"表示它在服务器端运行。

ASP.NET 服务器控件是服务器端对象,当用户通过浏览器请求 ASP.NET 网页时,这些控件将运行并把生成的 HTML 标记和一些客户端脚本代码发送到浏览器,由浏览器解析并呈现出来。

下面看看如何设置服务器控件的属性。

每个控件都有自己的属性,如 ID、Text 属性等。通过设置控件的属性,可以改变控件的显示风格和展现内容。

在 ASP.NET 中,可以通过 3 种方式来设置服务器控件的属性,分别是:

(1)通过"属性"窗口直接设置属性值。这种方法比较简单,只需右击该控件,从弹出的快捷菜单中选择"属性"命令,利用属性窗口对属性进行可视化设置。

(2)在前台窗体文件的源代码视图中,对控件的 HTML 标记代码设置属性值。

(3)通过页面的后台代码以编程方式设定控件的属性值。

后两种设置方式,可充分利用 ASP.NET 开发环境提供的智能感知功能进行帮助。

4.1.2 Web 服务器控件的基类

在 ASP.NET 中,所有的 Web 服务器控件都定义在 System.Web.UI.WebControls 命名空间中,都派生自 WebControl 基类。而 WebControl 基类又派生自 Control 基类,Control 基类提供了一个更为抽象、更一致的模型,使得 Web 服务器控件的外表配置起来更加简单、方便和统一。表 4-1 给出了 Control 基类常用的基本属性,表 4-2 给出了 WebControl 基类常用的基本属性。

表 4-1　Control 基类常用的基本属性

属　性	描　述
Controls	该控件所包含的所有子控件对象的集合
ID	引用控件的 ID 标识符,一个页面中不允许两个控件的 ID 相同
Visible	设定控件显示还是隐藏,默认值为 true

除了上面的几个基本属性外,Control 基类还有一些重要方法。

(1) FindControl(string controlID):这是一个非常重要的方法,它接收一个 string 型控件 ID,然后搜索当前子控件树内任意深度的匹配 ID 的子控件,返回一个 Control 基类,这个方法在编程中经常用到。

页面中所有的控件构成一个控件树,根结点当然是 Page,若想找到这个控件树中指定 ID 的控件是很难的。与 WORD 寻找文本类似,可以从根结点一层一层找到它,也可以用查找的方式找到它,FindControl 方法就是查找方式。

比如后面的数据绑定控件,其模板中定义有很多子控件,怎么找到并引用特定的子控件呢? 当然可以用 FindControl(ID)方法,它返回的控件是 Control 类型,所以要强制转换成实际的控件类型。

举个例子,假定网页中一个 ID 为"txtUserName"的文本框,用 FindControl()方法引用它并输出其文本,可以使用下面的代码:

```
TextBox  myTextBox = Page.FindControl("txtUserName") as TextBox;
//上述的 as 是类型转换语句,若类型转换失败则返回的是 null
if(myTextBox ! = null)
    Response.Write(myTextBox.Text)
```

(2) HasControl():判断控件内是否包含子控件,有则返回 true,否则返回 false。

表 4-2　WebControl 基类常用属性

属　性	描　述
Attributes	控件不具有的属性,用户给它附加的属性集合。Web 服务器控件自身不具有的属性而又想给它附加的属性或控件的客户端事件都添加到此集合中,通过它可以使用未被控件直接支持的 HTML 属性或客户端事件,这个属性在编程中有重要的用途。注意,它只能用编程方式设置
BackColor	控件的背景色,其值可以为颜色常量,也可以为十六进制格式(如:"#00FFCC")表示的 RGB 值
BorderColor	控件的边框颜色
BorderStyle	控件的边框样式
BorderWidth	控件边框宽度
CssClass	分配给控件级联样式表(CSS)类,当窗体中有很多控件使用相同的样式时,可把样式定义在外部样式表中,然后用这个属性引用定义的样式类
Style	控件 CSS 样式属性集合,样式属性以键/值对形式存在
Enabled	此属性为 true(默认值)时控件起作用,为 false 时禁用控件,禁用后控件变灰不能使用,但仍可见,而不是隐藏

续表

属 性	描 述
EnableViewState	表示该控件是否维持视图状态,默认为 true
Font	设置字体信息
ForeColor	控件的前景色
Height	控件的高度,单位有像素 px(默认值)、磅 pt、英寸 in、毫米 mm、百分比％、一个大写字母的宽度 em、一个小写字母的宽度 ex。
Width	控件的宽度,单位与 Height 一样

上述给出的是 Web 服务器控件的基类的部分属性和方法,所有 Web 服务器控件都具有这些属性和方法,这里统一进行说明,以后在介绍每一种控件时,就不再单独说明这些共有属性,只关注每种控件的特色部分。

4.1.3 服务器端事件、客户端事件

1. 服务器端事件

服务器端事件是基于事件委托的,委托将事件与事件处理程序相连接。引发事件需要两个元素,一个是事件源,一个是事件相关的信息。所以事件处理程序都具有两个参数,一个表示引发事件的对象 sender,一个是包含事件特定信息的事件参数,事件参数通常是 EventArgs 类型或其子类型。

【例 4-1】 添加一个页面 ControlEvent.aspx,在其中只添加一个 ImageButton 按钮,按钮上显示为一张图片,单位按钮,在弹出的消息框中显示当前单击点的位置。

图片按钮的"单击"事件代码如下:

```
protected void ImageButton1_Click(object sender, ImageClickEventArgs e)
{
    // ImageClickEventArgs 为 EventArgs 事件参数的子类
    ImageButton myImageButton = sender as ImageButton; //类型强制转换
    if (myImageButton ! = null)
        Response.Write(string.Format("<script>alert('位置:X = {0},Y = {1}')</script>", e.X, e.Y));
}
```

上述事件中,sender 代表引发事件的对象,当然就是单击的图片按钮,但 sender 是 object 类,必须强制转类型。

服务器端事件,使用比较简单,只需要在选中对象后,在其属性窗口中选择事件后,双击即可进入事件编写状态,下面看看客户端事件怎么编写。

2. 客户端事件

大家知道,客户端控件只能在客户端运行,所以它只有客户端事件,Web 服务器端控件在服务器端运行,它即有服务器端事件也可以有客户端事件。

Web 服务器端控件的客户端事件有两种编写方式:

第一种方法:在 WebControl 基类常用的属性中,使用 Attributes 属性,它可以把任何未

由Web服务器控件定义的HTML属性或客户端事件都添加到此集合中,从未达到注册HTML属性或客户端事件的功能。其原理是,这个属性包含的键/值对的值,服务器把它作为字符串处理,直接发送到浏览器,浏览器收到后进行解析,识别出这是属性或客户端事件。所以浏览器能识别的HTML属性或客户端事件都可以利用服务器控件的Attributes属性进行注册,当然,这个注册要写在Page_Load事件中。

第二种方法:有些控件,如三种按钮控件,都具有一个"OnClientClick"事件,从名字就知道它是客户端事件,可以用它编写Web服务器端控件的客户端事件。这种方法简单, 下面举例说明第一种方法。

【例4-2】 添加一个页面ControlEvent.aspx,按如图4-1所示,在其中添加两个Web服务器控件:一个文本框和一个按钮。在页面的Page_Load事件中用Attributes属性为按钮注册客户端单击事件"onclick",此客户端事件的功能是弹出确认消息框。输入待删用户名后,单击"删除"按钮,弹出"确定要删除吗?"消息框,若单击"确定"就真的执行删除此用户,点击"取消"不执行任何操作。

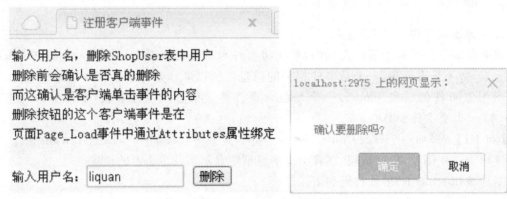

图4-1 注册客户端事件

(1)按要求添加页面,布局相应控件。

在此页面中,添加一个文本框和一个按钮,文本框命名为txtUserName,按钮命名为btnDelete,其他文字都是直接在页面上输入的。

(2)在页面的"Page_Load"事件中,利用Attributes属性注册事件。

```
protected void Page_Load(object sender, EventArgs e)
{
    if (! IsPostBack)
    { // 利用Attributes属性注册客户端事件。
        btnShow.Attributes.Add("onclick ","javascript:return window.confirm(´确认要显示吗?´);");
    }
}
```

这里利用Attributes属性为Web服务器控件注册未由Web服务器控件定义的客户端事件,它也能为Web服务器控件注册未定义的HTML属性,因为这些都是送到浏览器解析,浏览器可识别。当然因为是按钮,完全可以在"OnClientClick"中写客户端事件,但很多控件未定义"OnClientClick"事件,所以它更通用。

"删除"按钮的服务器端事件代码为：
```
protected void btnDelete_Click(object sender, EventArgs e)
{
    UserShopDAL oUserShopDAL = new UserShopDAL();
    bool r = oUserShopDAL.UserShop_DeleteByUserName(this.txtUserName.Text);
    if (r)
        Response.Write("<script>alert('删除成功!');</script>");
    else
        Response.Write("<script>alert('删除失败!');</script>");
}
```

通过这个例子，告诉大家如何通过控件的 Attributes 属性为按钮注册客户端单击事件"onclick"，通过 Attributes 属性为服务器控件注册客户端事件的方式以后会经常使用。

4.2 标准服务器控件

4.2.1 标签及文本框控件

1. 标签控件

标签控件的主要功能是显示各种信息，其 Text 属性就是用来设定要显示的信息，它显示的信息不只是文本，还可以是各种信息。实际上其 Text 属性可以是任何 HTML 标记，运行时转换成客户端可识别的 HTML 代码时，Text 属性值作为字符串原样转换，从而其中的 HTML 标记被浏览器解析。除了这个控件的 Text 属性有此特性外，Literal 控件的 Text 属性也有此特性，不过它要受到其 Mode 属性值的影响。

标签控件的 Text 属性的这一特性，有很大用处，比如，用 ASP.NET 开发的新闻站点，其网页上的新闻是图文并茂，实际上设计时可能就是一个标签控件，其 Text 属性包含了丰富的内容。下面举例来演示：

【例 4-3】 添加一个页面 LabelControl.aspx，在其中只添加一个标签控件，在窗体的 Page_Load 事件中编写代码，显示如下效果，即蓝字、水平线、红字、红水平线和一张图。

窗体的"Page_Load"事件代码如下：
```
protected void Page_Load(object sender, EventArgs e)
{
    Label1.Text = "<font color='blue'>中华人民共和国</font><hr/>";
    Label1.Text += "<font color='red'>中华人民共和国</font><hr color='red'/>";
    Label1.Text += "<img src='images/earth.gif' />";
}
```

本例说明，标签除了显示文本信息外，还可以显示任何的信息。实际上，标签在服务器端运行时，产生的客户端 HTML 标记是<span>，给标签的 Text 赋值，被赋的值都出现在<span> 和</span>之间，故出现上述效果。

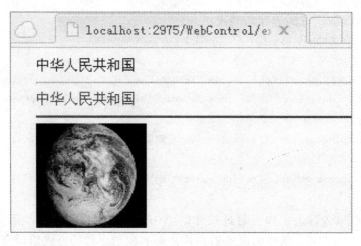

图 4-2 标签控件的应用效果

这个例子仅是抛砖引玉,通过这个例子,大家可以得到什么启发?就是服务器控件运行后,会产生对应的 HTML 标记,如果想深入理解,请上网查找各种服务器控件运行后都对应产生什么 HTML 标记,这样,才能对 Web 编程有深入的理解。查看服务器控件运行后对应产生的 HTML 标记是哪个,运行后可以右击浏览器中页面,查看源代码。

2. 文本框控件

文本框控件 TextBox 是用得最多的控件之一,该控件主要用来输入文本。默认的文本控件是一个单行的文本框,用户只能在文本框中输入一行内容。通过修改 TextMode 属性,则可以将文本框设置为多行或者是以密码形式显示,文本框控件常用的控件属性如下所示。

➢ TextMode:文本框的模式,设置文本框是单行(SingleLine),多行(MultiLine)还是密码文本框(PassWords),当为密码框时,所有输入字符显示为"*"。

➢ AutoPostBack:文本修改以后,是否自动回传到服务器,详细应用见下拉列表框中讲解。

➢ MaxLength:整数,设定用户输入的最大字符数。

➢ ReadOnly:是否为只读文本框。

➢ Rows:整数,设定作为多行文本框时所显式的行数。

➢ Columns:整数,设定作为多行文本框时所显式的列数。

➢ Wrap:文本框内容超过其宽度时是否能自动换行。

➢ EnableViewState:控件是否自动保存其状态以用于往返过程。

ASP.NET 是无状态的,在把页面各控件提交到服务器后,控件的属性值即丢失而恢复默认值,这就需要一种机制使控件在提交后再回传到客户端时,控件还能保持提交前的属性值。ViewState 就是 ASP.NET 中用来保存回传时 Web 控件状态的一种机制,它是由 ASP.NET 页面框架管理的一个隐藏字段。在回传发生时,ViewState 包含的数据将回传到服务器,回传后 ASP.NET 框架解析 ViewState 字符串,并根据 ViewState 字符串中信息为页面中的各个控件填充属性再发回客户端。所以填充后,控件通过使用 ViewState 将数据重新恢复到回传以前的状态。

特别是数据绑定控件,显示数据库中信息。如果不启用 ViewState(即 EnableViewState

为false),每次打开页面都要从数据库取数绑定后显示,这是非常不明智的,增加数据库负担。启用ViewState,加载页面时仅读取一次数据库,在后续的回传中,控件将自动从ViewState中重新填充,减少了数据库的读取,在默认情况下,EnableViewState的属性值通常为true。

4.2.2 按钮控件

在ASP.NET中,包含三类按钮控件,分别为Button、LinkButton、ImageButton。它们的功能基本相同,但外观上有区别。Button的外观就是传统按钮的外观,LinkButton的外观与超链接效果相同,ImageButton按钮是用图形方式显示,其图像是通过"ImageUrl"属性来设置。所以在设计时,到底需要哪一种按钮,看当时的效果需要。按钮被单击(Click)时,就把页面事件代码提交到服务器处理。

比如网页中添加LinkButton按钮,其代码如下所示,单击该按钮后,可转向其他网页,从而起到"超链接"的作用,另外,其外观确实是超链接的效果。

```
private void LinkButton1_Click(object sender, EventArgs e)
{
    Response.Redirect("其他窗体的URL");
}
```

(1)三种按钮的共同属性如下:

① PostBackUrl属性:利用这个属性可以实现"返回"效果,即先将该属性设成某个网页的URL,以后单击该按钮时就会直接转向该网页。

② OnClientClick属性:定义按钮的客户端单击事件,可以直接是js脚本代码,也可以是js脚本函数名。

③ CommandName属性:当一个网页中有多个按钮,可以使多个按钮共用一个事件,在事件中,通过此属性确定到底单击的是哪一个按钮。另外,后面的数据绑定控件,其模板中常嵌入多个按钮并且共享同一事件,这些按钮就用此属性区别是哪个按钮触发的事件,到时大家回过头再看此属性,理解才会深入。

④ CommandArgument属性:命令按钮的命令参数,它一般与CommandName属性配合,获取命令的附加信息。这两个属性与Command事件结合,在后面章节的数据绑定控件中经常用到。

(2)三种按钮的共同事件如下:

Click事件:

这是按钮的服务器端单击事件,请注意,OnClientClick属性指定的是客户端单击事件,这就存在一个问题,同一控件既有服务器端单击事件,又有客户端单击事件,当单击控件时,到底哪个先执行?

答案是同一服务器控件既有服务器端Click事件,又有客户端Click事件,先执行客户端Click事件,当客户端事件返回true时才向服务器提交表单,执行服务器端Click事件,客户端事件返回false时,其服务器端Click事件得不到执行,经常在删除信息时,进行确认。

Command事件:

按钮的Click事件并不能传递参数,所以处理的事件相对简单。而Command事件可以传递参数,负责传递参数的是按钮控件的 CommandArgument 属性。按钮控件也是通过"单击"触发 Command 事件,通常在事件中,按钮的 CommandArgument 属性与 CommandName 属性配合使用,可以使多个按钮共享同一个事件处理程序。

【例 4-4】 设计如下的页面,含有三个命令按钮,编写它们的 Command 事件,使三个事件与同一个事件处理程序相连接,通过按钮的属性 CommandName,识别事件源,通过属性 CommandArgument 带入参数。

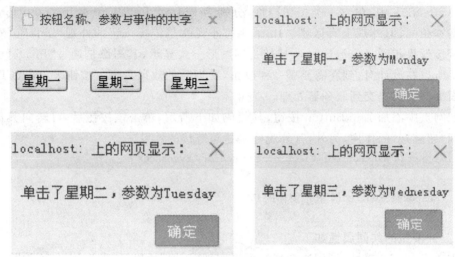

图 4-3 多个按钮共享事件代码

(1)向网页中添加三个按钮,设计相应属性值,设置事件 oncommand 都指向同一个方法,产生的源视图主要标记如下:

```
<form id="form1" runat="server">
<div>
    <asp:Button ID="Button1" runat="server" Text="星期一" CommandName="one" CommandArgument="Monday" oncommand="Item_Command" />
    <asp:Button ID="Button2" runat="server" Text="星期二" CommandName="two" CommandArgument="Tuesday" oncommand="Item_Command" />
    <asp:Button ID="Button3" runat="server" Text="星期三" CommandName="three" CommandArgument="Wednesday" oncommand="Item_Command" />
</div>
</form>
```

上述代码中,三个按钮的 OnClick 事件指向同一处理程序,但它们的 CommandName 互不相同。

(2)这三个按钮的 command 事件共享的事件处理程序为:

```
protected void Item_Command(object sender, CommandEventArgs e)
{
    string str = "";
    switch(e.CommandName)
    {
```

```
            case "one":
                str = string.Format("<script>alert('单击了星期一,参数为{0}')</script>", e.CommandArgument);break;
            case "two":
                str = string.Format("<script>alert('单击了星期二,参数为{0}')</script>", e.CommandArgument);break;
            case "three":
                str = string.Format("<script>alert('单击了星期三,参数为{0}')</script>", e.CommandArgument); break;
        }
        Response.Write(str);
    }
```

4.2.3 技能训练:前台顾客登录界面设计

【**训练 4-1**】 请大家设计一个网上书店前台顾客登录界面,用 Web 服务器控件设计如图 4-4 左侧的登录界面,要求如下,在没有输入用户名前,在用户名文本框显示"输入用户名",单击用户名文本框,"输入用户名"消失,这个效果要求用客户端 js 代码实现。输入用户名和密码后,若登录成功,隐藏登录界面,显示右侧的欢迎界面。本题既有客户端事件应用,也有服务器端事件应用。

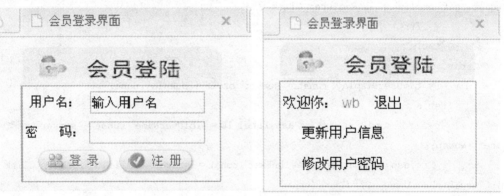

图 4-4 前台顾客登录界面设计

实施步骤:

(1)思路分析。

设计两个大的 div,一个里面设计登录界面,另一个里面设计登录成功后的欢迎界面。开始时,让第一个 div 显示,第二个 div 隐藏。然后在登录按钮事件中,如果登录成功,让第一个 div 隐藏,第二个 div 显示,从而实现要求的效果。

(2)进行界面布局与设计。

在网页添加相应的文本框、ImageButton 按钮和 div,设好控件的相应属性,产生的源视图主要标记如下:

```
<form id="form1" runat="server">
<div style="width:200px;">
```

```
            <table style="width:200px;" cellspacing="0">
                <tr style="background-image:url(Images/loginLogo.jpg);"><td></td>
</tr>
            </table>
        </div>
        <div id="divLogin" runat="server">
            <table style="text-align:center">
                <tr><td>用户名:</td>
                    <td><asp:TextBox ID="txtUserName" runat="server" MaxLength="30"></asp:TextBox>
                    </td></tr>
                <tr><td>密　码:</td>
                    <td><asp:TextBox ID="txtPwd" runat="server" TextMode="Password"></asp:TextBox>
                    </td></tr>
                <tr>  <td colspan="2">
                    <asp:ImageButton ID="ibnLogin" runat="server" ImageUrl="~/Images/login.gif" onclick="ibnLogin_Click" />
                    <asp:ImageButton ID="ibnRegister" runat="server" ImageUrl="~/Images/registe.gif" onclick="ibnRegister_Click" />  </td>
                </tr>
            </table>
        </div>
        <div id="divUserDisplay" runat="server" style="display:none;">
            <table>
                <tr><td>欢迎你:<asp:Label ID="lblUserName" runat="server"></asp:Label> 
                    <asp:LinkButton ID="lbnExit" runat="server" onclick="lbnExit_Click">退出</asp:LinkButton>  </td> </tr>
                <tr> <td><a href="#" target="_self">更新用户信息</a></td> </tr>
                <tr> <td><a href="#" target="_self">修改用户密码</a></td> </tr>
            </table>
        </div>
    </form>
```

(3)设计数据访问类 UserShopDAL

编写其方法代码,其中实现登录 User_Login 方法代码可以这样设计。

```
public bool UserShop_Login(string UserName, string Passwords)
{
    try { string connStr = ConfigurationManager.ConnectionStrings["strCn"].ConnectionString;
        SqlConnection conn = new SqlConnection(connStr);
```

```csharp
        SqlCommand com = new SqlCommand("SELECT UserId FROM ShopUser WHERE UserName = @UserName AND Passwords = @Passwords", conn);
        com.Parameters.AddWithValue("@UserName", UserName);
        com.Parameters.AddWithValue("@Passwords", Passwords);
        conn.Open();
        object obj = com.ExecuteScalar();
        conn.Close();
        if (obj != null)
            return true;
        else
            return false;
    }
    catch (SqlException ex){
        throw ex;
    }
    catch (Exception e){
        throw e;
    }
}
```

(4) 事件代码编写。

A. 窗体的"Page_Load"事件。

```csharp
protected void Page_Load(object sender, EventArgs e)
{
    if (!IsPostBack)
    {
        txtUserName.Attributes.Add("value","输入用户名");       //添加控件属性值
        txtUserName.Attributes.Add("OnFocus","if(this.value=='输入用户名'){this.value=''}");
        txtUserName.Attributes.Add("OnBlur","if(this.value==''){this.value='输入用户名'}");
        if (Session["UserName"] == null)
        {
            divLogin.Style.Add("display", "block");           //显示登录界面
            divUserDisplay.Style.Add("display", "none");      //隐藏欢迎界面
        }
        else
        {   string username = (string)Session["UserName"];
            lblUserName.Text = username;
            divLogin.Style.Add("display", "none");            //隐藏登录界面
            divUserDisplay.Style.Add("display", "block");     //显示欢迎界面
        }
    }
}
```

}

上面代码中,代码 txtUserName.Attributes.Add("value","输入用户名")是为服务器控件 txtUserName 添加客户端 value 属性值,因为服务器控件运行向最终仍是向客户端发送 HTML 标记,这时的文本框被映射成＜input＞HTML 控件,它有 value 属性。代码 txtUserName.Attributes.Add("OnFocus","if(this.value=='输入用户名'){this.value=''}"),是为服务器控件 txtUserName 注册客户端得到焦点事件,下一行是注册客户端失去焦点事件。

B. "登录"按钮的"单击"事件。

```
protected void ibnLogin_Click(object sender, ImageClickEventArgs e)
{
    UserShopDAL oUserShopDAL = new UserShopDAL();
    string username = this.txtUserName.Text.Trim();
    string pwd = this.txtPwd.Text.Trim();
    bool result = oUserShopDAL.User_Login(username, pwd);
    if (result == false)
    Response.Write("<script>alert('用户名或密码错,请重新登录!')</script>");
    else
    {
        Session.Add("UserName", username);
        divLogin.Style.Add("display", "none");           //隐藏登录界面
        divUserDisplay.Style.Add("display", "block");    //显示欢迎界面
        lblUserName.Text = username;
        Response.Write("<script>alert('登录成功!')</script>");
    }
}
```

上述代码,如果登录成功,通过代码:Session.Add("UserName", username),把用户名写入 Session 中保存,以便其他网页用到用户名,同时隐藏登录界面,显示欢迎界面,否则,仅弹出登录错误消息。

在其他页面中,就是根据 Session["UserName"]是否有数据,来确定用户是否登录,需要的时候从中提取用户名。

C. "退出"按钮的"单击"事件代码。

登录成功的用户,单击"退出"按钮,主动退出,退出时,把当前用户信息从 Session 中删除,同时,使登录界面显示出来。

```
protected void lbnExit_Click(object sender, EventArgs e)
{
    if (Session["userModel"] != null)
    {
        Session.Remove("userModel");
        if (Session["userModel"] == null)
        {
```

```
            loginDiv.Style.Add("display","block");
            myusernameDiv.Style.Add("display","none");
        }
        else
        {
            loginDiv.Style.Add("display","none");
            myusernameDiv.Style.Add("display","block");
        }
    }
}
```

4.2.4 复选框及复选列表框控件

复选框控件(CheckBox)和复选框列表控件(CheckBoxList)都提供了为用户提供在真/假、是/否或开/关选项之间进行选择的方法。

1. 复选框控件(CheckBox)

CheckBox 适合用在选项不多且比较固定的情况。CheckBox 控件有如下常用属性：
① Text 属性：它指定要在该控件中显示的标题。
② TextAlign 属性：它设置标题显示在选项的左还是右侧。
③ Checked 属性：设置或判断复选框是否被选中，选中时其值为 true，否则为 false。
④ AutoPostBack 属性：设置此控件的事件是否立即发送到服务器执行。

很多控件都有一个"AutoPostBack"属性，它表示此控件的事件是否立即回传发往服务器处理，默认值一般都是 false。网页中只有三个按钮控件是立即回传，即单击按钮会立即把代码发往服务器处理，其他控件发生事件时，事件处理程序不能立即提交服务器处理，被缓存起来，直到单击按钮时才一起发送到服务器处理。

如果要求服务器立即响应控件的事件，就应把控件的"AutoPostBack"属性设为 true，这样该控件的事件发生后就可以立即回传服务器进行处理而不会被缓存起来。

CheckBox 控件有一个 CheckedChanged 事件，当该控件的状态发生改变时，将引发此事件，但在默认情况下，该事件并不立即向服务器发送，而是缓存起来，但若 CheckBox 控件 AutoPostBack 属性设为 true，则立即发送。

2. 复选框列表控件(CheckBoxList)

当选项较多，以及想用数据绑定方式创建一系列复选项，或者需要在运行时动态决定有哪些选项时，使用 CheckBoxList 控件则比较方便。

CheckBoxList 控件继承自 ListControl 抽象基类，它是在开始标记和结束标记之间放置 ListItem 元素来创建所要显示的项。该元素的格式形如：

"<asp:ListItem Value="该项 Value 值">该项显示文本 Text</asp:ListItem>"。
当该元素项的 Text 属性值和其 Value 属性值相同时，省略 Value 属性部分，格式形如"<asp:ListItem>显示文本 Text</asp:ListItem>"。

在显示的设置上，可以使用 RepeatDirection 属性指定列表的显示方式是垂直显示(默认)还是水平显示，用 RepeatColumns 属性设置每行显示几列复选框，默认值为 0，表示每行只显示一个复选框。

CheckBoxList 控件的数据是静态固定数据时,可以使用其属性窗口中的"Items"集合编辑器,可视化地设置其数据。

另外,CheckBoxList 控件支持数据绑定,绑定到数据源,数据源可以为数组、集合,以及利用数据库产生的数据集。

若要将该控件绑定到数据源,先设定其 DataSource 为哪个数据源,再用 DataTextField 和 DataValueField 属性分别指定将数据源中的哪个字段绑定到控件中每个列表项的 Text 和 Value 属性,再用 DataBind 方法将该数据源绑定到 CheckBoxList 控件。

【例 4-5】 创建如图 4-5 所示的网页,在上方用复选框组控件显示四种固定的数据,选择后单击确定按钮,在最下方显示选择结果。下方的两处复选框可以改变显示方向和字体颜色,并且选择后,立即改变显示方向和字体颜色

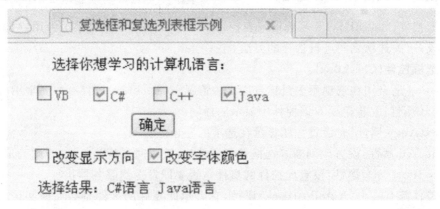

图 4-5 复选框和复选框列表

(1)按要求在网页添加相应控件,设好控件的相应属性,产生的源视图主要标记如下:
```
<form id = "form1" runat = "server">
<div>选择你想学习的计算机语言:
    <asp:CheckBoxList ID = "cblLanguage" runat = "server"  RepeatDirection = "Horizontal">
        <asp:ListItem Value = "VB 语言">VB</asp:ListItem>
        <asp:ListItem Value = "C#语言">C#</asp:ListItem>
        <asp:ListItem Value = "C++ +语言">C++</asp:ListItem>
        <asp:ListItem Value = "Java 语言">Java</asp:ListItem>
    </asp:CheckBoxList>
    <asp:Button ID = "btnSelect" runat = "server" onclick = "btnSelect_Click" Text = "确定" />
    <asp:CheckBox ID = "chkDirection" runat = "server" AutoPostBack = "True"
        oncheckedchanged = "chkDirection_CheckedChanged" Text = "改变显示方向" />
    <asp:CheckBox ID = "chkColor" runat = "server" AutoPostBack = "True"
        oncheckedchanged = "chkColor_CheckedChanged" Text = "改变字体颜色" />
    <asp:Label ID = "lblResult" runat = "server" Text = " " ForeColor = "#FF3300">
</asp:Label>
```

        </div>
    </form>

上面代码中,后面两个复选框的 AutoPostBack 属性设置为"True",表示"改变显示方向"和"改变显示颜色"复选框改变选择后,其事件立即回传到服务器端执行。

(2)"确定"按钮的"单击"事件代码如下:

```
protected void btnSelect_Click(object sender, EventArgs e)
{
    string str = "选择结果:";
    lblResult.Text = "";
    for (int i = 0; i < cblLanguage.Items.Count; i++)
    {
        if (cblLanguage.Items[i].Selected)
            str += cblLanguage.Items[i].Value + " ";
    }
    if (str == "选择结果:")
        Response.Write("<script>alert('请作出选择!');</script>");
    else
        lblResult.Text = str;
}
```

(3)"改变方向"复选框的"CheckedChanged"事件代码如下:

```
protected void chkDirection_CheckedChanged(object sender, EventArgs e)
{
    cblLanguage.RepeatDirection = chkDirection.Checked ? RepeatDirection.Horizontal : RepeatDirection.Vertical;
}
```

(4)"改变字体颜色"复选框的"CheckedChanged"事件代码如下:

```
protected void chkColor_CheckedChanged(object sender, EventArgs e)
{
    if (chkColor.Checked)
        this.cblLanguage.ForeColor = System.Drawing.Color.Red;
    else
        this.cblLanguage.ForeColor = System.Drawing.Color.Black;
}
```

因为"改变显示方向"和"改变显示颜色"复选框的 AutoPostBack 属性设置为"True",所以改变复选框的选择后,其事件将立即回传到服务器端执行。

4.2.5 单选按钮及单选按钮组控件

单选按钮控件 RadioButton 和单选按钮组控件 RadioButtonList 的作用与使用方法与复选框控件和复选框列表控件基本相同,唯一的区别是在一个 RadioButtonList 内的多个 RadioButton 之间只能有一项被选中,而在 CheckBoxList 中可以同时选择多项。

1. 单选按钮控件(RadioButton)

RadioButton 控件是一个单选按钮，与 CheckBox 一样，RadioButton 控件也具有 Text 属性、TextAlign 属性、Checked 属性和 AutoPostBack 属性，而且含义和使用方法与 CheckBox 完全一样，这里不再叙述。

RadioButton 控件也有一个 CheckedChanged 事件，当控件的选取状态发生改变时，引发此事件，是否立即回传服务器也取决于 AutoPostBack 属性。

单选按钮 RadioButton 很少单独使用，通常是若干个单选按钮进行分组，以提供一组互斥的选项，在一个组内，每次只能选择一个单选按钮。那么如何把若干个单选按钮设为一个组呢？

GroupName 属性是 RadioButton 控件的一个重要属性，它用来对网页中的单选按钮进行分组，GroupName 属性值相同的若干个单选按钮构成一个组，组内各单选按钮互斥。

2. 单选按钮组控件(RadioButtonList)

与复选框列表控件类似，如果想用数据绑定创建一个单选按钮组，使用 RadioButtonList 控件则比较方便。创建 RadioButtonList 后，把它绑定到数据源就可动态生成各个单选项。数据源可以为数组，集合，以及利用数据库产生的数据集。

与 CheckBoxList 控件一样，RadioButtonList 同样继承自 ListControl 抽象基类，也是在开始标记和结束标记之间放置 ListItem 元素来创建所要显示的项，该元素有 Text 属性值和 Value 属性，分别是该元素的显示属性和值属性。

与 CheckBoxList 控件类似，若将 RadioButtonList 绑定到数据源，先设定其 DataSource 为哪个数据源，再用 DataTextField 和 DataValueField 属性分别指定将数据源中的哪个字段绑定到控件中每个列表项的 Text 和 Value 属性，再用 DataBind 方法将该数据源绑定到 RadioButtonList 控件。

在显示的设置上，也是使用 RepeatDirection 属性指定列表的显示方式是垂直显示(默认)还是水平显示，用 RepeatColumns 属性设置每行显示几列单选按钮，默认值为 0，表示每行只显示一个单选按钮。

当 RadioButtonList 控件的数据是静态固定数据时，也是使用属性窗口中的"Items"集合编辑器，可视化地设置其数据。

上面这些属性的功能与用法与 CheckBoxList 控件完全一样，下面看看单选按钮组中另外三个常用的属性：

① SelectedItem 属性：值为 ListItem 类型，表示在单选按钮组中选中的项。

② SelectedValue 属性：值为 string 类型，选中项的 Value 值，等同于 SelectedItem.Value。

③ SelectedIndex 属性：值为 int 类型，表示在单选按钮组中选中项的序号，起始为 0。

【例 4-6】 设计如图 4-6 上部所示的界面，用单选按钮控件设计性别和学历的选项，用单选按钮组设计行星单选按钮列表，当选择想看的行星选项后，相应的图片立即显示在右侧 Image 图片控件中，单击确定后，用图 4-6 下部所示的消息框形式汇总显示所填写的信息。

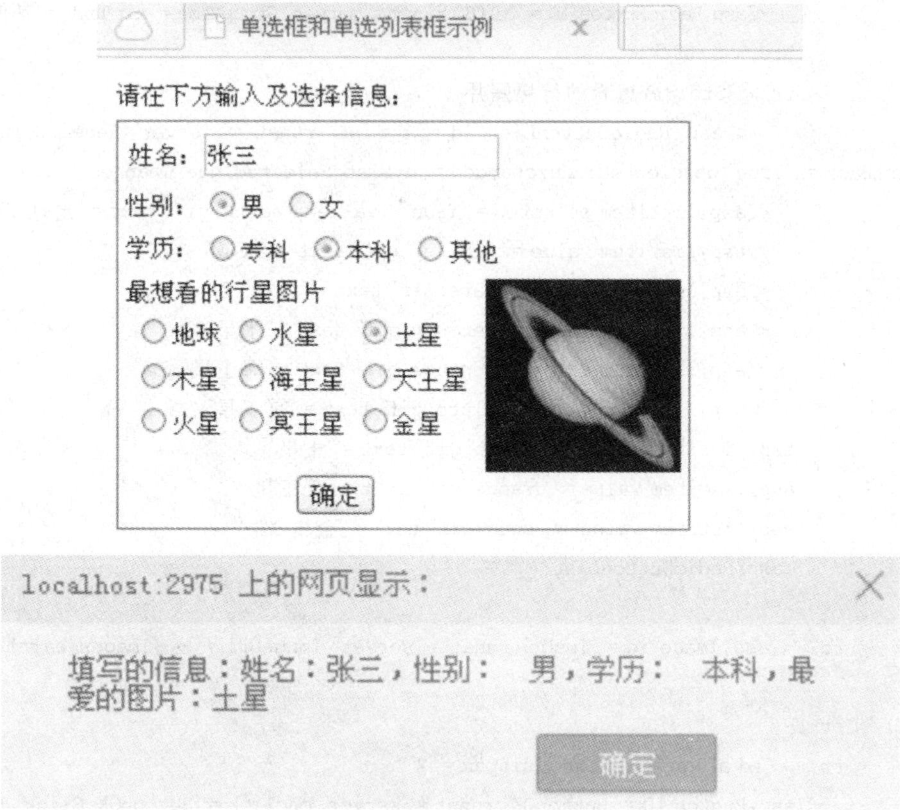

图 4-6 单选按钮控件和单选按钮组控件

(1)按要求在网页添加相应控件,把性别和学历单选按钮进行分组,设置行星单选按钮组的 AutoPostBack 属性为 true,以及每一个单选项的 value 和 text 属性,产生的源视图主要标记如下:

```
<form id = "form1" runat = "server">
<div>请输入您的信息:<br />
    <table cellpadding = "2" style = "border: 1px ridge #FF00FF;">
        <tr><td colspan = "2">姓名:<asp:TextBox ID = "TextBox1" runat = "server"></asp:TextBox></td>   </tr>
        <tr>  <td colspan = "2">性别:
            <asp:RadioButton ID = "rdbMale" runat = "server" GroupName = "sex" Text = "男" Checked = "True" />
            <asp:RadioButton ID = "rdbFemale" runat = "server" GroupName = "sex" Text = "女" /></td>
        </tr>
        <tr>  <td colspan = "2">学历:
            <asp:RadioButton ID = "rdbZK" runat = "server" GroupName = "xl" Text = "专科" Checked = "True" />
            <asp:RadioButton ID = "rdbBK" runat = "server" GroupName = "xl" Text = "本科" />
```

```
            <asp:RadioButton ID="rdbQT" runat="server" GroupName="xl" Text="其他"/>
        </td></tr>
        <tr> <td>最想看的行星图片
            <asp:RadioButtonList id="myList" runat="server" RepeatColumns="3"
AutoPostBack="True" onselectedindexchanged="myList_SelectedIndexChanged">
            <asp:listitem selected="True"  value="earth.gif" text="地球"/>
            <asp:listitem value="jupiter.gif" text="木星"/>
            <asp:listitem value="mars.gif" text="火星"/>
            <asp:listitem value="mercury.gif" text="水星"/>
            <asp:listitem value="neptune.gif" text="海王星"/>
            <asp:listitem value="pluto.gif" text="冥王星"/>
            <asp:listitem value="saturn.gif" text="土星"/>
            <asp:listitem value="uranus.gif" text="天王星"/>
            <asp:listitem value="venus.gif" text="金星"/>
            </asp:RadioButtonList>
        </td>
        <td><asp:Image id="Image" runat="server" ImageUrl="~/images/earth.gif" />
</td>
        </tr>
        <tr> <td align="center" colspan="2">
            <asp:Button ID="ButtonOK" runat="server" onclick="ButtonOK_Click" Text="确定"/>
        </td> </tr>
        </table>
        </div>
    </form>
```

(2)行星单选按钮的"SelectedIndexChanged"事件在选择序号改变时发生,代码如下:

```
    protected void myList_SelectedIndexChanged(object sender, EventArgs e)
    {
        if (myList.SelectedIndex > -1)
        {
            Image.ImageUrl = "~/images/" + myList.SelectedItem.Value;
            Image.AlternateText = myList.SelectedItem.Text; //图片上的提示文本
        }
    }
```

(3)"确定"按钮持"Click"事件代码如下:

```
    protected void btnOK_Click(object sender, EventArgs e)
    {
        string str1, str2,str3,str4;
        if (TextBox1.Text == "")
```

```
            Response.Write("<script>alert('用户名不能为空!');</script>");
        else
        {
            str1 = TextBox1.Text;
            if (rdbMale.Checked)
                str2 = "男";
            else
                str2 = "女";
            if (rdbZK.Checked)
                str3 = "专科";
            else
            {
                if (rdbBK.Checked)
                    str3 = "本科";
                else
                    str3 = "其他";
            }
            str4 = this.myList.SelectedItem.Text;
            string msg = "<script>alert('填写的信息:姓名:" + str1 + ",性别:" + str2 + ",学历:" + str3 + ",最爱的图片:" + str4 + "');</script>";
            Response.Write(msg);
        }
    }
```

4.2.6 列表框及下拉列表框控件

与单选控件组和复选按钮组一样,DropDownList 和 ListBox 都继承自 ListControl 抽象基类,也是在开始标记和结束标记之间放置 ListItem 元素来创建所要显示的项,与单选按钮组 RadioButtonList 及复选按钮组 CheckBoxList 一样,该元素有 Text 属性值和 Value 属性,分别是该元素的显示属性和值属性,所以有很多属性与使用方法与前两者类似,可以把前两者学习技能应用到这里。

1. 下拉列表框控件(DropDownList)

DropDownList 是用下拉列表框方式显示列表选项,它的主要属性如下:

① AutoPostBack 属性:设定事件是否自动回传。

② Items 属性:设置下拉列表框的静态数据列表项,可用属性工具窗口可视化设置。

③ AppendDataBoundItems 属性:是否将数据绑定项追加到静态数据项的后面,默认为 false,表示覆盖方式,为 true 表示追加方式,原来的静态数据项保留。

④ DataSource 属性:设置控件的数据源。

⑤ DataTextField 属性:指定将数据源中的哪个字段作为列表项的 Text 属性。

⑥ DataValueField 属性:指定将数据源中的哪个字段作为列表项的 Value 属性。

⑦ SelectedItem 属性:值为 ListItem 类型,表示在下拉列表框中选中的项。

⑧ SelectedValue 属性:值为 string 类型,选中项的 Value 值,等同 SelectedItem.Value。
⑨ SelectedIndex 属性:值为 int 类型,表示在下拉列表框中选中项的序号,起始为 0。
DropDownList 常用事件。
SelectedIndexChanged 事件:当选择项发生变化时,触发此事件,默认情况下,此事件不会立即发往服务器端执行,但当 AutoPostBack 属性为 true 时则立即发送。

2. 列表框控件(ListBox)

ListBox 列表框控件同时可以显示多个列表项,相对于 DropDownList 下拉列表框,它可以设定是否允许多选。除了允许多选外,其他方面与下拉列表框非常相似。

下拉列表框的 9 个属性和事件,列表框都具有,且用法基本相同,不同的是,由于列表框允许多选,所以,SelectedItem 属性表示选定项中索引最小的项,SelectedIndex 属性表示选定项中索引最小的项的索引号,SelectedValue 属性表示选定项中索引最小的项的值。

ListBox 列表框控件还具有下面两个属性:
① Rows 属性:表示列表框可以显示的行数。
② SelectionMode 属性:指定列表框是否可以多选,默认值 Single 表示只能选一项,为 Multiple 时表示可以多选。

4.2.7 图像显示控件、隐藏域控件及文件上传控件

1. 图像显示控件(Image)

利用 Image 图像控件可以在 Web 窗体页上显示图像,并用服务器端代码管理这些图像。图像源文件可以在设计时确定,也可以在程序运行中指定,还可以将控件的 ImageUrl 属性绑定到数据源上,根据数据库的数据信息来设置图像。

Image 控件不支持 click 单击事件,如果需要单击事件,可以使用 ImageButton 控件来代替 Image 控件。Image 控件的常用属性有:
① ImageUrl 属性:指定所显示图像的图像文件路径。
② AlternateText:图像不可用时代替图像显示的文本及鼠标悬停在图像上的提示。

2. 隐藏域控件(HiddenField)

HiddenField 控件,习惯上称为隐藏域,它可以建立一个 Input 隐藏域,此控件在浏览器上呈现为一个标准的 HTML 隐藏域,即呈现为<input type = "hidden"/>标记。可以把信息存储在隐藏域中,在浏览器中不显示,当向服务器提交页面时,隐藏域的内容将随其他控件一起提交。

HiddenField 隐藏域控件最主要的属性是 Value,可通过 Value 设置或获取隐藏域的值。隐藏域可用作一个储存库,可以将希望直接存储在页面中的特定于本页的信息放置到其中。但由于隐藏域的值是以字符串的形式保存的,所以最好用来存储少量的简单数据,不要存储复杂数据类型。注意:恶意用户可以很容易地查看和修改隐藏域的内容。请不要在隐藏域中存储任何敏感信息。

3. 文件上传控件(FileUpLoad)

应用程序中可以通过使用 FileUpload 控件把文件上传到 Web 服务器。该控件包含一个文本框和一个浏览按钮,让用户浏览和选择用于上传的文件。单击"浏览"按钮,然后在

"选择文件"对话框中找到要上传的文件,就可以调用 FileUpload 的 SaveAs 方法把文件上传到 Web 服务器的磁盘上。

当用户选择要上传的文件后,FileUpload 控件不会自动将该文件发送到服务器,必须提供一个允许用户提交的控件,使用户能提交指定的文件,这个控件一般是一个命令按钮。另外,要注意的一点是,要允许服务器的保存上载文件的文件夹要具有写文件所必需的权限,一般是赋予它对 everyone 用户组的写权限。

FileUpload 控件具有如下的重要属性和方法。

① FileName 属性:获取客户端上传的文件的名称,包含文件的主干名和扩展名,但不包含文件的路径。

② FileBytes 属性:以字节数组形式获取文件上传内容(需要将文件保存到数据库时要用到它)。

③ FileContent 属性:以 Stream 流方式获得上传文件内容,可以使用 FileContent 属性来访问文件的内容。例如,可以使用该属性返回的 Stream 流,以字节方式读取文件内容并将它们存储在一个字节数组中。

④ PostedFile 属性:用于获得包装成 HttpPostedFile 对象的上传文件,此属性的子属性还可获取上传文件的其他属性,如用 ContentLength 子属性获得上传文件以字节为单位的文件长度,用 ContentType 子属性获得上传文件的 MIME 类型,如 text/html,image/jpg 等。

⑤ HasFile 属性:指示上传控件是否选择了上传文件。

⑥ SaveAs 方法:用于把上传文件保存到 Web 服务器中。

为了防止上传的文件过大,可以在 Web.config 配置文件中设置上传文件的最大值,以及上传最大时间,配置代码如下:

```
<system.Web>
    <httpRuntime maxRequestLength="10240" executionTimeout="120" />
</system.Web>
```

这里 maxRequestLength 指示 ASP.NET 支持的最大上载文件大小,指定的大小以 kB 为单位,默认值为 4096 kB(4 MB),超过大小拒绝上载。当然也可以在上载代码中,获取文件大小确定是否允许上传,但最大不能超过这里设定的。executionTimeout 指示上载允许执行的最大时间,以秒为单位,默认 90 秒,超时自动关闭。

4.2.8 技能训练:图书信息添加页面设计

【训练 4-2】 下面通过例子,对前面所学的下拉列表框、图片框、隐藏控件和文件上传控件进行综合应用。设计如图 4-7 所示界面,实现向"Book"图书数据库表中添加图书记录。在这个页面中,图书类别下拉列表框的数据是从数据库中数据填充的,出版日期用的是日期控件,利用文件上传控件上传图书的封面,上传成功后在右边的封面预览中用图片框控件显示出来。单击"新增"时,如果没有选择图书类别,会弹出消息框提示选择,全部数据输入完成,单击"新增"可以把数据添加到"Book"表中,单击"清空"可以清空所有控件。

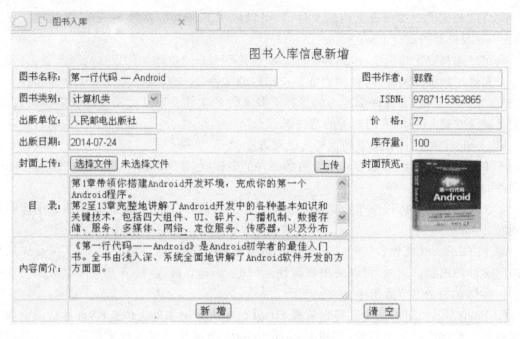

图 4-7 图书入库信息新增

实施步骤：

（1）添加页面，进行页面布局，注意，在文件上传控件下，添加一个 HiddenField 隐藏控件。之所以添加这个控件，是为了克服无状态这个缺陷。

（2）添加对应于"Book"图书表的实体类 BookModel 和数据访问类 BookDAL，如果没有采用三层架构，则添加的类出现在"App_Code"文件夹，至少为 BookDAL 添加 Book_Add 方法，此方法形参为 BookModel 变量，功能是添加图书，这两个类的定义请自己编写好。

（3）编写页面的"Page_Load"事件，此事件是为下拉列表框设置数据项，参考代码如下。

```
protected void Page_Load(object sender, EventArgs e)
{
    if (! IsPostBack)
    {
        BookTypeDAL oBookTypeDAL = new BookTypeDAL();
        DataTable dt = oBookTypeDAL.BookType_GetList();
        ListItem lt = new ListItem("＝请选择＝", "0");
        this.ddlBookType.Items.Add(lt);
        foreach (DataRow dr in dt.Rows)
        {
            ListItem Item = new ListItem(dr["TypeName"].ToString(), dr["BookTypeId"].ToString());
            this.ddlBookType.Items.Add(Item);
        }
    }
}
```

}

(4) 编写上传按钮的"Click"事件,实现文件的上传,事件中要注意,要确保已选择文件,并且选择的必须是图片文件,参考代码如下。

```
protected void btnUpload_Click(object sender, EventArgs e)
{
    bool fileOK = false;
    string path = Server.MapPath("~/Upload/");
    if (FileUpload1.HasFile)
    {
        string fileExtension = System.IO.Path.GetExtension(FileUpload1.FileName).ToLower();
        string[] allowedExtensions = { ".gif", ".png", ".jpeg", ".jpg" };
        for (int i = 0; i < allowedExtensions.Length; i++)
        {
            if (fileExtension == allowedExtensions[i])
            {
                fileOK = true;
                break;
            }
        }
        if (fileOK)
        {
            try
            {
                int length = FileUpload1.PostedFile.ContentLength / 1024;
                FileUpload1.SaveAs(path + FileUpload1.FileName);
                HiddenField1.Value = FileUpload1.FileName;
                string s = string.Format("<script>alert('上传成功,大小为{0}KB!')</script>", length);
                Response.Write(s);
                imgCover.ImageUrl = "~/Upload/" + FileUpload1.FileName;
            }
            catch
            {
                Response.Write("<script>alert('文件上传失败!')</script>");
            }
        }
        else
        {
            Response.Write("<script>alert('上传的文件不是图片,不允许上传!')</
```

```
script>");
        }
    }
    else
    {
        Response.Write("<script>alert('请选择上传的文件!')</script>");
    }
}
```

(5)编写"新增"按钮事件,实现图书信息的添加。把所有数据打包到实体类中传入添加图书方法中,参考代码如下。

```
protected void btnBook_Add_Click(object sender, EventArgs e)
{
    if (ddlBookType.SelectedValue == "0")
    {
        Response.Write("<script>alert('请选择图书类别!')</script>");
        return;
    }
    else
    {
        BookModel oBookModel = new BookModel();
        oBookModel.BookTypeId = Convert.ToInt32(ddlBookType.SelectedValue);
        oBookModel.BookName = txtBookName.Text;
        oBookModel.Author = txtAuthor.Text;
        oBookModel.ISBN = txtISBN.Text;
        oBookModel.Publisher = txtPublisher.Text;
        oBookModel.PublishDate = Convert.ToDateTime(txtPublishDate.Text);
        oBookModel.Price = Convert.ToDecimal(txtPrice.Text);
        oBookModel.Amount = Convert.ToInt32(txtAmount.Text);
        oBookModel.Cover = HiddenField1.Value;
        oBookModel.Directory = txtDirectory.Text;
        oBookModel.Description = txtDirectory.Text;
        BookDAL oBookDAL = new BookDAL();
        bool result = oBookDAL.Book_Add(oBookModel);
        if (result == true)
            Response.Write("<script>alert('图书新增成功!')</script>");
        else
            Response.Write("<script>alert('图书新增失败!')</script>");
    }
}
```

4.2.9 超链接控件

HyperLink 超链接控件的功能就是使用服务器端代码在网页上创建一个超链接,可以是一个文本超链接,也可以是图像超链接,取决于其 Text 属性和 ImageUrl 属性。它有下面四个重要的属性:

① Text 属性:设置此控件显示的超链接文本标题。

② ImageUrl 属性:设置此控件显示的图像超链接的图像。HyperLink 控件可以将超链接显示为文本效果,也可显示为图像效果。如果同时设置了 Text 属性和 ImageUrl 属性,则 ImageUrl 属性优先,显示为图像效果,Text 属性则做为鼠标悬停在图像上的提示文本;如果没设置 ImageUrl 属性或 ImageUrl 属性设置出错,则按 Text 属性显示。

③ NavigateUrl 属性:超链接定位的目标 URL。

④ Target 属性:指定超链接是在哪个 Web 窗口或页框架中显示。

使用 HyperLink 控件而不用传统的 HTML 超链接标签<a></a>的好处有两点。

第一:可以在服务器端用代码动态设置链接属性。

第二:可以使用数据绑定来指定链接的属性。

但是要注意,与大多数 Web 服务器不同,单击此控件时不能引发任何事件,它只用于页面跳转。

4.2.10 多视图控件

视图控件很像在 WinForm 开发中的 TabControl 选项卡控件。在一个 MultiView 控件中,可以放置多个 View 控件(选项卡),在每一个 View 控件中,都可以包含若干子控件,当用户点击到关心的选项卡时,可以显示相应的内容。无论是 MultiView 还是 View,都不会在 HTML 页面中生成任何标记。

可以实现视图切换,在 MultiView 控件中,一次只能将一个 View 控件定义为活动视图,如果某个 View 控件定义为活动视图,它所包含的视图就呈现出来,其他的 View 控件所包含的视图就自动隐藏掉。

可以使用 MultiView 控件的 ActiveViewIndex 属性或 SetActiveView 方法定义活动视图,ActiveViewIndex 属性值默认为−1,表示没有 View 控件被激活。

注意:在 MultiView 控件中,第一个被放置的 View 控件的索引为 0 而不是 1,后面的 View 控件的索引依次递增。

4.2.11 技能训练:图书搜索页面设计

【训练 4-3】 利用多视图控件设计图书搜索界面,实现按书名、作者和出版社进行搜索,设计时的界面如图 4-8 所示。在这个页面中,蓝横线下方是三个单选按钮,当点选某个搜索类别时,相关的视图显示出来,其他视图隐藏,运行效果如图 4-9 所示(a)(b)(c)三图所示,其中(c)图是按照作者实际搜索出来的结果。这样,如果在"搜索"按钮下方放置一下用来显示搜索结果的 DataList 控件或 GridView 控件,一个搜索页面就建成了。

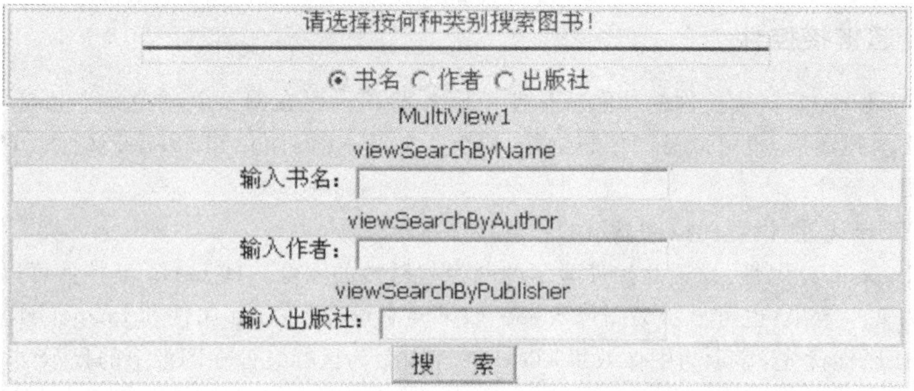

图 4-8　多视图控件设计搜索界面的设计视图

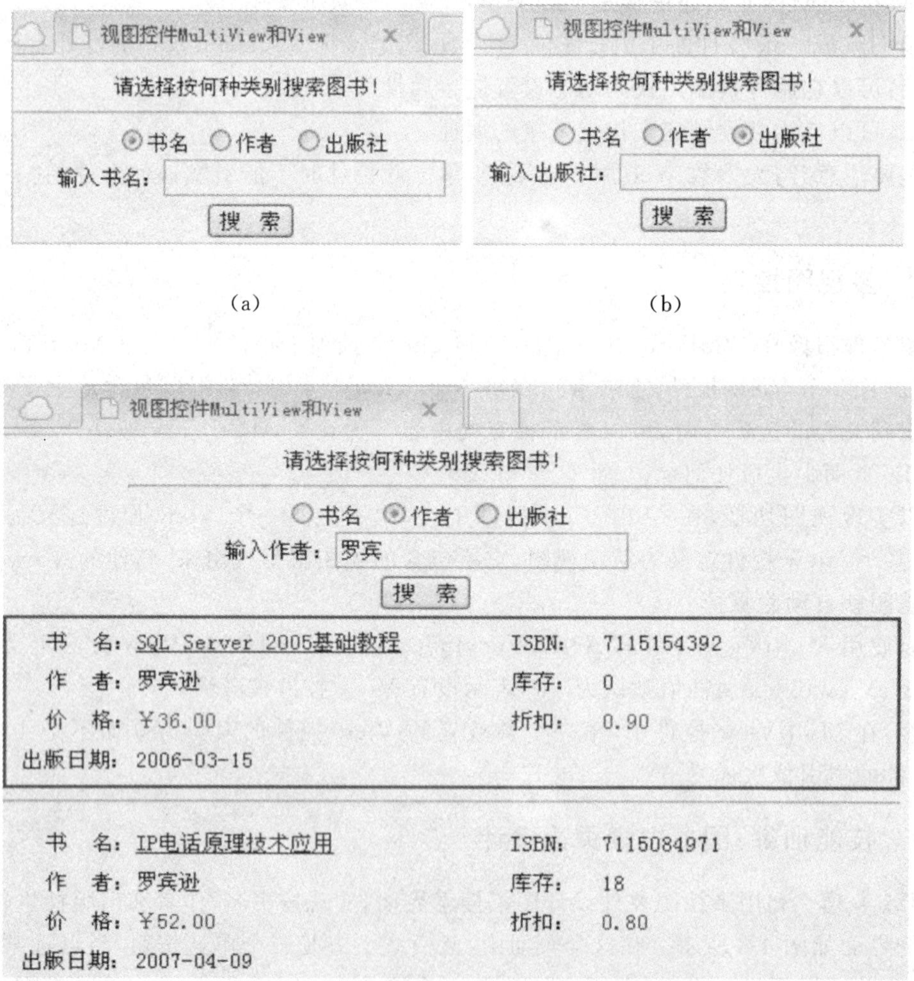

(a)　(b)　(c)

图 4-9　多视图控件设计搜索界面的运行视图

第4章 ASP.NET常用服务器控件

实施步骤：

(1)设计思路。

可以使用 MultiView 多视图控件,把相应的条件文本框放在不同的 View 子控件中,用单选按钮来控制其中相应 View 子控件的显示与隐藏,来实现相应的效果。

(2)页面布局及控件设置。

添加网页 MultiView.aspx,按要求进行布局。添加三个单选按钮,设置它们的 GroupName 和 AutoPostBack 属性,添加多视图控件,设置相应的属性。得到的主要 HTML 标记为：

```
<form id="form1" runat="server">
    <div style="width:500px; text-align:center">
        <div>请选择按何种类别搜索图书！
            <hr style="width:70%; color:#0000FF;" />
            <asp:RadioButton ID="rbnName" runat="server" AutoPostBack="True" Checked="True" GroupName="SearchType" Text="书名" oncheckedchanged="rbnName_CheckedChanged" />
            <asp:RadioButton ID="rbnAuthor" runat="server" AutoPostBack="True" GroupName="SearchType" Text="作者" oncheckedchanged="rbnAuthor_CheckedChanged" />
            <asp:RadioButton ID="rbnPublish" runat="server" AutoPostBack="True" GroupName="SearchType" Text="出版社" oncheckedchanged="rbnPublish_CheckedChanged" />
        </div>
        <div>
            <asp:MultiView ID="MultiView1" runat="server" ActiveViewIndex="0">
                <asp:View ID="viewSearchByName" runat="server">
                    输入书名：<asp:TextBox ID="txtBookName" runat="server"></asp:TextBox>
                </asp:View>
                <asp:View ID="viewSearchByAuthor" runat="server">
                    输入作者：<asp:TextBox ID="txtAuthor" runat="server"></asp:TextBox>
                </asp:View>
                <asp:View ID="viewSearchByPublisher" runat="server">
                    输入出版社：<asp:TextBox ID="txtPublisher" runat="server"></asp:TextBox>
                </asp:View>
            </asp:MultiView>
        </div>
        <div>
            <asp:Button ID="btnSearch" runat="server" onclick="btnSearch_Click" Text="搜索" />
        </div>
        <div>
            <asp:DataList ID="DataList1" runat="server" BackColor="White">
                <ItemTemplate>
```

```
            ……
        </ItemTemplate>
      </asp:DataList>
      </div>
   </div>
   </form>
   </div>
```

(3) 单选按钮事件代码。

三个单选按钮用来确定按什么搜索,并控制视图的显示和隐藏,它们的事件代码为:

```
protected void rbnBookName_CheckedChanged(object sender, EventArgs e)
{
    this.MultiView1.ActiveViewIndex = 0;
}
protected void rbnBookAuthor_CheckedChanged(object sender, EventArgs e)
{
    this.MultiView1.SetActiveView(viewSearchByAuthor);
}

protected void rbnPublisher_CheckedChanged(object sender, EventArgs e)
{
    this.MultiView1.ActiveViewIndex = 2;
}
```

(4)"搜索"按钮事件。

搜索按钮的功能,主要是构建 SQL 命令的查询条件,然后把查询条件代入"BookDAL"数据访问类的"Book_GetListByWhere"方法中,获取搜索结果,最后把搜索结果用"DataList"控件或"GridView 控件"显示出来。由于这两数据绑定控件暂未学到,这里就不往下介绍了,更详细的内容,直接打开网上书店源代码中"SearchBook.aspx"页面,自习研读体会。"搜索"按钮的代码为:

```
protected void btnSearch_Click(object sender, EventArgs e)
{
    BookBLL oBookBLL = new BookBLL();
    string strCondition = "";
    if (rbnBookName.Checked)
    {
        strCondition = string.Format(" BookName like '%{0}%'", txtBookName.Text.Trim());
    }
    else if (rbnBookAuthor.Checked)
    {
        strCondition = string.Format(" Author like '%{0}%'", txtAuthor.Text.Trim());
    }
    else
```

```
            {
                strCondition = string.Format(" Publisher like '%{0}%'",txtPublisher.Text.
Trim());
            }
        this.DataList1.DataSource = oBookBLL.GetListByWhere(strCondition);
        this.DataList1.DataBind();
    }
```

4.3 导航控件

网站导航对于每个网站来说都是必不可少的,尤其是当网站的页面关联极其复杂时,网站导航就显得更为重要。当用户随机点击到任何一个页面时,通过网站导航都能清晰的找到自己的页面位置。它指引着用户如何从一个页面导航到另一个页面,让用户时时刻刻知道各个页面的层次结构。

值得称道的是,ASP.NET 提供了非常强大的网站导航模型,大大简化了 Web 应用程序中网站导航功能的实现,终端用户在使用网站导航时也是非常方便。通常在使用 ASP.NET 的网站导航模型之前,首先得确定网站的层次结构,也就是一个站点下 Web 页面的逻辑结构和页面层次。然后,开发者可以通过一个 XML 文件来保存网站的层次结构,再将各类导航信息绑定到各个导航控件上。

常用的导航控件有:SiteMapPath 控件、TreeView 控件和 Menu 控件。

4.3.1 站点地图与站点导航控件

站点地图文件指定的页面关系是逻辑关系,而不是存储位置间的关系,它可以表明页面之间的层次结构关系,在 ASP.NET 中,有一个叫作站点地图的 XML 文件包含了页面间的这种层次结构逻辑关系信息。

1. 站点地图 Web.sitemap

站点地图文件的扩展名为.sitemap,名称必须为 Web.sitemap,并且必须存储在应用程序的根目录下。.sitemap 文件内容是以 XML 所描述的树状结构文件,其中包括了站点页面间的这种层次结构逻辑关系信息。SiteMapPath 控件的网站导航信息的数据只能由.sitemap 文件提供。

右键单击"解决方案资源管理器"中的 Web 站点,在弹出的菜单中选择"添加"|"新建项",在弹出的"添加新项"对话框中选择"站点地图",并进行命名。新建的站点地图代码如下:

```
<?xml version="1.0" encoding="utf-8"?>
<siteMap xmlns="http://schemas.microsoft.com/AspNet/SiteMap-File-1.0" >
    <siteMapNode url="" title="" description="">
        <siteMapNode url="" title="" description="" />
        <siteMapNode url="" title="" description="" />
    </siteMapNode>
```

```
<siteMapNode url="" title=""  description="">
    <siteMapNode url="" title=""  description="" />
    <siteMapNode url="" title=""  description="" />
</siteMapNode>
</siteMap>
```

其中表达了站点的结构信息。下面学习 siteMapNode 节点的常用属性：

➤ url：设置文件在解决方案中的位置，在整个站点地图文件中，该属性值必须唯一，也即在站点地图中，同一个 URL 仅能出现一次。

➤ title：设置节点显示的标题。

➤ description：设置节点说明文字。

编写站点地图的注意事项如下：

1) 站点地图文件 Web.sitemap 必须包含根结点"siteMap"，一个站点地图文件只能有一个"siteMap"。

2) "siteMapNode"对应于页面的节点，一个节点描述一个页面。节点下面还有子节点，这些结点以树形层次方式联系在一起。

3) 根结点是唯一没有父结点的结点，代表首页。在该 siteMap 父结点下，可以有若干个子 siteMapNode 结点，分别按层次结构代表了网站的各子栏目。站点地图文件中不允许出现重复的 URL，如果一定有页面出现重复，则可以修改如下：

```
<siteMapNode url="~/BookManage.aspx?id=1" title="图书管理"  description="" />
<siteMapNode url="~/BookManage.aspx?id=2" title="图书管理"  description="" />
```

2. 站点导航控件 SiteMapPath

站点导航控件可以实现以超链接方式管理导航，同时更好地显示页面在站点中的层次及位置，提供对站点的导航功能。利用 ASP.NET 提供的站点导航控件 SiteMapPath，能够很容易地使用站点地图文件 Web.sitemap 文件创建站点导航功能，下面就是网易新闻网站中的站点地图导航效果，如图 4-10 所示。

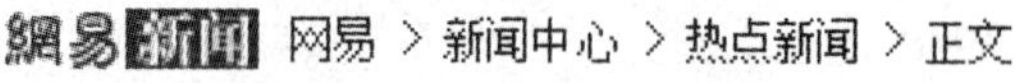

网易新闻 网易 > 新闻中心 > 热点新闻 > 正文

图 4-10 站点地图导航

站点导航控件 SiteMapPath 的"PathSeparator"属性，用来控制导航中各层级元素间的分隔符，可以通过此属性更改分隔符为任意样式，比如图片。

默认情况下层次之间使用">"表示之间的结构层次关系。这类站点地图导航的作用是向终端用户显示当前页面与站点其他内容的相互层次关系。

添加并设置好站点地图 Web.sitemap 文件后，在页面需要显示网站地图的位置放入 SiteMapPath 控件，即可自动完成网站地图的制作，并以默认的样式显示出来，当然，设置 SiteMapPath 控件的相应属性，可以自定义它的显示格式。

4.3.2 TreeView 控件与 Menu 控件

1. TreeView 控件

TreeView 是 ASP.NET 的站点导航控件中的一种，就是平时所说的树型菜单。TreeView 可以与数据源绑定，数据源可以是站点地图文件 Web.sitemap，也可以是一般 XML 文件。

TreeView 控件的数据源一般是 XML 文件，因为 XML 文件本身就是树形的结构。为了使用 XML 文件，一般使用 XmlDataSource 数据源控件。

TreeView 控件的数据源也可以是站点地图文件 Web.sitemap，这时侯，一般使用 SiteMapDataSource 数据源控件。

TreeView 控件可以实现树菜单，要实现这一功能，还需按照如下步骤进行。

通过为 TreeView 控件设置控件源，可以实现对数据的显示，但是仅仅设置数据源，TreeView 仍然不能正确显示数据，还需要设置 TreeView 如何对这些数据进行正确的解析。

通过编辑 TreeNode 结点如何绑定到数据源，来设置 TreeView 如何对这些数据进行正确的解析。

这里，举例来实现一个树形菜单，由于此菜单节点一般就两种形态，一种是根结点，另一种是一般结点，所以这里只需要设置这两种结点如何解析数据源中的数据即可。

对于这两类结点，一般可以设置如下的几个属性，以便进行正确的数据解析：

1) DataMember：指出结点的数据来源结点标记名，指出数据源结点的相应的结点的标记名即可。

2) TextField：指出结点的文本是从数据源结点的哪个属性中取值。

3) NavigateUrlField：如果结点作为超链接，此属性指出超链接的 URL 从数据源结点的哪个属性中解析产生。

4) ToolTipField：结点上的提示信息从数据源结点的哪个属性中解析产生。

5) TargetField：如果结点作为超链接，此属性指出超链接的 Target 属性从数据源结点的哪个属性中解析产生。

2. Menu 控件

Menu 控件主要用来制作含有二级菜单的菜单，并且二级菜单具备折叠和展开功能。Menu 菜单有两种显示模式：静态显示模式和动态显示模式。

静态显示模式指一级菜单，它是始终显示出来的，用户可以单击任何部位。

动态显示模式指二级菜单，正常情况是折叠隐藏的，当用户鼠标指针放置在父节点上时菜单项才会显示出来。

Menu 控件的常用属性如下：

➢ ForeColor 属性：设置菜单项显示时的前景色。

➢ BackColor 属性：设置菜单项显示时的背景色。

➢ Orientation 属性：设置一级菜单项是垂直显示还是水平显示。

➢ StaticEnableDefaultPopOutImage 属性：有"True"和"False"两个值，前者是默认值，此属性用来确定静态一级菜单项右边是否显示菜单项标志图标三角形。

➢ MenuItem 用于制作菜单项，它的属性 NavigateUrl 用来设置单击此菜单项时超链接的目标 URL，它的属性 Text 用来设置此菜单项显示的菜单文本信息，它的属性 Value 用来设置单击选择此菜单项时返回值 SelectedValue。

➢ StaticMenuItemStyle：它用来设置一级静态菜单项样式。如下面设计每个一级静态菜单项显示的宽度和垂直方向在上下方留出的 Padding 间隙
<StaticMenuItemStyle Width="116px" VerticalPadding="5px"/>

➢ StaticHoverStyle：它用来设置一级静态菜单项在鼠标悬在其上方时的样式。如下面设置鼠标悬在静态菜单项上时前景色和背景色的变化。
<StaticHoverStyle BackColor="Red" ForeColor="White" />

➢ DynamicMenuItemStyle：设置二级动态菜单项显示时样式。如下面设计二级静态菜单项显示时的宽度、高度、背景色和垂直方向在上下方留出的 Padding。
<DynamicMenuItemStyle Height="20px" VerticalPadding="4px" BackColor="LightBlue" Width="120px" />

➢ DynamicHoverStyle：设置二级动态菜单项在鼠标悬在其上方时的样式。如下面设置鼠标悬在动态菜单项上时前景色和背景色的变化。
<DynamicHoverStyle BackColor="#00BBFF" ForeColor="White" />

Menu 控件的常用事件如下：

➢ Onmenuitemclick 事件：单击某菜单项时发生的事件，在此事件中，一般以菜单项的返回值 SelectedValue 的值确定单击的是哪个菜单项。

4.4 数据验证控件

4.4.1 验证控件概述与分类

ASP.NET 经常用输入控件来收集用户填写的数据，为了确保用户提交到服务器的数据在内容和格式上都是合法的，就必须编写代码来验证。可以在客户端编写 js 代码进行验证，但它也有缺点，因为它是把 JavaScript 脚本验证方法直接写在页面上，所以一个精通技术的攻击者可以下载该页面并删除验证 js 脚本方法，并保存新的页面，然后使用该页面来提交伪造的数据进行系统攻击，系统将变脆弱，并且这样编程工作量大。ASP.NET 提供了数据验证控件，它们可以帮助快速方便安全地进行数据验证。

当在程序中添加了验证控件以后，会发现控件中有 runat="server"，那么它们是不是只在服务器端进行数据验证的呢？如果是在服务器端进行数据验证，则网页的回传次数大大增加，那么将极大降低系统的运行效率。

不用担心，ASP.NET 提供的数据验证控件确实是服务器端控件，运行在服务器端，但是数据验证控件在服务器中运行后，产生客户端验证代码，对数据的验证在客户端进行。

ASP.NET 验证控件只是封装了客户端验证脚本的控件，使用这些控件，在页面加载的时候，验证控件在服务器端运行，产生客户端验证脚本发送到客户端，以后的数据验证就在客户端进行了。

大家可以测试一下，在一个页面中分别加入和去掉 ASP.NET 数据验证控件，运行后，

查看页面的源代码,你看一看有什么区别。

查看有验证控件的页面客户端源代码,你可以看到类似下面这样的脚本引用。

＜script src ="/WebResource.axd? d = QyLi0kw1LI1UqsNoUUmFxQ2&t = 633891413859531250″ type="text/javascript"＞＜/script＞

但是在客户端上只能看到验证脚本对象的相关定义,具体的验证过程是在另外的引用脚本里的,验证时,一个控件可以接收多个验证控件的验证。

ASP.NET 共有六种验证控件,分别如下:

表 4-3 ASP.NET 验证控件

验证类型	控件	功能说明
必填验证	RequiredFieldValidator	确保用户不会跳过某一项输入。
比较验证	CompareValidator	将用户输入与一个常数值或者另一个控件的值或者特定数据类型的值或类型进行比较(使用小于、等于或大于等比较运算符)。
范围检查	RangeValidator	检查用户的输入是否在指定的上下限内。可以检查数字对、字母对和日期对限定的范围。
模式匹配	RegularExpressionValidator	检查项与正则表达式定义的模式是否匹配。此类验证使您能够检查可预知的字符序列,如电子邮件地址、电话号码、邮政编码等内容中的字符序列。
自定义验证	CustomValidator	使用您自己编写的验证逻辑检查用户输入。此类验证使您能够检查在运行时产生的值。
验证汇总	ValidationSummary	汇总显示页面上所有验证程序的验证错误信息。

最后一个控件 ValidationSummary 只能与前 5 种验证控件一道使用,不能单独使用。另外,除 RequiredFieldValidator 外,其他几个验证控件都认为空字段是合法的。

RequiredFieldValidator、CompareValidator、RangeValidator、RegularExpressionValidator、CustomValidator 这 5 个验证控件都直接或间接地继承自 BaseValidator 基类,因此它们有一些共同的特性行为。

表 4-4 显示了 BaseValidator 基类为前 5 个验证控件提供了下面这些公有的属性,这些公有属性在后面各控件中不再另外说明。

表 4-4 验证控件的公有属性

属性	功能
ControlToValidate	指定需要验证控件的 ID。
Display	它指定错误消息的显示方式,有三个值。①None:原位置不显示,有错误显示在汇总消息框中。②Static:不论验证有无错误,都占用控件设计时的位置。③Dynamic:验证无错误时不占用位置。
ErrorMessage	这个属性引用用在 ValidationSummary 控件中的有效性验证控件的错误消息。当 Text 属性为空时,也用 ErrorMessage 值作为出现在页面上的文本。

续表

属 性	功 能
Text	用作验证控件显示在页面上的文本。它可以有一个星号（＊），表示错误或必需的字段，或者像"Please enter your name."这样的文本。
IsValid	通常在设计时不会设置这个属性，不过在运行时它指设定了有没有通过验证测试。

默认情况下，在单击按钮控件（Button、ImageButton 和 LinkButton）时执行验证。每个验证控件及 Page 对象本身，都有一个 IsValid 属性，当一个验证控件通过时，其 IsValid 变为 true，只有当页面上所有验证控件都通过验证时，Page．IsValid 的值才为 true，当 Page．IsValid 为 true 时，页面才可以向服务器发送，为 false 时，不会向服务器发送。

在有些情况下，数据验证会带来麻烦，这时就不想进行验证。比如，在用户注册页面，有一个"退出"或"清空"按钮，本想实现单击它，跳转到其他页面，但是在单击后，显示了页面上的验证错误信息，不能跳转。这时，可以把这个按钮控件的"CausesValidation"属性设置为"false"禁用触发验证，这时再单击，就不会进行验证了。

4.4.2 验证控件的详细介绍

1. 必填验证 RequiredFieldValidator 控件

这个控件用于对一些必须输入的信息进行检验，如果一些必须输入的数据没有输入时，将提示错误信息。它有一个属性 InitValue，用来指定什么情况属于未输入值。这个属性在下拉列表框的验证中很有用，若下拉列表框有一个项"＝请选择＝"，对应的值为"－1"，用必填验证控件时，设必填验证控件的 InitValue 属性为"－1"，则选中"＝请选择＝"项时，就是未选数据，从而强制你选择。

2. 比较验证 CompareValidator 控件

此控件用来将输入到控件中的值与一个常数值或者另一个控件的值或者特定数据类型的值或类型进行比较，可以使用小于、等于、大于等比较运算符。它还有下面几个属性：

① ControlToCompare 属性：设置为要与之进行比较的控件的 ID，如果是与某个常数值进行比较，此属性不用设置，只需设置 ValueToCompare 属性为与之比较的常数。

② Type 属性：设置比较数据的类型，类型比较就是规定控件输入数据的类型。

③ Operator 属性：指定比较的方法，如大于、等于、小于等。如果设置为"DataTypeCheck"，则此属性将 Type 属性与配合使用。

3. 范围检查 RangeValidator 控件

检查用户的输入是否在一个特定的范围内。可以检查数字对、字母对和日期对限定的范围，边界表示为常数。其中 MinimumValue 属性和 MaximumValue 属性分别指定有效范围的最小值和最大值。Type 属性指定数据的类型。

4. 正则表达式模式匹配 RegularExpressionValidator 控件

如果要求输入的是具有特定格式的数据，就必须使用正则表达式，用正则表达式所定义的模式来限定数据的输入。该控件的 ValidationExpression 属性是最主要的属性，用来指定正则表达式。它的含义如表 4-5 所示。

表 4-5　正则表达式的常用字符及其含义

正则表达式字符	描述
[……]	匹配括号中的任何一个字符
[^……]	匹配不在括号中的任何一个字符(^为取反符)
[a—z]	表示某个范围内的字符,"[a—z]"匹配"a"与"z"之间的任何一个小写字母
\w	匹配任何一个字符(a~z、A~Z 和 0~9)
\W	匹配任何一个空白字符
\s	匹配任何一个非空白字符
\S	与任何非单词字符匹配
\d	匹配任何一个数字(0~9)
\D	匹配任何一个非数字(^0~9)
[\b]	匹配一个退格键字母
{n,m}	最少匹配前面表达式 n 次,最大为 m 次(n—m 次数范围)
{n,}	最少匹配前面表达式 n 次(上限不定)
{n}	恰恰匹配前面表达式为 n 次
?	匹配前面表达式 0 或 1 次,即{0,1}
+	至少匹配前面表达式 1 次,即{1,}
*	至少匹配前面表达式 0 次,即{0,}
|	逻辑或:即匹配前面表达式或后面表达式,表达式多用小圆括号括起来。
(…)	在单元中组合项目,多与逻辑或"|"连用
^	匹配字符串的开头,表示正则表达式的开始
$	匹配字符串的结尾,表示正则表达式的结束

5. 自定义验证 CustomValidator 控件

该控件用自定义的函数界定验证方式,其标准代码如下:

＜asp:CustomValidator ID="xxx" runat="Server" ControlToValidate="要验证的控件" OnServerValidate="服务器端验证函数" ClientValitationFunction="客户端验证函数" ErrorMessage="错误信息"　　　Display="Static | Dymatic | None"＞＜/asp:CustomValidator＞ ＜/asp:CustomValidator＞

以上代码中,用户必须定义一个函数来验证输入。ClientValitationFunction 表示在客户端执行验证的函数,OnServerValidate 表示服务器端验证事件,ErrorMessage 属性中填写验证出错时的提示信息。

在 ServerValidate 事件处理程序中,可以从 ServerValidateEventArgs 参数的 Value 属性中获取输入到被验证控件中的字符串,验证的结果存储到 ServerValidateEventArgs 的属性 IsValid 中

6. 验证汇总 ValidationSummary 控件

该控件不对 Web 窗体中输入的数据进行验证，而是收集本页的所有验证错误信息，并将它们组织在一个位置显示出来，主要属性为 ShowMessageBox 和 ShowSummary。其标准代码如下：

　　<asp:ValidationSummary ID="xxx" runat="Server" ShowSummary="True|False" HeaderText="头信息" ShowMessageBox="True|False" DiaplayMode="List|BulletList|SingleParagraph" />

在以上标准代码中，HeadText 相当于表的 HeadText。DisplayMode 表示错误信息显示方式：List 相当于 HTML 中的 < br >；BulletList 相当于 HTML 中的 < li >；SingleParagraph 表示错误信息之间不作如何分割。ShowMessageBox 表示是否以消息框方式显示错误信息，ShowSummary 表示是否在窗体的验证汇总控件中错误信息。

有些情况下客户不想显示文字而是图片或声音时，验证控件的 ErrorMessage 属性的值可以是一个 HTML 字符串，例如 errorMessage='<img src="picture.gif">'，这样可使页面生动。

4.4.3　技能训练：顾客注册时验证信息

【训练 4-4】　设计如图 4-11 所示的页面，实现用户的注册，数据输入不合法时，显示图中所示的验证错误提示。要求用户名不能为空，密码在 6 到 10 字母和数字，性别必须选择，固定电话必须以"0551—"开头，后面是 7 位或 8 位的电话号码，若输入电子邮箱，则其格式必须正确。另外，如果所有数据输入都合法，还要判断用户名是否已存在，这里用自定义验证控件 CustomValidator 进行服务器端验证，判断输入的用户名是否已存在，如果用户名已存在，弹出如图 4-11 下方的消息框。

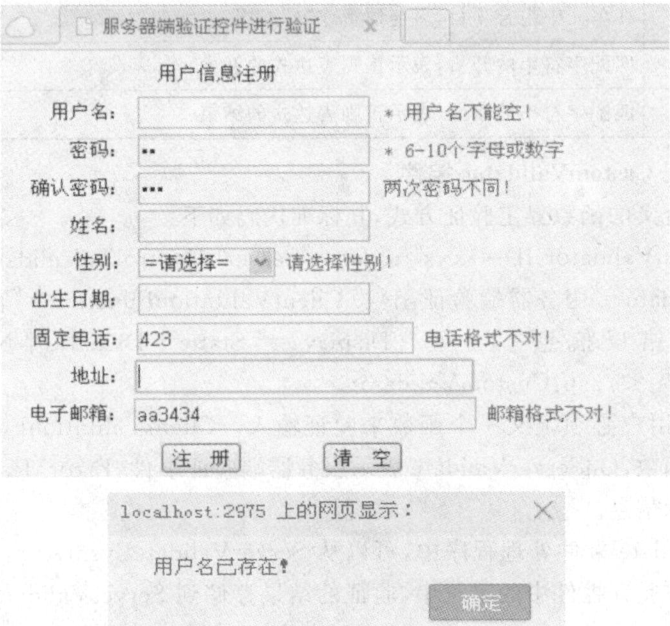

图 4-11　用户注册中的数据验证

实施步骤：

(1) 页面布局及控件设置。

添加页面 ex16_AspnetValidator.aspx，进行页面布局，然后按上图添加控件和相应的验证控件，设置属性，具体细节不再叙述，最终产生的 HTML 标记为：

```
<form id="form1" runat="server">
<div>用户信息注册
<table>
    <tr> <td>用户名：</td>
        <td> <asp:TextBox ID="txUserName" runat="server"></asp:TextBox> *
            <asp:RequiredFieldValidator ID="RequiredFieldValidator1" runat="server"
            ControlToValidate="txUserName" ErrorMessage="用户名不能空！" Display="Dynamic">
            </asp:RequiredFieldValidator>
            <asp:CustomValidator ID="CustomValidator1" runat="server"
            ControlToValidate="txUserName" Display="Dynamic" ErrorMessage="用户名已存在！"
            onservervalidate="CustomValidator1_ServerValidate">
            </asp:CustomValidator> </td></tr>
    <tr> <td>密码：</td>
        <td><asp:TextBox ID="txtPwd1" runat="server" TextMode="Password"></asp:TextBox> *
            <asp:RequiredFieldValidator ID="RequiredFieldValidator2" runat="server"
                ControlToValidate="txtPwd1" ErrorMessage="密码不能空！" Display="Dynamic">
            </asp:RequiredFieldValidator>
            <asp:RegularExpressionValidator ID="RegularExpressionValidator3" runat="server"
                ControlToValidate="txtPwd1" ErrorMessage="6-10 个字母或数字"
                ValidationExpression="[0-9A-Za-z]{6,9}" Display="Dynamic">
            </asp:RegularExpressionValidator>
        </td>
    </tr> <tr> <td>确认密码：</td>
    <td ><asp:TextBox ID="txtPwd2" runat="server" TextMode="Password"/>
        <asp:CompareValidator ID="CompareValidator1" runat="server"
            ControlToCompare="txtPwd1" ControlToValidate="txtPwd2"
            ErrorMessage="两次密码不同！" Display="Dynamic" ></asp:CompareValidator>
        </td> </tr>
    <tr> <td> 姓名：</td>
```

```
            <td>
                <asp:TextBox ID="txtXinMin" runat="server"></asp:TextBox></td></tr>
<tr><td>性别:</td>
            <td><asp:DropDownList ID="ddlSex" runat="server" Width="90px">
                <asp:ListItem Selected="True" Value="-1">=请选择=</asp:ListItem>
                <asp:ListItem Value="0">男</asp:ListItem>
                <asp:ListItem Value="1">女</asp:ListItem>
                </asp:DropDownList>
                <asp:RequiredFieldValidator ID="RequiredFieldValidator3" runat="server"
                    ControlToValidate="ddlSex" ErrorMessage="请选择性别!" InitialValue="-1"
                    Display="Dynamic"></asp:RequiredFieldValidator>
            </td></tr>
<tr><td>出生日期:</td>
            <td><asp:TextBox ID="txtBirthday" runat="server" onFocus="WdatePicker()" />
                <asp:RangeValidator ID="RangeValidator1" runat="server"
                    ControlToValidate="txtBirthday" ErrorMessage="日期无效!"
                    MaximumValue="2020-1-1" MinimumValue="1920-1-1"
                    Type="Date" Display="Dynamic"></asp:RangeValidator> </td> </tr>
<tr><td>固定电话:</td>
            <td><asp:TextBox ID="txtTel" runat="server" Width="179px"></asp:TextBox>
                <asp:RegularExpressionValidator ID="RegularExpressionValidator1" runat="server"
                    ControlToValidate="txtTel" ErrorMessage="电话格式不对!"
                    ValidationExpression="0551-[0-9]{7,8}" Display="Dynamic"/></td></tr>
<tr><td>地址:</td>
            <td><asp:TextBox ID="txtAddress" runat="server"></asp:TextBox></td></tr>
<tr><td>电子邮箱:</td>
            <td><asp:TextBox ID="txtEmail" runat="server" Width="222px"></asp:TextBox>
                <asp:RegularExpressionValidator ID="RegularExpressionValidator2" runat="server"
                    ControlToValidate="txtEmail" ErrorMessage="邮箱格式不对!" Display="Dynamic"
                    ValidationExpression="\w+([-+.']\w+)*@\w+([-.]\w+)*\.\w+([-.]\w+)*"/>
```

```
            </td></tr>
        <tr><td>
            <asp:Button ID="btnRegist" runat="server" Text="注册" OnClick="btnRegist_
            Click" />
            <asp:Button ID="btnClear" runat="server" CausesValidation="False"
                onclick="btnClear_Click" Text="清    空" />
        </td></tr>
    </table>
    </div>
    </form>
```

在上面的标记代码中,对用户名添加了自定义验证控件,在服务器端验证用户名是否存在。对性别是用必填验证控件验证,设置此验证控件的InitValue来控制要进行选择。

对出生日期,是用范围验证控件,设定有效值只能在1920-1-1到2020-1-1。

对固定电话,用正则表达式验证控件,设定电话必须以"0551-"开头,后面是7-8个数字,正则表达式为:"0551-[0-9]{7,8}"。

对"清空"按钮,设置其属性CausesValidation="False",这样,单击它时,不会触发页面验证功能。其他的比较简单,自己理解。

(2)自定义验证控件服务器端验证事件。

自定义验证控件的服务器端验证事件,用来判断输入的用户名是否已存在,若已存在,修改此验证控件的IsValid属性为false,从而促使整个页面的验证未通过,使得页面的事件都得不到提交,事件代码为:

```
protected void CustomValidator1_ServerValidate(object source, ServerValidateEventArgs args)
{
    string username = args.Value;
    UserShop_DataAccess oUserShop = new UserShop_DataAccess();
    if(oUserShop.UserShop_ExistByUserName(username))    //判断用户名是否存
                                                        在的方法
        args.IsValid = false;    //没通过验证,设置该验证控件的IsValid为false
    else                         //从而Page的IsValid也为false
        args.IsValid = true;
}
```

当一个页面有任何验证控件未通过验证时,Page对象的IsValid(是否通过验证)属性的值就是false,所以设置CustomValidator1的IsValid为false,则Page的IsValid也为false。Page的IsValid属性为false时,页面任何事件不能提交到服务器。

(3)注册按钮的单击事件。

```
protected void btnRegist_Click(object sender, EventArgs e)
{
    if(Page.IsValid)
```

Response.Write("<script>alert('验证全部通过,其他代码自己补充!')</script>");
　　　　//这里可以写调用用户注册方法,实现用户注册
　　　else
　　　　Response.Write("<script>alert('用户名已存在!')</script>");
}

　　进一步应用:对于本题,如果希望把所有的验证错误信息汇总在如图 4-12 所示的一个弹出式消息框中显示,页面上不直接显示验证错误信息,那该怎么办呢?
　　其实很简单,只需稍加处理即可达到目的。

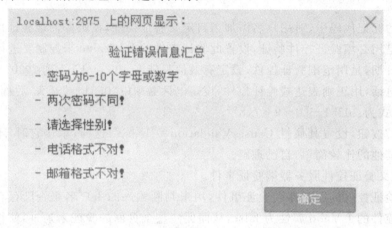

图 4-12　验证错误信息的弹出式汇总显示

　　方法是,在表格最下方,添加一个 ValidationSummary 验证汇总控件,把前面的所有验证控件的 Display 属性设置为 None,它表示验证出错时,验证控件位置不显示出错信息,而是在把验证错误信息在验证汇总控件中显示。
　　再把验证汇总控件 ValidationSummary 的属性 ShowMessageBox 设为"True",它表示以弹出式消息框方式显示错误信息,把属性 ShowSummary 设置为"False",它表示也不是把汇总的错误信息显示在验证汇总控件本身上,而是在弹出框中。
　　在后面的数据绑定控件中,经常需要对数据绑定控件中的输入数据进行验证,比如对购物中的输入的购买数量进行验证,这时,弹出式消息框方式显示错误信息就比在验证控件中直接显示的方式效果好。

习题 4

　　1. 设计如图 4-13 登录页面,密码以星号显示,根据顾客表 ShopUser 中用户信息,输入用户名和密码进行登录,如果登录成功,弹出消息"登录成功,欢迎光临!",否则显示"登录失败,请重新输入!",如果单击"清空",清空文本框中信息。

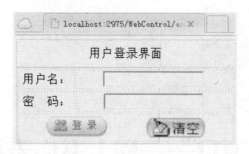

图 4-13　用户登录

2. 设计如图 4-14 所示多关键字搜索页面，分别输入"书名"、"作者"和"出版社"，可以分别实现按相关内容模糊搜索图书，并把搜索到的图书的书名、作者、ISBN、出版社和价格信息用 GridView 控件显示出来。(说明，只需简单添加 GridView 控件，并把结果集作为 GridView 控件的数据源，然后绑定一次即可，代码形如：GridView1.DataSource ＝ xxx；GridView1.DataBind();)

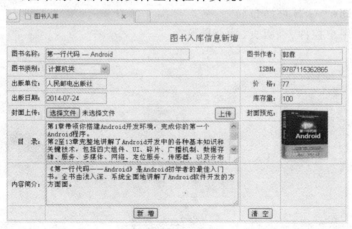

图 4-14　多关键字搜索页面设计

3. 设计如图 4-15 所示图书入库页面，实现添加图书信息到图书表"Book"中。要求，图书类别下拉列表框中数据是从图书类别表"BookType"中读取得到的，出版日期用第三方控件 My97DatePicker，图书的封面利用文件上传控件实现。

图 4-15　图书入库

第 5 章 阶段项目——网上书店表示层框架搭建

本章工作任务
- 应用 Div 与 CSS 完成前台页面框架布局
- 完成网上书店前台系统用户控件与母版页设计
- 完成后台系统站点导航及树形菜单设计

本章知识目标
- 理解 Div+CSS 布局的优点及其常用属性的作用
- 掌握用户控件与母版页的设计方法
- 理解站点地图、站点导航及树形菜单的制作

本章技能目标
- 掌握如何应用 Div+CSS 进行页面布局
- 掌握用户控件和母版页的设计方法
- 掌握站点导航与树形菜单设计

本章重点难点
- Div+CSS 页面布局
- 用户控件、母版页、站点导航

在网站设计中，Web 标准越来越成为一种规范，众多的网站开始贴上"符合 Web 标准"的字样。随着 Web 表现层技术的发展，网站视觉效果和用户体验越来越得到重视，网站的风格变化和网站的布局设计在网站设计中的地位也逐渐重要。然而网站复杂样式变换却给设计者带来大量繁重的工作，ASP.NET 采用基于 Div+CSS 的页面布局、用户控件和模板页等功能增强了网页布局和界面优化的功能，这样设计者们即可轻松地实现对网站开发中界面的控制。

5.1 Div+CSS 布局

在网页布局中，CSS 经常被使用于页面样式布局和样式控制。熟练使用 CSS 能够让网页布局更加方便，在页面维护时，也能够减少工作量。

通常 CSS 能够支持三种定义方式，一是直接将样式控制放置于单个 HTML 元素内，称为内联式；二是在网页的 head 部分定义样式，称为嵌入式；三是以扩展名为.css 文件保存样式，称为外联式。

内联式：直接使用 HTML 元素的 style 属性，指定要使用的样式，使用简单但不灵活。

嵌入式：在 HTML 文档＜head＞＜/head＞部分中，使用 style 标签，定义要使用的样式，并将其应用于特定的标记元素。比内联方式稍复杂，但使用较为灵活。

外联式：在单独的.CSS 文件中定义所需的样式，在要使用的 HTML 文档中，引用该 CSS 文件，即可在 HTML 文档中使用已定义的 CSS 样式，使用最为灵活。在编写完成 CSS 文件后，需要在使用的页面的 head 标签中添加对样式文件的引用，具体添加方法比较简单，把样式文件拖动 HTML 代码的＜head＞＜/head＞部分，即可自动生成引用代码。

形如：＜link href="css.css" type="text/css" rel="stylesheet"＞＜/link＞

三种样式分别适用于不同场合，内联式适用于对单个标签进行样式控制，其好处在于开发方便，但在维护时，需要针对每个页面进行修改，非常不方便；而嵌入式可以控制一个网页的多个样式，当需要对网页样式进行修改时，只需要修改 head 标签中的 style 标签即可，不过这样仍然没有让布局代码和页面代码完全分离；而外联式能够将布局代码和页面代码相分离，不仅能够使用一个 CSS 样式表同时控制多个页面，而且维护过程中，只需要修改 CSS 文件中相应的样式属性即可实现相关页面中都进行更新的操作。这样无疑是减少了工作量，提高代码的可维护性。

5.1.1 CSS 样式基础

下面先来看看 CSS 样式表——CSS 基础语法。学习 CSS 语法，需要理解三个关键字，即 CSS 选择器、CSS 属性、CSS 属性值。

CSS 样式定义由两部分组成，形式如下：

```
p{
    font-size:12px;
    background:#900;
    color:090;
}
```

在{}之前的"p"就是"选择器","选择器"指明了{}中的"样式"的作用对象。

在样式部分,是用"属性名:属性值"形式设定样式的,这时的"font-size"就是属性名,"12px"就是属性值。

按照选择器作用对象的范围,CSS选择器又分为标签选择器、类选择器、ID选择器、包含选择器、群组选择器。

1. 标签选择器

一个HTML页面有各种不同的标签元素,标签选择器的作用范围就是相应标签元素对象,标签选择器的名称就是HTML元素的标记名,如上面的p,就是标签选择器,通过上面代码,页面的段落<p></p>的格式就按上面设定的格式显示。

2. 类选择器

它是为具有class属性的元素指定的样式,由于很多元素可以具有相同的class属性,所以类选择器可以为同一类的元素指定样式,类选择器名称前有"."点号作为标识。

3. ID选择器

它是为特定ID的HTML元素指定特定的样式,根据元素ID来选择元素,具有唯一性,因为同一id在同一页面中只能出现一次,ID选择器名称前有#作为标识。

如:#demoDiv{ color:#FF0000; }

4. 包含选择器

包含选择器的名称由几个选择器名称合在一起构成,各选择器名称之间用空格分隔。

如:div p{font-size:12px},它就是包含选择器,该样式实现的效果是在所有位于div元素内部的p元素,其文本字体大小为12像素,而不在div内部的p元素的样式不受它影响。

5. 群组选择器

当几个元素样式属性相同时,可以共同声明样式,这就相当于数学上的合并同类项,群组选择器各选择器名称之间用逗号分隔。

如:p, td, li{   line-height:20px;   color:#c00;   }

只有嵌入式样式和外联式样式,才有样式的选择器这一说法。内联样式的属性及值,是直接位于style属性内部,不存在选择器这一说法,每个内联样式只对当前HTML元素起作用。

下面介绍样式的常用属性。

1. 字体属性

➢ 字体名称属性(font-family):设定字体名称,如Arial、Tahoma、Courier等,可以定义字体的名称。

➢ 字体大小属性(font-size):设置字体的大小,字体大小有多种单位方式,最常用的就是pt和px。

➢ 字体样式属性(font-style):设置是否斜体,其值有:normal正常体,italic斜体显示。

➢ 字体粗细属性(font-weight):设置是否加粗,常用值有normal和bold,normal是默认值,bold是粗体。

➢ 字体变量属性(font-variant):该属性有两个值normal和small-caps,normal是默认值。small-caps表示字体将被显示成大写。

➢ 字体颜色(color):该属性用来控制字体颜色,如 Red、Blue,也可以"♯XXXXXX"表示颜色。

➢ 行高属性(line-height):设置行高,可以是以 px 或 pt 为单位的绝对行高,也可是以百分比方式给出的几倍行距,如 160%,表示行高为 1.6 倍行距。

➢ 字体属性(font):该属性是各种字体属性的一种快捷综合写法。

➢ 字母大小写属性(text-transform):设置字母的大小写方式,其值有:capitalize(首字母大写)、uppercase(大写)、lowercase(小写)、none(原始状态)。

➢ 字体下划线修饰属性(text-decoration):设置字符上是否有下划线,其值有:underline(下划线)、overline(上划线)、line-through(删除线)、blink(闪烁)、none(无划线)。

2. CSS 背景属性

CSS 能够描述背景,包括背景颜色、背景图片、背景重复方向等属性,这些属性为页面背景的样式控制提供了强大的支持,这些属性包括如下所示:

➢ 背景颜色属性(background-color):该属性为 HTML 元素设定背景颜色。

➢ 背景图片属性(background-image):该属性为 HTML 元素设定背景图片。

➢ 背景重复属性(background-repeat):该属性和 background-image 属性连在一起使用,决定背景图片是否重复。如果只设置 background-image 属性,没设置 background-repeat 属性,在缺省状态下,图片既 x 轴重复,又 y 轴重复。

➢ 背景位置属性(background-position):该属性和 background-image 属性连在一起使用,决定了背景图片的最初位置。

➢ 背景属性(background):该属性是设置背景相关属性的一种快捷的综合写法。

通过这些属性能够为网页背景进行样式控制,示例代码如下所示。

```
body
{
    background-color:gray;
}
```

上述代码设置了网页的背景颜色为灰色,同样,设计人员能够使用 background-image 属性设置背景图片,并说明图片是否重复。

当使用 background-image 属性设置背景图片时,还需要使用 background-repeat 属性进行循环判断,示例代码如下所示。

```
body
{
    background-image:url('bg.jpg');
    background-repeat:repeat-x;
}
```

上述代码将 bg.jpg 作为背景图片,并且以 x 轴重复,如果不编写 background-repeat 属性,则默认是即 x 轴重复也 y 轴重复。上述代码还可以简写,示例代码如下所示。

```
body
{
    background:green url('bg.jpg') repeat-x;
```

}

3. 区块属性

➢ 字间距属性(letter-spacing):设置字符之间的间距,其值有:normal、数值。

➢ 对齐属性(text-align):设置对齐方式,其值有:justify(两端对齐)、left(左对齐)、right(右对齐)、center(居中)。

➢ 文本缩进属性(text-indent):设置文本首行缩进量,也就是每段开头的缩进量,可以 px、pt 或 em 为单位。

➢ 垂直对齐属性(vertical-align):baseline(基线)、sub(下标)、super(上标)、top、text-top、middle、bottom、text-bottom。

➢ 词间距属性(word-spacing):设置单词间距,其值有:normal、数值。

4. 列表属性（List-style）

➢ 列表类型属性(list-style-type):设置列表项类别样式,其值有:disc(实心圆点)、circle(空心圆圈)、square(实心方块)、decimal(阿拉伯数字)、lower-roman(小罗码数字)、upper-roman(大罗码数字)、lower-alpha(小写英文字母)、upper-alpha(大写英文字母)、none(不显示列表类型)。

➢ 列表符号位置属性(list-style-position):设置列表符号显示位,其值有:outside(向外凸排)、inside(向内缩进)。

➢ 列表项自定义图像属性(list-style-image):其值用 url(..)设置,自定义列表项显示的符号。

5. CSS 超链接属性

➢ a:设置一般超链接具有的属性。

➢ a:link:设置超链接文字格式。

➢ a:visited:设置浏览过的链接文字格式。

➢ a:active:设置点击时超链接文字格式。

➢ a:hover:设置鼠标悬浮在超链接文字上方时文字的格式。

6. 光标属性

➢ cursor:设置鼠标光标样式,其值有:hand(鼠标光标为手指形状)、crosshair(十字体形状)、move(十字架形状)、help(正常形状上加一问号)、text(为 I 形状)。

5.1.2　Div 布局对象

1. Div 对象的特点

HTML 的<div>标签是一个页面布局对象,可以把文档分割为独立的、不同的部分,<div> 默认是一个块级元素,这意味着包含在它里面的内容自动地开始一个新行。

早期的页面布局使用的是表格 table,现在已经被 Div+CSS 布局所代替。

采用 Div+CSS 进行网页布局相对于传统的 TABLE 网页布局具有以下 3 个显著优点:一是表现和内容相分离;二是提高页面浏览速度;三是易于维护和改版。

表现和内容相分离,是因为:用 div 对页面布局,设置布局效果的 css 样式,一般都是用外联式样式,有专业的样式文件保存样式信息。

提高页面浏览速度,是因为:表格布局方式,是在某个表格中内容全部下载到客户端后,才开始显示,所以早期页面,感到很卡,然后陡然显示出来。而 div 内的对象是下载一点显示一点,即时性较好,显示连贯。

易于维护和改版,是因为:由于样式位于页面外部的样式文件中,所以更改布局效果,只需要更改样式文件,不用对页面文件中内容进行更改。

2. Div 对象的三大重要布局属性

➢ div 的浮动属性 float

float 属性是 div 的一个极重要的浮动属性,它用来控制 div 的对齐方式等,其常用的属性值有三个,分别是 left(左浮动对齐)、right(右浮动对齐)和 none(不浮动),默认是 none。

➢ div 的显示属性 display

display 属性是 div 的另一个极重要的属性,它用来控制 div 对象是否显示。其常用属性值有三个,分别是 block、none 和 inline。

Block 属性值表示以穿越型块状显示,这时此块的左右边无其他对象,只在上下方有,这个属性值是 div 的默认值。

none 表示不显示块,此时它所占的位置释放,它下方的对象往上挤到它原来的位置处。这个属性值有些同学会与 visibility 属性混淆,visibility 属性当取值为 hidden 时,也是隐藏,但隐藏后,对象所占的空间还在,表现为,其所在位置为空白,但 display 属性值为 none 时,这个 div 所占的空间释放出来。

inline 表示此块以四周型方式显示此块,这时它的上下左右四个方面都可以有对象,这时它与行级对象 span 标签的功能相同。利用 div 的 display 属性可以做很多特效。

➢ div 的定位属性 position

该属性确定 div 最终出现的位置,属性值有:static、relative、absolute、fixed。

Static:static 定位就是不定位,出现在哪里就显示在哪里,这是默认取值。

Relative:relative 就是相对元素 static 定位时的位置进行偏移,如果指定 static 时 top 是 50 像素,那么指定 relative 并指定 top 是 10 像素时,元素实际 top 就是 60 像素了。所以如果对一个元素进行相对定位,首先它将出现在它所在的位置上。然后通过设置垂直或水平位置,让这个元素"相对于"它的原始起点进行移动。

Absolute:absolute 是绝对定位,直接指定 top、left、right、bottom 设置其位置。有意思的是绝对定位也是"相对"的。它的坐标是相对其容器来说的。容器又是什么呢,容器就是离它最近的一个定位好的"祖先",定位好的意思是它的位置已经确定下来了。如果没有这个容器,那就使用浏览器,也就是 body 元素。只需要指定 left 和 right,width 可以自动根据容器宽度计算出来。

Fixed:fixed 才是真正的绝对定位,其位置永远相对浏览器位置来计算。而且就算用户滚动页面,其位置也能相对浏览器保持不变,也就是说这个对象永远可以看到,这个特性在做一些菜单的时候可以用。

3. 盒子模型

盒子模型是 CSS 布局的基础,它指定元素如何显示以及如何交互。页面上的每个元素被看做一个矩形框,这个框由元素的内容 content、内边距 padding、边框 border 和外边距 margin 组成,如图 5-1。

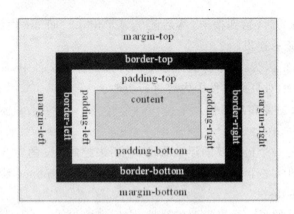

图 5-1　盒子模型示意图

实际上,无论任何页面布局,都是几个盒子相互贴近组合而成。浏览器通过这些盒子的大小和浮动方式来判断下一个盒子是贴近显示,还是下一行显示,还是其他方式显示。任何一个 CSS 布局的网页,都是由许多不同大小的盒子所构成。

通过上面的盒子模型,才能直观形象的理解 CSS 的边框属性、外部边距属性 margin 和内部间隙属性 padding。

4．边框属性

CSS 还能够进行边框的样式控制,使用 CSS 能够灵活地控制边框,边框属性包括有:

➢ 边框风格属性(border－style):该属性用来设定上下左右边框的风格。
➢ 边框宽度属性(border－width):该属性用来设定上下左右边框的宽度。
➢ 边框颜色属性(border－color):该属性设置边框的颜色。
➢ 边框属性(border):该属性是边框属性的一个快捷的综合写法。

通过这些属性能够控制边框样式,示例代码如下所示。

```
.mycss
{
    border-bottom:1px black dashed;
    border-top:1px black dashed;
    border-left:1px black dashed;
    border-right:1px black dashed;
}
```

上述代码分别设置了边框的上部分、下部分、左部分、右部分的边框属性,来形成一个完整的边框,同样可以使用边框属性来整合这些代码,示例代码如下所示。

```
.mycss
{
    border:solid 1px black;
}
```

5．外部边距属性 margin 和内部间隙属性 padding

CSS 的边距和间隙属性能够控制标签的位置,CSS 的外部边距属性使用的是 margin 关键字,而内部间隙属性使用的是 padding 关键字。CSS 的边距和间隙属性虽然都是一种定位方法,但是边距和间隙属性定位的对象不同,也就是参照物不同,如图 5-2 所示。

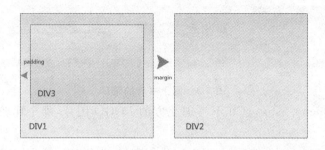

图 5-2　边距属性和间隙属性的区别

边距属性(margin)通常是设置一个页面中一个元素所占的空间的边缘到相邻的元素之间的距离,而间隙属性(padding)通常是设置一个元素中间的内容(或元素)到父元素之间的间隙(或距离)。对于边距属性(margin)有以下属性:

- 左边距属性(margin—left):该属性用来设定左边距的宽度。
- 右边距属性(margin—right):该属性用来设定右边距的宽度。
- 上边距属性(margin—top):该属性用来设定上边距的宽度。
- 下边距属性(margin—bottom):该属性用来设定下边距的宽度。
- 边距属性(margin):该属性是设定边距宽度的一个快捷的综合写法,用该属性可以同时设定上下左右边距属性。

对于间隙属性,基本同边距属性,只是 margin 改为了 padding,其属性如下所示。

- 左间隙属性(padding—left):该属性用来设定左间隙的宽度。
- 右间隙属性(padding—right):该属性用来设定右间隙的宽度。
- 上间隙属性(padding—top):该属性用来设定上间隙的宽度。
- 下间隙属性(margin—bottom):该属性用来设定下间隙的宽度。
- 间隙属性(padding):该属性是设定间隙宽度的一个快捷的综合写法,用该属性可以同时设定上下左右间隙属性。

5.2　应用 Div+CSS 进行系统前台界面布局

5.2.1　设计网上书店主菜单

任何一个 Web 应用系统,都有菜单,那么菜单采用什么来设计呢?

早期,开发人员采用表格来设计菜单,但表格的缺点是,以后想增加菜单项时,要对整个菜单重新设计,当要更改菜单的显示效果时,也要重新设计菜单,所以不便于系统的升级和维护。现在,为了使设计出来的菜单便于以后维护或升级,一般都用列表项标签<ul>和<li>来设计菜单。

【训练 5-1】　如图 5-3 是网上书店的页面头部,含有系统菜单,请使用<ul>和<li>标签,用 CSS 样式和 Div 布局,设计图中 LOGO 及系统主菜单。

实施步骤:
(1)页面布局。

图 5-3 网上书店的菜单

添加页面 ex_menu.aspx，现在不考虑上方的 LOGO 图片，那个比较简单，只考虑下方的菜单如何设计。

先在网站添加一个网页，然后用<Div>进行布局，先添加一个 Div，在这个 Div 内部，再添加两个并列的 Div，根据显示出来的日期，以及右边的菜单项，设置这两个 Div 的宽度，同时设置这两个 Div 的 float 属性值分别为 left 和 right，设置了 Div 的 float 属性后，Div 就不再用默认的块级元素方式显示，这里就会是一左一右的显示在同一行中了。

在右边的 Div 中，添加 7 个 HTML 列表项标签<li>，这时<li>列表项是默认样式，是块级对象，每个<li>会占一行显示，而不是在同一行上，每个<li>内部添加超链接，链接目标为"♯"，即空链接，到后面相应网页建好后，把♯改为对应的网页。

最后一个菜单项"退出系统"，因为单击后，要把 Session 中保存的用户实体信息去除，必须在服务端完成，所以在<li>中添加的是一个 LinkButton 链接按钮，它看上去是一个超链接效果，同时为其编写单击事件，用于去除 Session 中保存的顾客信息，事件代码如下：

```
protected void lbnExit_Click(object sender, EventArgs e)
{
    if (Session["userModel"] ! = null)
    {
        Session.Remove("userModel");
    }
}
```

布局后产生的 HTML 代码如下，这里为了对外层的 div 设置 ID 样式，为其设置 id = "nav"。

```
<body style = "width:1000px;text-align:center; margin:3px auto 3px auto;">
    <form id = "form1" runat = "server">
        <div id = "nav">
            <div style = "width :190px;float:left; text-align:center;">
                <asp:Label ID = "lblDate" runat = "server" Text = "Label"></asp:Label>
            </div>
            <div style = "width :795px;float:right; letter-spacing:1px;">
                <ul>
                    <li><a href = "♯" target = "_self">首页</a></li>
                    <li><a href = "♯" target = "_self">购物车</a></li>
                    <li><a href = "♯" target = "_self">我的订单</a></li>
                    <li><a href = "♯" target = "_self">图书搜索</a></li>
                    <li><a href = "♯" target = "_self">在线调查</a></li>
```

```html
            <li><a href="#" target="_self">在线咨询聊天</a></li>
            <li><a href="#" target="_self">购物说明</a></li>
        </ul>
    </div>
</div>
</form>
</body>
```

通常情况下,制作出来的页面,不能居在浏览器的中央,而是偏向浏览器左侧。为此,对<body>元素设定了width,并通过margin设置其左右边距为auto,这样就能保证页面在浏览器居中位置。

(2) 菜单样式效果设计。

要使列表项<li>,以菜单方式显示,在页面头部,用CSS设置了样式,样式内容如下。

```html
<head runat="server">
<title>利用CSS样式设计菜单</title>
<style type="text/css">
#nav
{
    width:990px;
    text-align:center;
    background-image:url('images/menubg.jpg');
    background-repeat:repeat-x;
    height:18px;
    padding:8px 0px 8px 0px;
}
#nav li
{
    float:left;
    width:113px;
    list-style-type:none;
}
#nav li a
{
    display:block;
    text-decoration:none;
    border-right:1px solid #ffffff;
}
#nav li a:link,#nav li a:visited
{
    color:#000000;
}
#nav li a:hover
```

```
        {
            color:Red;
            text-decoration:underline;
        }
    </style>
</head>
```

上面样式中,对 id 值为"nav"的 Div,设置了宽度和内部元素对齐方式,设置了背景图片,和内部元素离 Div 边框的内部间隙,确保菜单项离 Div 的上下边距为 8px。

对每个列表项<li>,设置了宽度,不显示项目符号,设置 float 属性为 left,这样每个<li>就在同一行显示,而不是每个显示占一行。

为了控制超链接效果,设计了后面三个样式。

这些样式的选择器,大多采用了"包含选择器",进行逐层选择,缩小样式适用的对象。

5.2.2 应用 Div+CSS 进行前台页面框架布局

传统页面布局是依赖于表格对象 table,但表格布局有很多缺点,不灵活,速度慢,现在广泛采用 Div+CSS 进行页面布局。Div 作为一个块级元素,其作用是把内容组织成一个区块,其并不负责其他事情。

为了克服 Div 默认是块级元素的缺点,采用 CSS,对 Div 进行样式格式化,使其呈现灵活的布局特性。

【训练 5-2】 网上书店前台的页面,总体布局如图 5-4 示意所示,请用 CSS+Div 构建如图 5-4 所示效果网页框架,网页整体上包含在一个最大的 Div 中,其内部又包含头部、左中部、右中部和底部四个区域,页面的主体内容显示在右中部的 Div 对象中。要用 CSS 样式存放在单独的样式文件中。规定页面宽度为 1000px,左侧导航区为 200px,左右之间间隙为 10px,头部的上下两连线间高为 80px,头部内文字离上边界 25px,底部上下两连线间的高为 60px,底部内文字离上边界 15px,中间部分的高为 450px。

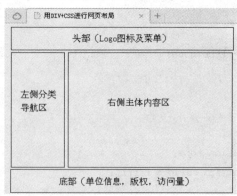

图 5-4 Div+CSS 网页布局

实施步骤:

(1)页面布局。

切换到 HTML 代码中,添加五个 div 元素,它们之间的包含关系,可用下面 body 区域中产生的代码直接看出来,并为每个 div 设置了 id 属性值,HTML 代码如下。

```
<div>
    <div id="header">头部(Logo 图标及菜单)
    </div>
        <div id="center">
            <div id="left">左侧分类导航区</div>
            <div id="right">右侧主体内容区</div>
        </div>
        <div id="footer">底部(单位信息、版权、访问量)
        </div>
</div>
```

(2)控制布局效果的样式设计。

添加一个单独的样式文件 ymbj.css,然后用命令 <link href="ymbj.css" rel="stylesheet" type="text/css" /> 把样式文件引入当前页面,样式文件代码如下:

```
body
{
    width:1000px;
    text-align:center;
    margin:3px auto 3px auto;
}
#parent
{
    width:1000px;
}
#header
{
    width:100%;
    border:solid 1px #ccc;
    height:55px;
    margin-bottom:8px;
    padding-top:25px;
    text-align:center;
}
#center
{
    width:100%;
    border:0px;
    height:450px;
}
#left
{
```

```
        width:200px;
        border:solid 1px #ccc;
        height:100%;
        float:left;
        text-align:center;
        line-height:160%;
    }
    #right
    {
        width:790px;
        border:solid 1px #ccc;
        height:100%;
        float:right;
        text-align:center;
        line-height:160%;
    }
    #footer
    {
        width:100%;
        border:solid 1px #ccc;
        height:45px;
        margin-top:8px;
        padding-top:15px;
        text-align:center;
        line-height:160%;
    }
```

这里，通过 body 的样式属性，设置了网页的总宽度，以及在浏览器中居中；"border: solid 1px black;"表示宽度为一个像素黑色边框，这是个复合属性值。

"float:left;"和"float:right;"表示对象将分别向左和向右浮动，从而取消 div 的块级元素，当然，上面样式中的左右两个 div 都用"float:left;"也可以实现同样的效果。浮动是一种非常有用的布局方式，它能改变页面中对象的前后流动顺序。

不知大家有没有注意到，以头部为例，要求头部的上下两连线间高为 80px，头部内文字离上边界 25px，但是在样式中，设置的是：

  height:55px; padding-top:25px; margin-bottom:8px;

这是因为，按照盒子模型，一个 div 真正所占的高度是这样计算的。

占用高度 = height + padding-top + padding-bottom + border + margin-top + margin-bottom

所以，设置高度时，没有直接设为 80px，当然宽度的计算也是这样。

采用 CSS+DIV 布局的好处是，布局元素与样式分离，便于维护和升级，使得排版变得简单，具有良好的伸缩性。

5.3 用户控件设计

5.3.1 用户控件

用户控件是基于现有的控件创建一个新控件,用户控件是能够在其中放置标记和Web服务器控件的容器。然后将用户控件作为一个单元对待,为其定义属性和方法。

利用用户控件,可以非常方便地使用自己定制的控件对ASP.NET进行扩展。必须养成一种习惯,无论什么时候,只要多个页面中显示相同的用户界面,就应该考虑将这个相同的用户界面实现为用户控件。利用用户控件,可以使网站更容易维护并且更容易扩展。

ASP.NET Web用户控件与完整的ASP.NET网页(.aspx文件)相似,同时具有用户界面页和代码。可以采取与创建ASP.NET网页相似的方式创建用户控件,然后向其中添加所需的标记和控件。用户控件可以像页面一样包含对其内容进行操作(包括执行数据绑定等任务)的代码。

用户控件与ASP.NET网页有以下区别:
- 用户控件的文件扩展名为.ascx。
- 用户控件中没有@Page指令,而是包含@Control指令,该指令对配置及其他属性进行定义。
- 用户控件不能作为独立页面运行,必须像其他控件一样,将它们添加到ASP.NET页中。
- 用户控件中没有html、body或form元素,这些元素必须位于宿主页中。
- 用户控件可以减少程序量,提高统一性,便于维护。

用户控件的创建与设计,其编程技术与编写Web窗体的技术相同。需要注意的是,当用户控件与当前页面不在同一个文件夹中时,如果路径处理不好的话,可能会出现找不到资源的问题。

当用户控件与当前页面不在同一个文件夹中时,用户控件使用相对路径必须站在当前页面的角度去考虑。

比如,用户控件存放在UserControl文件夹,其中图片存放在Images文件夹下,当前页面直接位于根文件夹下,此时用户控件文件中涉及的banner.jpg图片,其正确代码应为:

<img src="Images/banner.jpg" />

但很多情况下会处理成为这样:

<img src="../Images/banner.jpg" />

这里的".."表示当前目录的上级目录。出现这样的代码是因为大家以为,在用户控件中,找到这张图片,应先回到上级目录(即站点根文件夹),然后从上级目录再往下找到"Images"文件夹,最后找到文件。在用户控件的界面上,这样处理,确实可以看到图片,但是,当根文件夹下的页面应用这个用户控件时,却发现用户控件中这个图片控件,没有显示图片。出现这种情况,是因为用户控件是不能独立运行的,只能运行使用它的页面,而站在页面的角度,就应这样:<img src="Images/banner.jpg" />,即直接到其所在文件夹的下级文件夹Images中找图片文件。

当然，更好的方法是，采用绝对路径，在绝对路径中，"～"代表站点根文件夹。但是，要注意一点，"～"只有服务器端才能识别为站点根文件夹，所以这个客户端HTML控件<img>就不能使用了，应该把它加上 runat ="server"，变成服务器端图片控件，相应的代码为：
<img runat ="server" id=img1 src="～/Images/banner.jpg" />

5.3.2 设计网上书店的用户控件

【训练5-3】 在网上书店中，有很多页面，但这些页面有很多相同的地方。比如页面上方的Logo及菜单，页面左侧的导航，页面下方的页脚部分。既然页面上有这么多相同的元素，为了提高复用性，减少开发工作量，也为了便于以后的维护，可以使用用户控件。

先把页面的共同部分展示出来，然后分析哪些部分可能设计成用户控件。页面共同部分如图5-5所示。

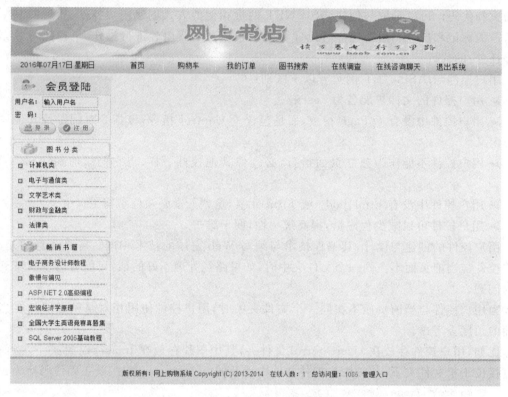

图5-5 网上书店前台页面共同部分

实施步骤：

（1）思路分析。

页面由5部分组成：Logo及菜单部分，会员登录部分，图书分类部分，畅销书籍部分，页脚部分。这5部分均可以通过为用户控件实现。

左上侧的会员登录部分，参见4.2.3节，有详细的设计过程，此设计过程与用户控件对比，除添加文件时不同外，操作及代码编写完成是相同的。

页面上部的Logo及菜单部分，请参见5.2.1节的内容，稍加改造即可做成用户控件。

下面以图书分类用户控件的制作为例，学习用户控件的设计。为了便于分类管理，要把所有的用户控件都放在站点根文件夹下的"UserControl"文件夹里面。

(2)具体设计。

设计显示图书分类及畅销图书信息用户控件,效果如图 5-6 和图 5-7 所示。在图书分类中可以显示所有的图书分类,单击某一分类,可以把该分类的图书显示在右侧的工作区中。在畅销图书中,显示销量最大的 10 种图书,单击书名,可以跳转到图书详情页面国。

图 5-6　图书分类用户控件　　　　图 5-7　畅销书籍用户控件

A. 分析,可以把图书分类部分做成一个用户控件,把畅销图书部分也做成一个用户控件,然后再制作一个新的用户控件,包含这两个用户控件。

B. 首先添加一个用户控件文件。方法是右击"UserControl",选"添加新项"|"Web 用户控件",命名为"BookType.ascx",然后向里面添加两个 div,在下方的 div 中,添加一个 DataList,用模板对 DataList 进行布局,关于 DataList 控件的应用方法,在第 6 章 6.3 节中有详细的叙述,这里不再详述,最后产生的 HTML 代码如下:

```
<%@ Control Language="C#" AutoEventWireup="true" CodeFile="BookType.ascx.cs"
Inherits="UserControl_BookType" %>
    <div style="width:200px;background-image:url(Images/bookType.gif);text-align:center;height:25px;padding-top:6px;">
        图书分类
    </div>
    <div style="border:solid 1px #ccc;margin-bottom:5px;width:198px;font-size:13px;padding-bottom:10px;">
        <asp:DataList ID="BookType" runat="server">
            <ItemTemplate>
                <table style="width:197px;height:28px;background-image:url(Images/btbg.jpg)">
                    <tr>
                        <td style="width:30px; text-align:center;">
                        </td>
```

```html
            <td style="width:170px; text-align:left;">
                <asp:HyperLink ID="HyperLink1" runat="server" NavigateUrl='<%# Eval("BookTypeId","~/BookListByTypeId.aspx? TypeId={0}") %>' Text='<%# Eval("TypeName") %>'></asp:HyperLink>
            </td>
        </tr>
    </table>
</ItemTemplate>
</asp:DataList>
</div>
```

这个用户控件的后台代码文件如下:

```csharp
protected void Page_Load(object sender, EventArgs e)
{
    if (! IsPostBack)
    {
        BookTypeBLL oBookTypeBLL = new BookTypeBLL();
        BookType.DataSource = oBookTypeBLL.BookType_GetList();
        BookType.DataBind();
    }
}
```

C. 再添加一个用户控件文件。同样的方法,右击"UserControl",选"添加新项"|"Web 用户控件",命名为"GoodSales.ascx",然后向里面添加两个 div,在下方的 div 中,添加一个 DataList,用模板对 DataList 进行布局,最后产生的 HTML 代码如下:

```html
<%@ Control Language="C#" AutoEventWireup="true" CodeFile="GoodSales.ascx.cs" Inherits="UserControl_GoodSales" %>
<div style="width:200px; background-image:url(Images/bookType.gif); text-align:center; height:25px; padding-top:6px;">
    畅 销 书 籍
</div>
<div style="border:solid 1px #ccc; margin-bottom:5px; width:198px; padding-bottom:10px;">
    <asp:DataList ID="dlBooksOfSales" runat="server">
        <ItemTemplate>
            <table style="width:197px; height:28px; background-image:url(Images/btbg.jpg)">
                <tr>
                    <td style="width:30px; text-align:center;">
                    </td>
                    <td style="width:170px; text-align:left;">
                        <asp:HyperLink ID="HyperLink1" runat="server" NavigateUrl='<%# Eval("BookId","../ShowBookDetail.aspx? BookId={0}") %>' Text='<%# Eval("
```

```
BookName") %>'></asp:HyperLink>
                        </td>
                    </tr>
                </table>
            </ItemTemplate>
        </asp:DataList>
</div>
```

这个用户控件的后台代码文件如下：

```
protected void Page_Load(object sender, EventArgs e)
{
    if (! IsPostBack)
    {
        BookBLL oBookBLL = new BookBLL();
        dlBooksOfSales.DataSource = oBookBLL.Book_GetTopNListByOrder(10, "Sales DESC");
        dlBooksOfSales.DataBind();
    }
}
```

注意：这两个用户控件中，列表项左侧的图标和下方的虚线效果，都是用背景图片完成的，对应的代码是：background-image:url(Images/btbg.jpg)。

D. 最后，再向"UserControl"文件夹中添加一个用户控件文件，命名为"leftType.ascx"，向里面添加两个 div，设定好宽度，然后把这个用户控件切换到设计视图，把前面产生的两个用户控件拖动到这个用户控件文件的两个 div 中，产生出的 HTML 代码为：

```
<%@ Control Language="C#" AutoEventWireup="true" CodeFile="leftType.ascx.cs" Inherits="leftType" %>
<%@ Register src="BookType.ascx" tagname="BookType" tagprefix="uc1" %>
<%@ Register src="GoodSales.ascx" tagname="GoodSales" tagprefix="uc2" %>
<div style="width:200px;font-size:13px;">
    <uc1:BookType ID="BookType1" runat="server" />
</div>
<div style="width:200px;font-size:13px;">
    <uc2:GoodSales ID="GoodSales1" runat="server" />
</div>
```

从上面代码可以看出，用户控件是通过<%@ Register %>指令进行注册的，通过 tagprefix="uc1"设定控件标识，在应用时，生成的用户控件对象，其标记前有<uc1:>标记。

5.4 母版页及内容页创建

大多数 Web 站点在整个应用程序或应用程序的大多数页面中都有一些公共元素。例如，导航、版权信息等，这些元素将出现在站点的大多数页面中。一些开发人员简单地把这些公共区段的代码复制并粘贴到需要它们的每个页面上。这是可行的，但相当麻烦。如果使用复制和粘贴的方法，每次需要对应用程序的这些公共区段中的一个区段进行修改，就必须在每个页面上重复修改，这非常枯燥，效率很低。

使用 ASP.NET 母版页可以为应用程序中的所有页创建一致的布局。母版页可以为应用程序中的所有页（或一组页）定义所需的外观和标准行为。然后可以创建包含要显示的内容的各个内容页。当用户请求内容页时，这些内容页将与母版页合并，从而产生将母版页的布局与内容页中的内容组合在一起的输出。

在一个应用系统中，可以根据情况，制作一个或多个母版页。

5.4.1 母版页制作

母版页的扩展名为 master，它是制作有相同内容的内容页面的模板，内容页面使用.aspx 文件扩展名，且在文件的 Page 指令中声明此内容页面所用到的母版页。

可以把需要在模板中共享的内容放在.master 母版页文件中，常用在母版页中的元素有：Web 应用程序使用的 logo、菜单、站点地图导航和版权信息等。内容页面包含除母版页面元素之外的其他页面元素。在运行时，ASP.NET 引擎会把母版页和内容页的元素合并到一个页面上，显示到终端用户。

使用母版页面创建内容页面时，可以在 IDE 中看到母版效果。若在处理页面时可以看到整个页面，就很容易开发出使用母版的内容页面。在处理内容页面时，所有母版项都是灰色显示，表示不能编辑。可以修改的项会清晰地显示在母版中。这些可修改处理的区域称为内容区域，图 5-8 显示利用母版创建内容页，内容页中拥有一个内容区域。

图 5-8 创建母版及内容页

在图 5-8 中，页面白色区域为内容区域，上边和左边灰色显示部分为母版部分。用户可以操作白色区域添加内容，灰色显示部分则在内容页中不能修改。

Visual Studio 能够轻松创建母版页，对网站的全部或部分页面进行样式控制。单击"添加项"选项，选择"母版页"项目，即可向项目中添加一个母版页。母版页的后缀名为.master。母版页同 Web 窗体在结构上基本相同，与 Web 窗体不同的是，母版页的声明方法不是使用 Page 的方法声明，而是使用 Master 关键字进行声明。

【训练 5-4】 创建如图 5-8 所示页面所用的母版。其上部是站点的 Logo 图标和主菜单，左侧是登录页面、类别导航和畅销书籍，下部为站点的版权信息、访问统计及后台入口，中右侧留给每个页面用来填充不同的内容。

实施步骤：

(1) 添加母版页。

在 Visual Studio 中，找到右侧的"解决方案资源管理"，选择站点，右键选择"添加"|"新建项"，弹出"添加新项"对话框。在右侧的"模板"中选择"母版页"，命名后点击添加。

(2) 母版页的布局。

由于前面已经制作了用户控件，因为在这个母版中，只需要对页面进行分区块，用 CSS＋DIV 进行布局，然后把相应的用户控件拖入到相应的 div 块中即可。最后生成的 HTML 代码如下：

```
<%@ Master Language="C#" AutoEventWireup="true" CodeFile="MasterPage.master.cs" Inherits="MasterPage" %>
<%@ Register src="UserControl/top.ascx" tagname="top" tagprefix="uc1" %>
<%@ Register src="UserControl/leftType.ascx" tagname="leftType" tagprefix="uc2" %>
<%@ Register src="UserControl/bottom.ascx" tagname="bottom" tagprefix="uc3" %>
<%@ Register src="UserControl/LoginRegist.ascx" tagname="LoginRegist" tagprefix="uc4" %>
<!DOCTYPE html PUBLIC "-//W3C//DTD XHTML 1.0 Transitional//EN" "http://www.w3.org/TR/xhtml1/DTD/xhtml1-transitional.dtd">
<html xmlns="http://www.w3.org/1999/xhtml">
<head runat="server">
    <title>网上书店</title>
    <link href="css/hyperlink.css" rel="stylesheet" type="text/css" />
    <link href="css/StyleSheet.css" rel="stylesheet" type="text/css" />
    <asp:ContentPlaceHolder ID="ContentPlaceHolder1" runat="server">
    </asp:ContentPlaceHolder>
</head>
<body>
<form id="form1" runat="server">
<div class="father">
        <uc1:top ID="top1" runat="server" />
    </div>
```

```
<div class="father">
    <div class="LeftDiv">
        <uc4:LoginRegist ID="LoginRegist1" runat="server" />
        <uc2:leftType ID="leftType1" runat="server" />
    </div>
    <div class="RightDiv">
        <asp:ContentPlaceHolder ID="ContentPlaceHolder2" runat="server">
        </asp:ContentPlaceHolder>
    </div>
</div>
<div class="father" style="clear:both;">
    <uc3:bottom ID="bottom1" runat="server" />
</div>
        </form>
    </body>
</html>
```

在上面的代码中，<%@ Registe%>对用到的用户控件进行了注册，当然这个注册指令是在拖动用户控件时自动产生的。

<head>部分的<link>，用于把母版中用到的CSS样式文件导入当前母版中。

母版的<body>部分代码非常简洁，原来就是使用了用户控件，各版块已经在用户控件中进行了封装，母版中用到的样式全部采用外联式样式文件。通过这样的处理，母版非常的清晰明了，布局方式一目了然。母版中的ContentPlaceHolder控件是内容页可编辑区占位符，以后利用母版创建的内容页，只能在这一部分进行自定义。

母版页的结构基本同Web窗体，编写母版页的方法非常简单，只需要像编写普通页面一样的方法编写母版页。这个母版中包含了2个重要的控件<asp:ContentPlaceHolder>，第一个<asp:ContentPlaceHolder>控件定义在<head>元素中，以允许内容页添加页面的metadata元素，比如搜索关键字和样式表链接文件设置等。第二个<asp:ContentPlaceHolder>控件更加重要，它定义在<body>元素中，代表内容页要自定义编辑的内容。

(3) 母版用到的样式文件设计。

母版中用到的样式文件，在各内容页面中都会继承下去。此母版中用到hyperlink.css和StyleSheet.css这两个样式文件。

StyleSheet.css的内容如下。

```css
body
{
    width:990px;
    margin:3px auto;
    font-family:宋体;
    font-size:13px;
    text-align:center;
```

```css
    line-height:150%;
}
.father
{
    text-align:left;
    width:990px;
    font-size:14px;
    margin-left:auto;
    margin-right:auto;
}
.LeftDiv
{
    padding:4px;
    float:left;
width:200px;
    font-size:13px;
}
.RightDiv
{
    float:right;
    width:770px;
    line-height:160%;
    padding-top:7px;
font-size:13px;
}
Image
{
    border:1px;
    margin:1px;
}
```

hyperlink.css 的内容如下,这里,对超链接在未访问情况下、已访问情况下、鼠标位于超链接之上时的样式进行了定义。

```css
A:link
{
    color:#000000;
    text-decoration:none;
}
A:visited
{
    color:#000000;
}
```

```
A:hover
{
    color: #ff0000;
    text-decoration: underline;
}
```

5.4.2 创建内容页

应用程序在有了母版页面后,就可以根据这个母版页创立相关的内容页面。新建的内容页将具有母版页中的所有元素,但是这些元素都被隐藏在灰色遮罩下,表示这部分内容是不允许修改的,也就是这部分内容来自母版页。

利用母版创建内容页,方法非常简单,在"解决方案资源管理器"中,右击网站,选择"添加"|"添加新项",在右侧"模板"中选择"Web窗体",勾选"选择母版面"复选框,输入文件名,确定后,选择具体的母版文件即可。

打开利用母版创建的内容页,在<@page…%>部分有一个MasterPageFile属性,正是这个属性表明了当前内容页使用的母版名称。同时还发现,在该内容页中并不包含<form id="form1" runat="server">这样的标记,也不包含<html>这样的标记,因为这些已经存在于母版页中。

切换到设计视图下,就会看到如图5-8所示的页面样子。

设计视图中只有<asp:ContentPlaceHolder>部分高亮显示并且能操作,而刚刚在母版页中能编辑的部分已经变成灰色,并且不再能编辑。

具体利用母版创建内容页,就不专门举例说明了。

5.5 站点导航及后台菜单设计

5.5.1 后台子系统站点导航设计

【训练5-5】 在网上书店的后台管理子系统中,设计如图5-9中上部所示的站点地图导航功能,在"你当前位置是"后面,就是站点导航控件,它显示了当前页面在站点中的层次,而且站点导航中的标题,本身就是超链接,单击导航文本,可以跳转到相应页面中。

图5-9 后台管理子系统的树形菜单及站点导航

实施步骤:

(1)站点导航设计的思路分析。

制作站点导航功能,需要利用站点导航控件 SiteMapPath,而使用 SiteMapPath 之前必须先建立站点地图文件 Web.sitemap,为此,根据后台管理子系统中所具有的网页文件及网页文件的隶属关系,设计出来的 Web.sitemap 文件的内容如下,为了节省空间,我把部分节点的 description="" 属性删除了。

```xml
<?xml version="1.0" encoding="utf-8"?>
<siteMap xmlns="http://schemas.microsoft.com/AspNet/SiteMap-File-1.0">
    <siteMapNode url="~\Admin\Default.aspx" title="网上书店" description="">
        <siteMapNode url="~\Admin\BookManage.aspx?id=1" title="图书管理" description="">
            <siteMapNode url="~\Admin\BookAdd.aspx" title="图书入库" description="" />
            <siteMapNode url="~\Admin\BookManage.aspx" title="图书列表" />
            <siteMapNode url="~\Admin\BookTypeManage.aspx" title="图书类别列表" />
            <siteMapNode url="~\Admin\BookUpdateByBookId.aspx" title="图书更新" />
            <siteMapNode url="~\Admin\BookTypeUpdateById.aspx" title="图书类别更新" />
        </siteMapNode>
        <siteMapNode url="" title="订单管理" description="">
            <siteMapNode url="~\Admin\OrderListView.aspx" title="订单查看" />
            <siteMapNode url="~\Admin\OrderSendOutGoods.aspx" title="发货管理" />
            <siteMapNode url="~\Admin\ShowOrderDetail.aspx" title="订单详情" />
            <siteMapNode url="~\Admin\HandleOrderSendOutGoods.aspx" title="确认发货"/>
        </siteMapNode>
        <siteMapNode url="" title="在线调查" description="">
            <siteMapNode url="~\Admin\VoteResultOnLine.aspx" title="查看结果" />
        </siteMapNode>
    </siteMapNode>
</siteMap>
```

通过这个站点地图文件,可以看出,根节点的标题是"网上书店",其下级有三个二级子节点,标题分别是"图书管理"、"订单管理"和"在线调查",每个二级子节点下还有各自的三级子节点。

而实际上,后台管理子系统的页面文件都是直接存放于"Admin"文件夹下的,这些页面文件从文件夹的角度来说是平级关系,但是通过站点地图的层次结构,把这些网页划分到不同的树形层次结构中。

不知大家是否注意一个细节,就是"图书管理"和"图书列表"节点的 URL 是一样的,如果两个节点的 URL 完全相同,会报错通不过的,所以在第一个 URL 后加"?id=1"。

(2)制作后台系统的母版。

这里把站点导航,设计在后台子系统的母版中,用母版能快速制作统一风格的页面。

在母版中,用 SiteMapPath 服务器控制站点导航,下面代码中两个空行中突出的部分,就是站点导航控件,放在一个 div 中,对这个 div 设定了背景色(或者用背景图片效果更美观），设定了padding-top，以便导般文本上部留点空隙，生成的HTML代码如下。

```html
<body>
    <form id="form1" runat="server">
    <div>
        <div style="width:1000px">
            <img src="Images/banner.jpg" />
        </div>
        <div style="width:1000px">
            <div style="width:160px;height:600px;float:left;">
            <div style="width:820px;float:right;text-align:left;">

                <div style="height:20px;padding-top:6px;background-color:#FBCB9F;">
                    你当前位置是：
                    <asp:SiteMapPath ID="SiteMapPath2" runat="server">
                    </asp:SiteMapPath>
                </div>

                <div>
                    <asp:ContentPlaceHolder id="ContentPlaceHolder1" runat="server">
                        <%--母版中的自定义区--%>
                    </asp:ContentPlaceHolder>
                </div>
            </div>
        </div>
    </div>
</body>
```

从设计过程中可以看出，只要在站点根目录下建好站点地图文件Web.sitemap，页面上直接添加SiteMapPath控件，就完成工作了，没有对SiteMapPath控件进行任何处理，也没有将Web.sitemap绑定到SiteMapPath控件上，也不需要编写代码，这是因为系统代替设计者将它们关联起来了。

当然对SiteMapPath控件设置适当属性，可能更美观，比如修改SiteMapPath控件的PathSeparator属性，设定分隔符为"＞＞"，则导航文本间将用"＞＞"分隔。

代码将变为：

```html
<asp:SiteMapPath ID="SiteMapPath1" runat="server" PathSeparator=">>">
</asp:SiteMapPath>
```

甚至还可以使用<PathSeparatorTemplate>元素定义分隔符的模板形式。譬如在分隔符上指定图片，修改代码如下：

```html
<asp:SiteMapPath ID="SiteMapPath1" runat="server">
    <PathSeparatorTemplate>
        <asp:Image runat="server" ImageUrl="~/Images/arrow.png" width="15"/>
```

```
        </PathSeparatorTemplate>
    </asp:SiteMapPath>
```

在＜PathSeparatorTemplate＞节中放入一个＜asp:Image＞服务器控件,并指定图片的URL地址。运行的效果如图5-10。

你当前位置是： 网上购物系统 ➢ 图书管理 ➢ 图书类别列表

图 5-10　使用图片作为导航的分隔符

5.5.2　后台子系统树形菜单制作

【训练5-6】　使用TreeView控件制作图5-9所示界面左侧树形菜单,要求TreeView控件的数据源是一般XML文件,而不是站点地图文件Web.sitemap。

实施步骤:

(1)TreeView控件的XML数据源文件设计。

在站点的"Admin"文件夹下,添加一个XML文件,并对它进行自定义命名,这里把它命名为"menu.xml"。这个XML文件的内容如下:

```xml
<?xml version="1.0" encoding="utf-8"?>
<menuRoot Id="root" url="~\Admin\Default.aspx" caption="管理员控制面板">
    <menuSubNode url="~\Admin\BookManage.aspx?id=1" caption="图书管理">
        <menuLeafNode url="~\Admin\BookAdd.aspx" caption="图书入库"/>
        <menuLeafNode url="~\Admin\BookManage.aspx" caption="图书列表"/>
        <menuLeafNode url="~\Admin\BookTypeManage.aspx" caption="图书类别管理"/>
    </menuSubNode>
    <menuSubNode url="~\Admin\OrderListView.aspx?id=1" caption="订单管理">
        <menuLeafNode url="~\Admin\OrderSendOutGoods.aspx" caption="发货管理"/>
        <menuLeafNode url="~\Admin\OrderListView.aspx" caption="订单查看"/>
    </menuSubNode>
    <menuSubNode url="~\Admin\VoteResultOnLine.aspx?id=1" caption="在线调查">
        <menuLeafNode url="~\Admin\VoteResultOnLine.aspx" caption="查看结果"/>
    </menuSubNode>
    <menuSubNode url="~\Admin\ManageUserList.aspx?id=1" caption="用户管理">
        <menuLeafNode url="~\Admin\ManageUserList.aspx" caption="管理员列表"/>
        <menuLeafNode url="~\Admin\ManageUserAdd.aspx" caption="管理员添加"/>
        <menuLeafNode url="~\Admin\UserList.aspx" caption="顾客列表"/>
    </menuSubNode>
    <menuSubNode url="~\Admin\LoginOut.aspx" caption="管理员退出">
    </menuSubNode>
</menuRoot>
```

上面这个XML文件,各节点的标记、属性名,完全可以自定义,但要见名知义。另外,请注意,与站点地图文件一样,这里的"图书管理"和"图书列表"节点的 URL 是相同的,都指向同一文件,为了区别,在"图书管理"的 URL 后加"? id=1"。

从上面 XML 文件,大家也可以看出,只有一个根节点,另外,从节点的层级也可以看出哪些节点创建的菜单将位于同一个上级菜单之下。

(2) 建立新的页面,配置 XmlDataSource 数据源控件。

建立新的页面,在其中拖入"XmlDataSource"数据源控件,点击其快捷菜单,选"配置数据源",在数据文件中,选择对应的 XML 文件。

(3) 设置 TreeView 控件属性。

向页面中拖入 TreeView 控件,设定其数据源为刚才添加的"XmlDataSource"数据源控件,然后选中"编辑 TreeNode 数据绑定…"菜单项,弹出图 5-11 所示数据绑定编辑器。在编辑器中,从左上角"可用数据绑定"中选择节点,把 3 个节点全部添加到"所选数据绑定"。然后选中"所选数据绑定"中各节点,在右边的属性窗口设置 DataMember、NavigateUrlField、TextField 属性的值。至此,全部设计完成。

图 5-11　TreeView 控件数据绑定编辑器

TreeView 控件的数据源如果是 SiteMapDataSource,设计后得到的代码是:
　　<asp:TreeView ID="TreeView1" runat="server" DataSourceID="SiteMapDataSource1">
　　　</asp:TreeView>
　　　<asp:SiteMapDataSource ID="SiteMapDataSource1" runat="server" />

其中 SiteMapDataSource 控件是专门读取 Web.sitemap 文件的数据源控件,用户只需要向页面中拖入 TreeView 控件,系统将自动根据站点地图数据创建 TreeView 树形菜单。

习题 5

1. 结合盒子模型,谈谈你对 margin、padding、border 的理解。

2. 简述应用用户控件和母版的优点及使用方法。

3. 在一个 Web 应用程序中可以有多少个站点地图文件?存放在什么位置?其中节点 <siteMapNode> 的 url 属性和 title 属性的功能是什么?

4. 设计如图 5-12 所示的母版页,页面被划分为上、下、左、右四个版块,除右版块外,其他版块要求设计为用户控件,并且左版块的"通知公告"和"友情链接",要求分别设计成两个用户控件"通知公告"是一个向上滚动的字幕。然后利用这个母版创建页面。

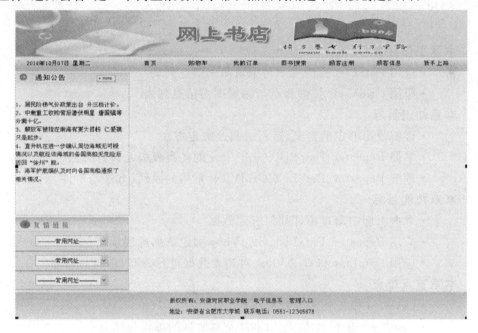

图 5-12 应用 Div+CSS 设计的母版

5. 设计网上书店后台管理子系统母版页,母版页左侧利用 TreeView 控件制作树形菜单,右侧"你当前位置:"是用站点地图导航控件制作。母版制作完成后,利用母版创建一个页面测试效果。

第 6 章
数据绑定控件

本章工作任务
- 应用 DataList 控件显示与编辑图书信息列表
- 应用 GridView 控件显示与编辑图书信息列表

本章知识目标
- 理解数据绑定的含义、运行机制及绑定方法
- 掌握 Repeater、DataList、GridView 的各类模板及设计方法
- 理解 Repeater、DataList、GridView 常用的属性、方法与事件

本章技能目标
- 掌握页面中简单控件如何绑定数据
- 应用 Repeater、DataList、GridView 绑定数据源展示信息
- 应用 DataList 和 GridView 对列表数据进行分布、编辑与删除

本章重点难点
- DataList 模板技术及分页技术
- GridView 模板技术、常用事件及对数据的编辑与删除

数据绑定技术是 ASP.NET 中非常重要的控件技术,它使得应用程序能够轻松地与数据库进行交互。它将页面中的控件与数据源中的数据进行绑定,用来显示和操作数据。

6.1 数据绑定概述

ASP.NET 系统的一个典型的特征是后台代码文件对数据的访问和处理与前台文件数据的显示分离,而前台显示是通过 HTML 来实现的。

什么是数据绑定?数据绑定实际上就是把数据按照要求,根据某种样式、布局呈现到前台页面上的过程。对于页面中的 HTML 标记,可以直接嵌入数据或绑定表达式来设置要显示的数据,而对于服务器控件,通常是通过设置控件属性或指定数据源来完成数据的绑定。

控件的数据绑定包含了下面两个过程,其缺一不可:

① 为控件指定绑定表达式,多值集合型数据绑定时需要先设定好数据源。

② 调用控件的 DataBind()方法对控件的数据绑定进行显示。

数据绑定表达式的基本格式:"<%# 绑定的数据 %>"

其功能是把绑定表达式绑定在指定位置上,但是光有这个绑定表达式,并不能把这个绑定表达式显示在指定的位置上,必须用相应控件的 DataBind()方法触发其显示出来。可绑定的数据有:简单属性、表达式、集合、方法调用的结果。

数据绑定的触发方法: 对象名.DataBind()

DataBind 方法的功能是计算数据绑定的值,并把绑定的数据显示出来,当你调用父控件的 DataBind()的时候,它会依次调用其所有子控件的 DataBind 方法,把绑定数据的值显示出来。比如调用 Page.DataBind(),它是把整个网页绑定的数据都显示出来,因为页面的所有控件都是 Page 的子控件。

除了"<%# xxx %>"这个数据绑定简单数据外,还有下面几个形式,如下。

➢ <%# Eval("xxx","格式字符串") %>:按特定格式单向绑定重复数据源中的数据项 xxx。

➢ <%# Bind("xxx","格式字符串") %>:按特定格式双向绑定重复数据源中的数据项 xxx。

下面介绍数据绑定函数 Eval()和 Bind()。

1. Eval( )函数

单向只读方式数据绑定,只能取出数据,不能把数据返回服务器端。

格式为:Eval("字段")或 Eval("字段","格式字符串")

如:Eval("字段","{0:D}")、Eval("字段","{0:yyyy/MM/dd}")

2. Bind( )函数

双向读/写方式数据绑定,不仅能读取出数据,与文本框等输入控件结合还能把数据返回服务器端。与 Eval()函数的使用方法相似。

格式为:Bind("字段")或 Bind ("字段","格式字符串")

格式字符串:形如"{A:Bxx}"的格式,其中"A"表示参数列表中的索引序号,"B"表示"格式说明符",xx 表示显示的小数位的宽度等,由于经常用格式字符串控件显示格式,下面简单介绍一下常用的格式说明符。

常用格式说明符：
- d 短日期模式，如："1988-5-1"。
- D 长日期模式。如："2015年3月4日"。
- {0:yyyy/MM/dd}：如："1988-05-01"，转化日期为："yyyy-mm-dd"，其中 MM 要大写，因为小写 mm 代表分钟的分，与"d"相比的区别是，这种结果等宽，即使月或日是个位数。
- t 短时间模式，如："7:34"，即不含"秒"。
- T 长时间模式，如："7:34:12"，即含"秒"。
- C 或 c 货币模式，数字显示为货币金额的字符串，如："￥45.79"。
- E 或 e 科学计数法（指数）模式，数字转换为"-d.ddd…E+ddd"或"-d.ddd…e+ddd"形式的字符串，其中每个"d"表示一个数字（0-9）。
- F 或 f 固定点数值模式，数字显示为"-ddd.ddd…"形式的字符串，其中每个"d"表示一个数字（0-9）。如果该数字为负，则该字符串以减号开头。
- P 或 p 百分比模式。

重复数据的绑定一般是通过数据绑定控件来完成的，下面分别介绍几种常用的数据绑定控件。

6.2 Repeater 控件

Repeater 控件是一个显示重复数据的控件，它通过使用模板显示一个数据源的内容，是完全由模板驱动的，而且开发人员必须自己配置这些模板，如果 Repeater 控件中没有定义模板或者模板中没有绑定数据，那么在运行时该控件不会有任何显示。Repeater 控件不能用可视化的方式来设计，其中数据的显示格式也必须在模板中自己定义，并且用到的 HTML 标记也只能在源视图中手写。

数据绑定控件都支持模板 Template，在数据绑定控件中，可以使用模板来格式化每一个数据的外观和布局，模板中，可以含有 HTML、绑定表达式以及其他控件，通过模板，可以使用数据绑定表达式来显示数据的值。

数据绑定表达式是在控件的 DataBinding 事件触发时才开始计算，当使用声明式将数据绑定控件绑定到 DataSource 数据源控件时，这个事件是自动触发的，如果使用编程式绑定，事件是在调用控件的 DataBind() 方法时触发的。

Repeater 控件支持 5 种模板，用来显示相应的界面信息，这 5 种模板及功能如下所示：
- ItemTemplate：项模板，指定如何在数据绑定控件中显示数据行，此模板行适用于数据源中的每一行数据，但当有 AlternatingItemTemplate 时，仅适用于数据源的奇数行。
- AlternatingItemTemplate：交替项模板，与 ItemTemplate 模板类似，它指定如何在数据绑定控件中显示数据源的偶数行，没有此模板时，使用 ItemTemplate 来代替它。
- HeaderTemplate：头模板，用来建立标题行，如果未定义将不显示标题行。
- FooterTemplate：脚模板，典型的用途是关闭在 HeaderTemplate 中打开的元素（使用</table> 这样的标记），如果头模板中没有相应的开始元素，此模板可以不用。
- SeparatorTemplate：分隔模板，指定数据源中每个数据行之间的分隔符，如果未定义将不显示分隔符。

在上面 5 种模板中，必须使用的是 ItemTemplate 模板，其他的模板可以选用，2 和 3 两个模板可以嵌入绑定表达式，后三种模板不能嵌入绑定表达式。

这里说明一下，由于 BookShopOnNet 数据库中，顾客表中字段较少，但数据类型较多，对初步学习本章来说，字段少，类型多，即减少了工作量，又能把各种技能点涵盖，所以本章主要以 ShopUser 表为举例对象。

【例 6-1】 添加一个网页，用三层架构的业务逻辑类从 ShopUser 数据表中以泛型数组方式读取顾客信息，然后在 Repeater 控件中显示出来，显示时，数据源奇数行加粗显示，性别用"男"、"女"显示，交替行数据用红色显示，并且出生日期用"xxxx 年 xx 月 xx 日"格式显示，行间加蓝色水平线，效果如图 6-1 所示。

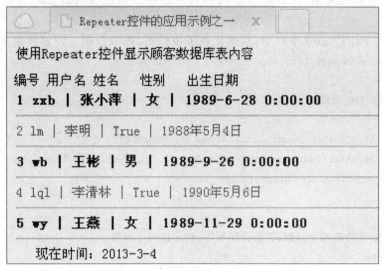

图 6-1 使用 Repeater 控件显示数据之一

(1)添加网页，向网页中添加 Repeater 控件，然后进入源视图，在 Repeater 控件用手工直接敲入 HTML 代码，并嵌入绑定表达式，生成的源代码标记如下：

使用 Repeater 控件显示数据库表内容
<asp:Repeater ID＝"Repeater1" runat＝"server">
　　<HeaderTemplate>
　　　　编号　用户名　姓名　　性别　出生日期　
　　</HeaderTemplate>
　　<ItemTemplate>
　　　　<b><%# Eval("UserId")%>　<%# Eval("UserName")%>｜<%# Eval("XinMin")%>｜　<%# GetSex(Eval("sex"))%>｜<%# Eval("Birthday")%>
</b>
　　</ItemTemplate>
　　<AlternatingItemTemplate>
　　　　<font color＝"Red"><%# Eval("UserId")%>　<%# Eval("UserName")%>｜<%# Eval("XinMin")%>｜<%# Eval("sex")%>｜<%# Eval("Birthday","{0:D}")%><

```
        br /></font>
            </AlternatingItemTemplate>
        <SeparatorTemplate>
            <hr style="size:1; color:Blue;" />
        </SeparatorTemplate>
        <FooterTemplate>
            现在时间:<%# GetDate() %>
        </FooterTemplate>
    </asp:Repeater>
```

上面源视图代码,由于 Repeater 不支持可视化操作,所以都是手工方式输入的。由于性别在数据库中是逻辑型,所以在后台用函数对性别数据进行处理,然后在前台绑定这个函数。

(2)页面的 Page_Load 事件中,实例化业务逻辑类,读取数据并设置数据源,代码如下:

```
protected void Page_Load(object sender, EventArgs e)
{
    if (! IsPostBack)
    {
        ShopUserBLL oShopUserBLL = new ShopUserBLL();
        Repeater1.DataSource = oShopUserBLL.User_GetListByWhere("");
        Repeater1.DataBind();
    }
}
```

(3)下面定义的是两个函数,在前台模板中,绑定这两个函数。

```
protected string GetSex(object obj)
{
    if (! Convert.IsDBNull(obj))   //防止数据库中空数据出现数据转换异常
        return "";
    else
        if (Convert.ToBoolean(obj) == true)
            return "男";
        else
            return "女";
}
protected string GetDate()
{
    return DateTime.Now.ToShortDateString();
}
```

上面的例子中,Repeater 显示出来的数据不美观,比较乱,这是因为没有在 Repeater 控件的模板中对数据项进行布局的缘故。

运行这个网页时,查看源文件,可以看到生成的前台 HTML 格式文件,发现 Repeater 生成的数据是流数据,不含有 div、表格等骨架元素,所以需要利用源视图在模板中嵌入 div、表格等布局元素。

【例 6-2】 对上例进一步处理，用业务逻辑类从 ShopUser 数据表中以泛型数组方式读取顾客信息，然后在 Repeater 控件中以表格方式显示出来，显示时，对姓名项加超链接，超链接样式是，正常情况及访问过的超链接用蓝色加下划线显示，鼠标悬在链接上方时变红色且下划线消失，点击链接后跳到显示用户信息详情页面，性别用“男”、“女”显示，增加年龄项，并且出生日期用“xxxx 年 xx 月 xx 日”格式等宽显示，并且交替行红色显示，效果如图6-2所示。

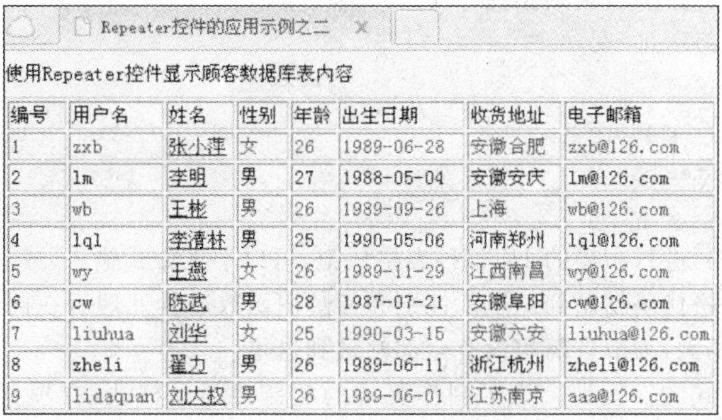

编号	用户名	姓名	性别	年龄	出生日期	收货地址	电子邮箱
1	zxb	张小莲	女	26	1989-06-28	安徽合肥	zxb@126.com
2	lm	李明	男	27	1988-05-04	安徽安庆	lm@126.com
3	wb	王彬	男	26	1989-09-26	上海	wb@126.com
4	lql	李清林	男	25	1990-05-06	河南郑州	lql@126.com
5	wy	王燕	女	26	1989-11-29	江西南昌	wy@126.com
6	cw	陈武	男	28	1987-07-21	安徽阜阳	cw@126.com
7	liuhua	刘华	女	25	1990-03-15	安徽六安	liuhua@126.com
8	zheli	翟力	男	26	1989-06-11	浙江杭州	zheli@126.com
9	lidaquan	刘大权	男	26	1989-06-01	江苏南京	aaa@126.com

图 6-2　使用 Repeater 控件显示数据之二

(1)向网页中添加 Repeater 控件，然后进入源视图，在 Repeater 控件的模板中嵌入相应 HTML 标记和绑定表达式，生成的源代码标记如下：

```
<div>
使用 Repeater 控件显示顾客数据库表内容<br />
<asp:Repeater ID="Repeater1" runat="server">
    <HeaderTemplate>
        <table border="1" style="width:600px; border: #b1cccc 1px solid; " >
            <tr>
                <td>编号</td><td>用户名</td><td>姓名</td><td>性别
</td><td>年龄</td><td>出生日期</td> <td>地址</td> <td>电子邮箱</td>
            </tr>
    </HeaderTemplate>
    <ItemTemplate>
        <tr style=" color:Red; border: #b1cccc 1px solid;">
            <td><%# Eval("UserId") %></td><td><%# Eval("UserName") %>
</td>
            <td><a href="ShowShopUseraById.aspx? UserId=<%#Eval("UserId") %
>"> <%# Eval("XinMin") %></a></td>
            <td><%# GetSex(Eval("Sex")) %></td>
            <td><%#GetAge(Eval("Birthday")) %></td>
            <td><%# Eval("Birthday","{0:yyyy-MM-dd}") %></td>
            <td><%# Eval("Address") %></td>
```

```
                <td><%# Eval("EMail")%></td>
              </tr>
            </ItemTemplate>
            <AlternatingItemTemplate>
              <tr style="color:Black;border:#b1cccc 1px solid;">
                ……
              </tr>
            </AlternatingItemTemplate>
            <FooterTemplate>
              </table>
            </FooterTemplate>
      </asp:Repeater>
    </div>
```

上面的源视图,进行布局的 HTML 表格标记,可以手工方式输入,或者在另一个页面中制作好表格,把表格代码粘贴到这里。性别和年龄用函数进行处理后在前台绑定,交替项模板与项模板变化不大,为节省篇幅没有全部粘贴到这里。

(2)超链接样式文件设计。为了制作要求的超链接显示样式,在项目中添加样式文件"HyperLinkStyle.css"文件,设计超链接样式如下:

```
A:link
{
    color:#0000FF;
}
A:visited
{
    color:#0000FF;
}
A:hover
{
    color:#ff0000;
    text-decoration:none;
}
```

然后在网页文件头部 Head 部分,拖动文件到 Head 部分,产生下面引用样式代码:"<link href="HyperLinkStyle.css" rel="stylesheet" type="text/css" />"。这个代码的添加方法是打开源视图,直接把样式文件拖动到 Head 部分,代码自动生成。这样就添加了对外部样式文件的引用,设定的样式就应用到超链接上,以后的例子中都用这种外部样式进行超链接设计,不再累述。

(3)后台代码与例 6-1 是完全一样的,这里就不解释了。

Repeat 控件需要一定的 HTML 知识才能显示数据库的相应信息,手写 HTML 代码虽然增加了一定的复杂度,但却增加了灵活性。Repeat 控件能够按照用户的想法显示不同的样式,让数据显示更加丰富。

6.3 DataList 控件

6.3.1 DataList 的模板及属性

DataList 是一个比 Repeat 控件功能更强的数据绑定控件，布局比较灵活，DataList 可以把一条记录二维地显示在多行，一行也能显示多条记录。而且利用它可以删除和修改数据，而 REPEAT 一般只是显示数据。与 REPEAT 一样，DataList 控件也是使用模板显示数据源的内容，是由模板驱动的，模板的使用方法与 Repeat 类似。

与 Repeat 控件模板相比，它增加了"选择项模板"和"编辑项模板"两种模板，而且还增加了为每种模板设计样式的属性，来定义 DataList 控件的外观。

DataList 控件中的 HeaderTemplate、ItemTemplate、AlternatingItemTemplate、FooterTemplate 和 SeparatorTemplate 这 5 种模板与 Repeater 控件的模板功能类似，下面介绍新增的两种模板和模板样式属性。

➤ EditItemTemplate：编辑项模板，当在 DataList 中选择一个项来编辑（即把 DataList 的 EditItemIndex 属性值设为当前选定项的索引值）时，将启用"编辑"功能，这时该行数据将按 EditItemTemplate 模板显示。

➤ SelectedItemTemplatem：选中项模板，当单击"选择"按钮时，选中行用此模板进行显示，没有定义它，将使用 ItemTemplate 来代替它。

➤ HeaderStyle：头模板样式，用来设计头模板中标题行的样式。

➤ ItemTemplatemStyle：项模板样式，用来设计项模板定义的数据项的样式。

➤ AlternatingItemTemplatemStyle：交替项模板样式，用来设计交替项模板定义的数据项的样式。

其他几个模板样式属性与它们相同，不再叙述。

DataList 的一个特征是可以多列方式显示数据项。通过设置其 RepeatColumns 和 RepeatDirection 属性，可以控制 DataList 列的布局，这两个属性，功能如下：

➤ RepeatColumns：DataList 中要显示的列数。默认是 0，即按照单行或者单列显示数据。

➤ RepeatDirection：DataList 的显示方式，这个属性是一个枚举值，有 Horizontal 和 Vertical 两个值，分别代表按水平或垂直方向布局。

与 Repeater 控件相同的是，DataList 控件同样也可以手工编写 HTML 代码，但是 DataList 控件还支持可视化方式设计。通过修改 DataList 控件的相应的属性以及使用属性生成器，能够实现复杂的 HTML 样式而不需要通过编程实现，DataList 还能自动套用格式进行快速格式化，极大的方便开发人员制作 DataList 控件的界面样式。

【例 6-3】 重写例 6-2，从 ShopUser 数据表中读取顾客信息，然后在 DataList 控件中显示，对姓名项加超链接，链接到用户详情页面，性别用"男"、"女"显示，出生日期用"xxxx 年 xx 月 xx 日"格式显示，标题行加背景色，数据行下方加下划虚线（很多网站的数据行下加这种效果），数据行首加黑色圆点，交替数据行首的圆点是淡蓝色的，效果如图 6-3 所示。

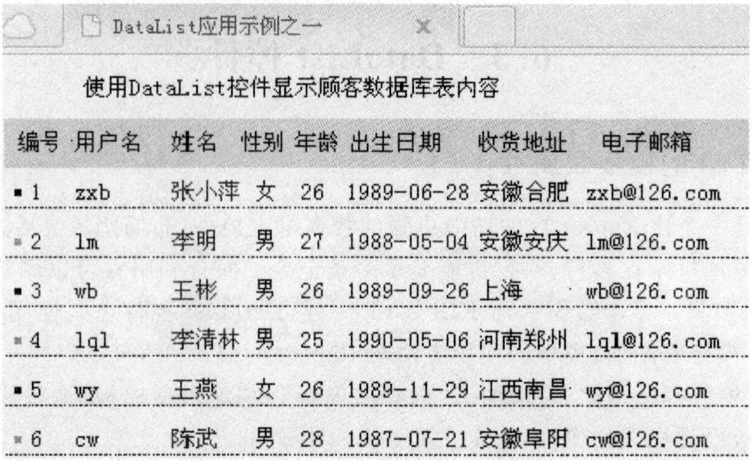

DataList应用示例之一

使用DataList控件显示顾客数据库表内容

编号	用户名	姓名	性别	年龄	出生日期	收货地址	电子邮箱
▪1	zxb	张小萍	女	26	1989-06-28	安徽合肥	zxb@126.com
▪2	lm	李明	男	27	1988-05-04	安徽安庆	lm@126.com
▪3	wb	王彬	男	26	1989-09-26	上海	wb@126.com
▪4	lql	李清林	男	25	1990-05-06	河南郑州	lql@126.com
▪5	wy	王燕	女	26	1989-11-29	江西南昌	wy@126.com
▪6	cw	陈武	男	28	1987-07-21	安徽阜阳	cw@126.com

图 6-3 使用 DataList 控件显示数据之一

(1)行首的圆点可用透明色的圆点图片来实现，数据行下方的下划虚线也用透明色图片作背景实现，向网页中添加 DataList 控件，然后进入源视图，在 DataList 控件的模板中嵌入相应 HTML 标记和绑定表达式，生成的源代码标记如下：

```
<div>
<asp:DataList ID="DataList1" runat="server">
    <HeaderTemplate>
        <table cellspacing="0px">
            <tr style="height:24px; background-color:#CDCDCD;">
                <td></td> <td>编号</td> <td>用户名</td>  <td>姓名</td> <td>性别</td> <td>年龄</td> <td>出生日期</td> <td>收货地址</td> <td>电子邮箱</td>
        </tr>
    </HeaderTemplate>
    <ItemTemplate>
        <tr style="height:24px;background-image: url(images/linebg.jpg);">
            <td><img src=" images/Icon.gif" /></td> <td><%# Eval("UserId") %></td><td>
            <td><%# Eval("UserName") %></td>
            <td><a href="ShowShopUseraById.aspx? UserId=<%#Eval("UserId") %>"> <%# Eval("XinMin") %></a></td>
            <td><%# Eval("sex").ToString() =="True" ?"男" :"女" %></td>
            <td><%#GetAge(Eval("Birthday")) %></td>
            <td><%# Eval("Birthday","{0: yyyy-MM-dd}") %></td>
            <td><%# Eval("Address") %></td>
            <td><%# Eval("EMail") %></td>
        </tr>
    </ItemTemplate>
    <AlternatingItemTemplate>
```

```html
            <tr style="height:24px;background-image: url(images/linebg.jpg);">
                <td><img src="images/Icon1.gif" /></td> <td><%# Eval("UserId")%></td>
                <td><%# Eval("UserName")%></td>
                <td><a href="ShowShopUseraById.aspx?UserId=<%# Eval("UserId")%>"><%# Eval("XinMin")%></a></td>
                <td><%# Eval("sex").ToString()=="True"?"男":"女"%></td>
                <td><%# GetAge(Eval("Birthday"))%></td>
                <td><%# Eval("Birthday","{0:yyyy-MM-dd}")%></td>
                <td><%# Eval("Address")%></td>
                <td><%# Eval("EMail")%></td>
            </tr>
        </AlternatingItemTemplate>
        <FooterTemplate>
            </table>
        </FooterTemplate>
    </asp:DataList>
</div>
```

上面的源视图，利用 HTML 表格标记手写代码方式进行布局，要求 HTML 比较熟练，数据行下划虚线是用背景图片实现，行首不同颜色的圆点是用 <img> 标记在不同的模板中插入图片得到的，性别是在前台直接绑定 "Eval("sex").ToString()=="True"?"男":"女"" 这个三元运算表达式得到，而不是像前一例题绑定后台函数实现，从本题可以看到，为了灵活布局和界面美化，需要熟练地运用 HTML 和 Style 样式等。

（2）后台代码：

```csharp
protected void Page_Load(object sender, EventArgs e)
{
    if (!IsPostBack)
    {
        ShopUserBLL oShopUserBLL = new ShopUserBLL();
        DataList1.DataSource = oShopUserBLL.User_GetListByWhere("");
        DataList1.DataBind();
    }
}
protected int GetAge(object obj)
{
    if (Convert.IsDBNull(obj))    //防止空数据出现数据转换异常
        return 0;
    else
        return DateTime.Now.Year - Convert.ToDateTime(obj).Year;
}
```

6.3.2 PagedDataSource 分页组件

Repeater 和 DataList 都没有内置分页功能，使用不方便，可以用专门分页的类 PagedDataSource 实现 DataList 和 Repeater 控件的数据分页。

PagedDataSource 类的常用属性如下：
- DataSource：获取或设置数据源。
- AllowPaging：获取或设置指示是否启用分页的值。
- PageSize：获取或设置要在单页上显示的数据项数。
- CurrentPageIndex：获取或设置当前页的索引。
- PageCount：获取数据源中的所需要的总页数。
- IsFirstPage：获取一个值，该值指示当前页是否为首页。
- IsLastPage：获取一个值，该值指示当前页是否为最后一页。

PagedDataSource 类的使用思路是，首先设置 PagedDataSource 的数据源，然后对它进行分页方面属性的设置，最后把它绑定到 Repeater 和 DataList 控件，具体在下面的例子中直观展示。

6.3.3 DataList 的事件

首先要理解事件冒泡，才能深入理解数据绑定控件的事件模型。

在 Asp.net 中 Repeater、DataList 和 GridView 都支持事件冒泡。这些控件可以让你捕获其子控件的事件，当某子控件产生一个事件时，事件就"冒泡"传给包含该子控件的容器控件，并且由容器控件执行一个共享的事件处理程序来处理该事件。

学生学习时可能不太明白事件冒泡的好处所在，那么可以反过来思考：如果没有事件冒泡，那么对于 DataList 等内部包含的每一个子控件产生的事件都需要定义一个相应的处理函数，如果包含 100 个子控件呢？需要写多少个事件处理程序。所以有了事件冒泡，不管包含多少个子控件，事件处理程序并不多，当然，某些情况下可以不用事件冒泡，直接写子控件的事件，在后面的例子中详细展示，这里讲解的是事件冒泡。

下面介绍 DataList 常用的 6 个事件：
- EditCommand 事件：单击 CommandName 属性值为"Edit"的按钮时触发该事件。
- CancelCommand 事件：单击 CommandName 属性值为"Cancel"的按钮时触发该事件。
- UpdateCommand 事件：单击 CommandName 属性值为"Update"的按钮时触发该事件。
- DeleteCommand 事件：单击 CommandName 属性值为"Delete"的按钮时触发该事件。

上面这 4 个事件，按钮的 CommandName 属性值是特定的，不能自己任性的自定义 CommandName 属性的值，比如子按钮控件 CommandName 属性值为"Edit"，被单击时发生 EditCommand 事件，当把 CommandName 属性值为"Edit1"时，就不会触发 EditCommand 事件。

- ItemCommand 事件：是 DataList 的默认事件，当数据项中有任何一个按钮被单击时（包括 CommandName 为 Delete/Cancel/Update/Edit 的按钮），首先触发的是 ItemCommand 事件，

然后才是1)、2)、3)、4)的相应的事件。这个事件的处理程序通常为多个按钮所共享,在事件中通过CommandName的值判断单击的是哪一个按钮。

➤ ItemDataBound事件:当数据项被绑定到DataList控件后,将引发ItemDataBound事件。此事件你提供了在客户端显示数据项之前处理该数据项的最后机会,它在每一数据项被绑定后但尚未呈现在页面上之前发生。

在"常用服务器控件"章节的"按钮"控件部分,讲过多个按钮共享一个事件处理程序,按钮的CommandArgument属性与CommandName属性配合使用,可以使多个按钮共享同一个事件处理程序。命令名称CommandName属性区分单击的是哪个按钮,命令参数CommandArgument属性用来传递事件参数。在上面的6个事件中,也需要CommandArgument属性与CommandName属性配合使用,这两个属性的含义与使用方法与"按钮"控件CommandArgument属性与CommandName属性相同。

上述的这几个事件,在它们的事件处理程序中,一般都是对数据库中的记录进行增、删、改、查,而对记录进行处理,一般都要用到记录的主键值。

在Repeater、DataList和GridView等这样的数据绑定控件中,如何取到控件中显示的数据项的主键值呢?实际上,在这些数据绑定控件的事件中,获取数据项记录行的主键值,可有两种方法:

方法一:利用主键值集合DataKeys。示例代码为:DataList1.DataKeys[e.Item.ItemIndex]。这里e.Item.ItemIndex可以捕捉当前项的序号,使用这种方法的前提是,在为DataList控件绑定数据源时,要为其设定主键字段名。

方法二:利用事件的命令参数CommandArgument。使用这种方法的前提是,要设置模板中按钮的CommandArgument属性值,然后在事件中利用e.CommandArgument来获取。

下面介绍DataList控件中的DataKeys集合。

在操作DataList中的一个数据项时,通常需要获取这个项的主键值,可以使用DataKeys集合来获取。假设要在DataList1中显示一个名为ShopUser的数据库表,其中包含名为UserId的列,并且UserId列是主键,当操作DataList1中一个数据项时,要提取此项UserId列的值,则需要设置DataList1控件的DataKeyField属性值为"UserId"。

把数据库表主键名UserId赋给DataKeyField属性,那么当绑定DataList1绑定到ShopUser数据表时,一个名为DataKeys的特殊集合就自动生成了,DataKeys集合包含ShopUser数据库表的所有主键值,表中有100条记录,DataKeys集合就有100个元素,获取其值方法为:DataList1.DataKeys[e.Item.ItemIndex] // e.Item.ItemIndex可以捕捉当前项序号。

6.3.4 技能训练:数据列表信息的分页显示

【训练6-1】 编程从ShopUser数据表中读取顾客信息到数据集,然后按图6-4所示布局在DataList中显示,图中每个表格中显示的是一个数据项,数据项沿垂直方式进行布局,水平方向布局两个数据项,交替项的前景色是红色。模仿淘宝网,制作光棒效应,鼠标所在的当前项显示淡蓝背景色,每个数据项下方有"抓取并弹出编号"按钮,单击可把当前数据的"编号"以消息框方式弹出(网上购物就是取商品编号),数据采用分页显示,每页4条记录,效果如图6-4所示。

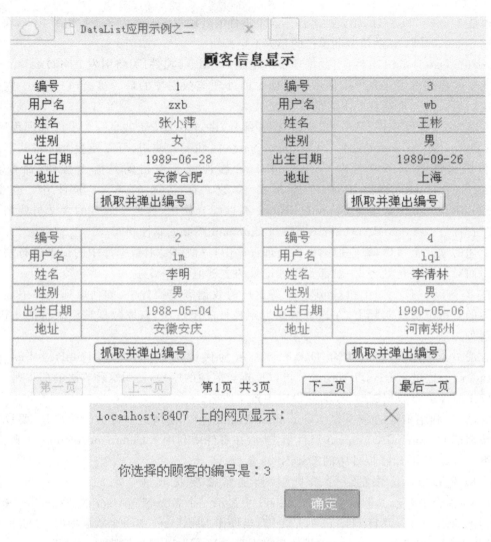

图 6-4 DataList 控件应用之二

实施步骤：

(1)页面布局。

添加页面并向网页中添加 DataList 控件，并在其下文添加四个分页按钮和一个标签控件。这次不是在源视图中直接编程进行布局，而用可视化方式。单击 DataList 控件右上方快捷菜单中的"编辑模板"，在"ItemTemplate"项模板中，插入表格，合并部分单元格，在表格中插入标签、超链接和按钮等控件，编辑模板界面如图 6-5 左上图所示。

依次单击 DataList 控件的项模板中各控件，选中"编辑 DataBindings"，对各控件的相应属性绑定表达式，如图 6-5 右上图所示。

退出模板编辑，单击 DataList 控件右上方快捷菜单中的"属性生成器"，出现属性设置对话框，按图 6-5 下部所示属性设置对话框所示，设置交替项样式及按两栏方式进行布局（RepeatColumns="2"）。

第6章 数据绑定控件

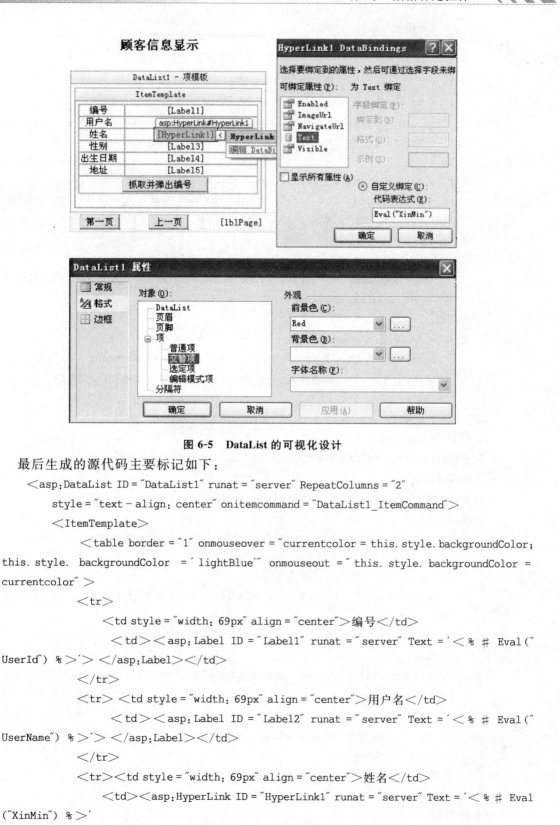

图 6-5　DataList 的可视化设计

最后生成的源代码主要标记如下：

　　＜asp:DataList ID＝"DataList1" runat＝"server" RepeatColumns＝"2"
　　　　style＝"text－align:center" onitemcommand＝"DataList1_ItemCommand"＞
　　　＜ItemTemplate＞
　　　　　＜table border＝"1" onmouseover＝"currentcolor＝this.style.backgroundColor;this.style.backgroundColor＝'lightBlue'" onmouseout＝"this.style.backgroundColor＝currentcolor"＞
　　　　　＜tr＞
　　　　　　　＜td style＝"width:69px" align＝"center"＞编号＜/td＞
　　　　　　　＜td＞＜asp:Label ID＝"Label1" runat＝"server" Text＝'＜%＃Eval("UserId") %＞'＞＜/asp:Label＞＜/td＞
　　　　　＜/tr＞
　　　　　＜tr＞＜td style＝"width:69px" align＝"center"＞用户名＜/td＞
　　　　　　　＜td＞＜asp:Label ID＝"Label2" runat＝"server" Text＝'＜%＃Eval("UserName") %＞'＞＜/asp:Label＞＜/td＞
　　　　　＜/tr＞
　　　　　＜tr＞＜td style＝"width:69px" align＝"center"＞姓名＜/td＞
　　　　　　　＜td＞＜asp:HyperLink ID＝"HyperLink1" runat＝"server" Text＝'＜%＃Eval("XinMin") %＞'
　　　　　　　NavigateUrl＝'ShowShopUserById.aspx? UserId＝＜%＃Eval("UserId") %＞'＞＜/

```
asp:HyperLink>
            </td>
        </tr>
        <tr><td align="center" style="width: 69px">性别</td>
            <td><asp:Label ID="Label3" runat="server" Text='<% # Eval("Sex").
            ToString()=="True"?"男":"女" %>'></asp:Label></td>
        </tr>
        <tr><td style="width: 69px" align="center">出生日期</td>
            <td><asp:Label ID="Label4" runat="server" Text='<% # Eval("Birthday","
            {0:yyyy-MM-dd}") %>'></asp:Label></td>
        </tr>
        <tr><td style="width: 69px" align="center">地址</td>
            <td><asp:Label ID="Label5" runat="server" Text='<% # Eval("Address") %
            >'></asp:Label></td>
        </tr>
        <tr><td align="center" style="height: 23px" colspan="2">
            <asp:Button ID="Button1" runat="server" CommandArgument='<% # Eval("
            UserId") %>' CommandName="buy" Text="抓取并弹出编号" /></td>
        </tr>
    </table>
</ItemTemplate>
<AlternatingItemStyle ForeColor="Red" />
</asp:DataList>
<table style="width: 700px; text-align: center">
    <tr> <td>
            <asp:Button ID="btnFirst" runat="server" OnClick="btnFirst_Click" Text
            ="第一页" /></td>
        <td>
            <asp:Button ID="btnPre" runat="server" OnClick="btnPre_Click" Text="上一
            页" /></td>
        <td><asp:Label ID="lblPage" runat="server"></asp:Label></td>
        <td>
            <asp:Button ID="btnNext" runat="server" OnClick="btnNext_Click" Text="下一
            页" /></td>
        <td>
            <asp:Button ID="btnLast" runat="server" OnClick="btnLast_Click" Text="最后
            页" /></td>
    </tr>
</table>
```

(2)光棒效应。

上述代码第4行的"onmouseover="currentcolor=this.style.backgroundColor;this.

style.backgroundColor='lightBlue'" onmouseout="this.style.backgroundColor = currentcolor""是两个客户端事件,用于实现光标跟随的光棒效果。

(3)事件代码编写:

A. 页面 Page_Load 的编写。

```
protected void Page_Load(object sender, EventArgs e)
{
    if (! Page.IsPostBack)
    {
        ViewState["CurPage"] = 0;      //网页是无状态工作
        DataBindDataList();            //只有 ViewState 对象能有状态保存
    }
}
```

B. 被分离出来的反复调用的方法。

```
public void DataBindDataList()
{
    ShopUserBLL oShopUserBLL = new ShopUserBLL();
    PagedDataSource pds = new PagedDataSource();
    pds.DataSource = oShopUserBLL.User_GetListByWhere("");
    //为 PagedDataSource 设置数据源
    pds.AllowPaging = true;//设置允许分页
    pds.PageSize = 4; //每页显示四条记录
    pds.CurrentPageIndex = CurPager; //设置当前页号
    ViewState["PageCount"] = pds.PageCount;//保存总页数在 ViewState 中,避免无状态
    DataList1.DataKeyField = "UserId";//设置 DataList 的主键字段
    DataList1.DataSource = pds;//再把 PagedDataSource 设置为 DataList 的数据源
    DataList1.DataBind();
    lblPage.Text = "第" + (pds.CurrentPageIndex + 1).ToString() + "页 共" + pds.PageCount.ToString() + "页";
    SetButtonEnable(pds);    //设置分页按钮的可用性
}
```

C. 页面用来反应当前页的自定义属性。

```
private int CurPager    //自定义属性,用来读/写保存在 ViewState 中的当前页
{
    get
    {   return (int)ViewState["CurPage"];  }
    set
    {   ViewState["CurPage"] = value;   }
}
```

D. 设置分页按钮的可用性的方法。

```
private void SetButtonEnable(PagedDataSource pds)
{
```

```
            this.btnPre.Enabled = true;
            this.btnNext.Enabled = true;
            btnFirst.Enabled = true;
            btnLast.Enabled = true;
            if (pds.IsFirstPage)
            {
                btnPre.Enabled = false;
                btnFirst.Enabled = false;
            }
            if (pds.IsLastPage)
            {
                btnNext.Enabled = false;
                btnLast.Enabled = false;
            }
        }
```

E. 四个分页按钮的事件代码。

```
    protected void btnPre_Click(object sender, EventArgs e)
    {   //上一页
        CurPager--;
        DataBindDataList();
    }
    protected void btnNext_Click(object sender, EventArgs e)
    {   //下一页
        CurPager++;
        DataBindDataList();
    }
    protected void btnFirst_Click(object sender, EventArgs e)
    {   //第一页
        CurPager = 0;
        DataBindDataList();
    }
    protected void btnLast_Click(object sender, EventArgs e)
    {   //最后一页
        CurPager = (int)ViewState["PageCount"] - 1;
        DataBindDataList();
    }
```

F. DataList1 的 ItemCommand 事件，捕捉当前单击行记录的编号。

```
    protected void DataList1_ItemCommand(object source, DataListCommandEventArgs e)
    {   //当数据项中有任何一个按钮被单击时都触发此事件
        string UserId = Convert.ToString(e.CommandArgument);//获取主键值的一种方法
        //string UserId = this.DataList1.DataKeys[e.Item.ItemIndex].ToString();//获取主
```

键另一方法

```
if(e.CommandName == "buy")//根据单击按钮的CommandName判断单击的是哪个按钮
    Response.Write(string.Format("<script>alert('选择的顾客编号：{0}')
</script>", UserId));
}
```

6.3.4 技能训练：数据列表信息的编辑和删除

可以编辑和删除 DataList 中的数据项，删除数据项比较简单，在项模板中添加删除按钮，获取数据项的主键，根据主键就可删除数据项记录。

在 DataList 控件中直接编辑数据表的记录，需要配置 DataList 控件的 EditItemTemplate 模板，在 EditItemTemplate 中放置表单控件，以实现编辑特定的数据记录项。当 DataList 的 EditItemIndex 属性（该属性默认值为－1，表示不用 EditItemTemplate 模板显示数据，而是以 ItemTemplate 模板显示数据）的值为 DataList 某一项的索引的时候，对应的项将会以 EditItemTemplate 模板显示。如果要在更新前对数据进行验证，可以在 EditItemTemplate 模板中用验证控件对其中的表单控件进行验证。

当然，如果待更新数据记录的内容太多，用这种方法是不美观的，这时可以获取此数据记录项的主键，跳转到另一个网页，在这个单独的网页中对此记录进行更新。

【训练 6-2】 DataList 数据信息的编辑和删除。

从 ShopUser 数据表中读取顾客信息到泛型数组中，然后在 DataList 控件中显示，在数据项右部添加"编辑"、"修改"和"删除"三个按钮和一个"详情"超链接，如图 6-6 所示，单击"编辑"，可以在行中直接修改数据，其中出生日期文本框以第三方日期控件形式显示，修改电子邮件时要进行数据验证，单击"更新"后写入数据库，单击"修改"，可进入单独的更新页面"ModifyShopUserById.aspx"对本记录进行全面编辑，单击"删除"，弹出删除确认框并进行删除，单击"详情"，进入单独页面详细显示本记录。

图 6-6　DataList 控件应用之三

实施步骤：

(1)页面布局及控件设置。

向网页中添加DataList控件，然后对它的模板进行设计。

首先配置它的头模板，插入表格并录入标题，以设计标题行，如图6-7所示。

图6-7　DataList控件HeadTemple头模板设计

然后进入项模板进行配置，用表格进行布局，插入6个标签，三个LinkButton型按钮和一个HyperLink超链接控件，设计界面如图6-8所示。

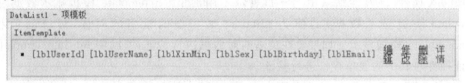

图6-8　DataList控件ItemTemple项模板设计

单击各控件右上角">"，出现"编辑DataBinding…"快捷菜单，利用它设置标签的绑定表达式和三个按钮的CommandName属性和CommandArgument属性，这"编辑"和"删除"按钮的CommandName属性值必须是"Edit"和"Delete"，"修改"按钮的CommandName属性值自定义即可（为什么？），这里设置为"FullEdit"。同时设置删除按钮的OnClientClick属性为"return confirm("确实要删除吗？")"，以实现删除确认框。

最后配置编辑项模板，设计界面如图6-9所示，用表格进行布局，插入2个标签，三个文本框，一个单选按钮组，四个LinkButton型按钮和一个HyperLink超链接控件。

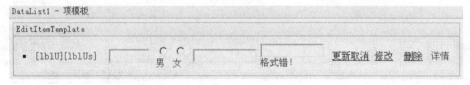

图6-9　DataList的编辑模板设计

设计标签和文本框的绑定表达式，为单选按钮组设定"男"、"女"两个静态选项值并绑定表达式，设置三个按钮的CommandName属性和CommandArgument属性，这"更新"、"取消"和"删除"按钮的CommandName属性值必须是"Update"、"Cancel"和"Delete"，"修改"按钮的CommandName属性值是自定义的，这里仍设为"FullEdit"。

把"出生日期"文本框添加"onFocus="WdatePicker()""，配置为第三方控件，为电子邮件控件用验证控件设置数据验证。最后用自动套用格式快速对其进行格式化。

最后生成的源代码主要标记部分如下：

```
<asp:DataList ID="DataList1" runat="server" CellPadding="4" ForeColor="#333333"
    oncancelcommand="DataList1_CancelCommand"
    ondeletecommand="DataList1_DeleteCommand" oneditcommand="DataList1_EditCommand"
```

```
              onitemcommand = "DataList1_ItemCommand"
              onupdatecommand = "DataList1_UpdateCommand">
    <ItemTemplate>
        <table style = "width: 750px; ">
            tr><td>
                <asp:Image ID = "Image1" runat = "server" ImageUrl = "~/images/Icon.gif" /></td>
                <td><asp:Label ID = " lblUserId" runat = "server" Text = '<%# Eval("UserId") %>'/></td>
                <td><asp:Label ID = "lblSex" runat = "server" Text = '<%# Eval("Sex").ToString() == "True" ? "男" : "女" %>'></asp:Label></td>
                ……
                <td><asp:LinkButton ID = "lbnEdit" runat = "server" CommandName = "Edit" CommandArgument = '<%# Eval("UserId") %>'>编辑</asp:LinkButton></td>
                <td><asp:LinkButton ID = "lbnFullEdit" runat = "server" CommandName = "FullEdit" CommandArgument = '<%# Eval("UserId") %>'>修改</asp:LinkButton></td>
                <td><asp:LinkButton ID = "lbnDelete" runat = "server" CommandName = "Delete" CommandArgument = '<%# Eval("UserId") %>' OnClientClick = 'return confirm("确实要删除吗?")'>删除</asp:LinkButton></td>
                <td><asp:HyperLink ID = "HyperLink2" runat = "server" NavigateUrl = '<%# Eval("UserId", "ShowShopUserById.aspx? UserId = {0}") %>'>详情</asp:HyperLink></td>
            </tr>
        </table>
    </ItemTemplate>
    <EditItemTemplate>
        <table style = "width:750px; ">
            <tr><td>
                <asp:Image ID = "Image1" runat = "server" ImageUrl = "~/images/Icon.gif" /></td>
                <td><asp:Label ID = "lblUserId2" runat = "server" Text = '<%# Eval("UserId") %>'/></td>
                <td><asp:TextBox ID = "txtXinMin" runat = "server" Text = '<%# Bind("XinMin") %>'/></td>
                <td><asp:RadioButtonList ID = "rblSex" runat = "server" RepeatDirection = "Horizontal"
                    SelectedValue = '<%# Bind("Sex") %>'>
                    <asp:ListItem Value = "True">男</asp:ListItem>
                    <asp:ListItem Value = "False">女</asp:ListItem>
                </asp:RadioButtonList> </td>
                <td><asp:TextBox ID = "txtBirthday" runat = "server" Text = '<%# Bind
```

```
("Birthday") %>' onFocus="WdatePicker()"></asp:TextBox></td>
                <td><asp:TextBox ID="txtEmail" runat="server" Text='<%# Bind("Email")
%>'/>
                   <asp:RegularExpressionValidator ID="rev1" Display="Dynamic" runat=
"server" ControlToValidate="txtEmail" ErrorMessage="格式错误!" ValidationExpression="\w
+([-+.']\w+)*@\w+([-.]\w+)*\.\w+([-.]\w+)*"></asp:
RegularExpressionValidator></td>
                <td><asp:LinkButton ID="lbnEdit2" runat="server" CommandArgument=
'<%# Eval("UserId") %>' CommandName="Update">更新</asp:LinkButton>
                   <asp:LinkButton ID="lbnCancel2" runat="server" CommandArgument=
'<%# Eval("UserId") %>' CommandName="Cancel">取消</asp:LinkButton></td>
                <td><asp:LinkButton ID="lbnFullEdit2" runat="server" CommandArgument=
'<%# Eval("UserId") %>' CommandName="FullEdit">修改</asp:LinkButton></td>
                <td><asp:LinkButton ID="lbnDel2" runat="server" CommandName="Delete"
CommandArgument='<%# Eval("UserId") %>' OnClientClick="return confirm(&quot;确实要
删除吗?&quot;)">删除</asp:LinkButton></td>
                <td><asp:HyperLink ID="HyperLink4" runat="server" NavigateUrl='<%#
Eval("UserId","ShowShopUserById.aspx?UserId={0}") %>'>详情</asp:HyperLink></td>
              </tr>
           </table>
        </EditItemTemplate>
    </asp:DataList>
```

倒数第 5 行"<%# Eval("UserId","ShowShopUserById.aspx?UserId={0}")%>",其中前一项"UserId"是数据项,后面引号内的是格式化字符串,UserId 的值将替换其中的{0}。上面的写法于"ShowShopUserById.aspx?UserId=<%# Eval("UserId")%>"等价,这两种方式都常用。

(2)事件代码编写。

A. 网页加载事件。

该事件调用 DataBindDataList()方法,实现对 DataList 的数据绑定

```
protected void Page_Load(object sender, EventArgs e)
{
    if (!Page.IsPostBack)
        DataBindDataList();
}
```

B. DataBindDataList()方法。

把提取数据并绑定到对象的代码,封闭到方法中,以便此方法可被反复调用。

```
public void DataBindDataList()
{
    ShopUserBLL oShopUserBLL = new ShopUserBLL();
    DataList1.DataKeyField = "UserId";//设定主键字段名,DataList1.DataKeys[i]才可
使用
```

```
    DataList1.DataSource = oShopUserBLL.User_GetListByWhere("");
    DataList1.DataBind();
}
```

C. DataList1 的 ItemCommand 事件。

这个事件是各按钮共享事件,通过 CommandName 判断触发对象。

```
protected void DataList1_ItemCommand(object source, DataListCommandEventArgs e)
{
    int UserId = Convert.ToInt32(e.CommandArgument);//获取主键方式二
    if(e.CommandName == "FullEdit")
        Response.Redirect("ShowShopUserById.aspx? UserId=" + UserId.ToString());
}
```

D. 取消按钮的事件。

这个事件通过设置 DataList 的 EditItemIndex 为 -1 退出编辑状态。

```
protected void DataList1_CancelCommand(object source, DataListCommandEventArgs e)
{
    this.DataList1.EditItemIndex = -1; //退出编辑状态
    DataBindDataList();
}
```

E. 删除按钮的事件。

该事件通过捕捉数据项主键,删除指定记录。

```
protected void DataList1_DeleteCommand(object source, DataListCommandEventArgs e)
{
    int UserId = Convert.ToInt32(this.DataList1.DataKeys[e.Item.ItemIndex].ToString());//取主键
    ShopUserBLL oShopUserBLL = new ShopUserBLL();
    oShopUserBLL.User_DeleteById(UserId);
    DataBindDataList();
}
```

F. 编辑按钮的事件。

该事件通过设置 DataList 的 EditItemIndex 属性,进入编辑状态。

```
protected void DataList1_EditCommand(object source, DataListCommandEventArgs e)
{
    this.DataList1.EditItemIndex = e.Item.ItemIndex; //使 ItemIndex 行进入编辑状态
    DataBindDataList();
}
```

G. 更新按钮的事件。

该事件直接捕捉数据项各子控件,提取控件中数据进行数据库更新。

```
protected void DataList1_UpdateCommand(object source, DataListCommandEventArgs e)
{
    int UserId = Convert.ToInt32(e.CommandArgument);
    ShopUserModel oShopUserModel = new ShopUserModel();
```

```
            ShopUserBLL oShopUserBLL = new ShopUserBLL();
            oShopUserModel.UserId = UserId;
             oShopUserModel.Xinmin = ((TextBox)DataList1.Items[e.Item.ItemIndex].
FindControl("txtXinMin")).Text;
            oShopUserModel.Sex = Convert.ToBoolean(((RadioButtonList)DataList1.Items[e.
Item.ItemIndex].FindControl("rblSex")).SelectedValue);
            oShopUserModel.EMail = ((TextBox)DataList1.Items[e.Item.ItemIndex].
FindControl("txtEmail")).Text;
            oShopUserModel.Birthday = Convert.ToDateTime(((TextBox)DataList1.Items[e.Item.
ItemIndex].FindControl("txtBirthday")).Text);
            oShopUserBLL.User_UpdatePartById(oShopUserModel);
            DataList1.EditItemIndex = -1;
            DataBindDataList();;
        }
```

FindControl("控件 ID")方法通过检索当前项中包含的特定 ID 的控件可以快速找到对象，其返回值类型为 Control 类型，所以还需要通过 as 强制将其转换为 CheckBox 类型。

上面的 4 个响应按钮的事件，都是根据按钮的 CommandName 属性值而由不同的事件来响应的，实际上，也可以不写这四个事件，而把它们合并到 DataList1_ItemCommand 这一个事件中，根据 CommandName 属性值用 Switch 多分支语句处理，请大家自己练习一下。

6.4 GridView 控件

GridView 是 ASP.NET 中功能非常丰富的控件之一，它以表格的形式显示数据库的内容。GridView 内置提供了选择、排序、分页、编辑、更新和删除功能，如果不使用数据源控件，就需要手动编写相关的事件处理程序来实现这几种功能。

本节主要介绍编程方式设定 GridView 数据源来显示和操作数据。GridView 控件还能够指定自定义样式，在没有任何数据时可以自定义无数据时的 UI 样式。

6.4.1 GridView 的列字段与模板

1. 列字段

在一般情况下，当为 GridView 设定数据源后，就可以直接显示数据了，原因是它的 lAutoGenerateColumns 属性为 True，GridView 会使用反射来处理所有字段并按发现的次序自动生成列，自动生成列的标题是表中的字段名，使用默认的控件及格式。这种自动生成列的功能对快速创建页面非常有效，但缺乏灵活性。

如果希望隐藏某些列，或改变显示顺序，或以自定义格式显示，就必须设置 AutoGenerateColumns 属性为 False 来关闭自动生成列，手动控制列字段的设计。

GridView 提供了 7 种类型列字段显示不同类型的数据，各种列字段及其功能如下：

➢ BoundField：以文本形式显示数据的普通绑定列，以 DataField 属性设定数据从数据源哪个字段取数，用"DataFormatString"属性来设置显示格式。

➢ CheckBoxField：以复选框形式显示数据，绑定到此种列的数据应该是布尔型的，用

"DataField"属性设置数据从数据源的哪个字段中取数。

➢ HyperLinkField：用超链接形式的显示数据，利用此列的"DataNavigateUrlFields"和"DataNavigateUrlFormatString"两个属性，配合构建超链接的 URL，用"DataTextField"属性来设置超链接显示的文本。

➢ ImageField：以 Image 图像形式显示数据，列的 ImageUrl 属性指出图片源。

➢ ButtonField：自定义按钮列，默认以"Button"按钮形式显示，通过设置它的"ButtonType"属性，可以以链接按钮或图像按钮形式显示，其功能灵活，比如购物系统中的"购买"按钮，图书借阅系统中的"借出"等都是这种自定义按钮。当然"购买"按钮显示为图像按钮可能显得美观一些。在 GridView 中添加的所有 ButtonField 自定义按钮列，其事件响应都必须写在 GridView 的 RowCommand 事件中，以 CommandName 来区别是哪个按钮的响应。

➢ CommandField：系统内置的一些数据操作按钮，有"编辑"、"更新"、"取消"、"选择"和"删除"5 个按钮，它们都是"LinkButton"链接按钮，它们的 CommandName 属性值是固定的，含义和功能与 DataList 是一样的。

➢ TemplateField：它实现自定义数据显示，以任意 HTML 控件或者 Web 服务器控件形式显示数据，这是最灵活的处理方式。比如以文本框形式显示数据表中的"姓名"，前 6 种列都无法做到，只能用模板列，在模板中用文本框实现。再比如把性别显示为单选列表框形式，也只能用它实现。

添加和编辑上面 7 种列的方法是，单击右上角快捷菜单，选："编辑列"（如图 6-10 左侧所示），弹出字段设计对话框，如图 6-10 右侧所示，取消"自动生成字段"复选框，从可用字段中选取列，添加到选定的字段中。在右侧的属性窗格中，可以配置列的属性和样式。对于 TemplateField 列有两种添加方式，一种是直接添加，另一种是把现有列转换为模板列，转换的方法是，选中该列，单击"将此字段转换为 TemplateField"即可。

GridView 控件的列字段大都有 HeaderText 这个属性，这个属性是用来设置数据的表头标题的，如果不设置的话，默认都是以数据库的相应字段名作为表头标题。

还有一个 DataField 和 DataTextFormatString 属性，DataField 属性用来设置要绑定显示的数据列名，DataTextFormatString 属性用来对 DataField 属性的显示进行格式化。

例如，要想在 GridView 显示 ShopUser 表中的"出生日期"，应当先添加一个"BoundField"，然后设置此列的 DataField 属性为"Birthday"，DataTextFormatString 属性为"{0:yyyy-MM-DD}"，HeaderText 属性为"出生日期"，则出生日期以等宽短日期格式显示，列的标题是"出生日期"。

对于 HyperLinkField 列，还有 DataNavigateUrlFields 和 DataNavigateUrlFormatString 两个属性，它俩配合构建超链接的 URL。比如：设置 DataNavigateUrlFields 的属性值为"UserId"，而 DataNavigateUrlFormatString 属性的值为"ShowUserDetail.aspx?UserId={0}"，则显示各记录数据的时候都会用该记录对应的"UserId"字段的值替换"{0}"，其功能类似于 string.Format("ShowUser.aspx?UserId={0}","UserId") 这样构建字符串。

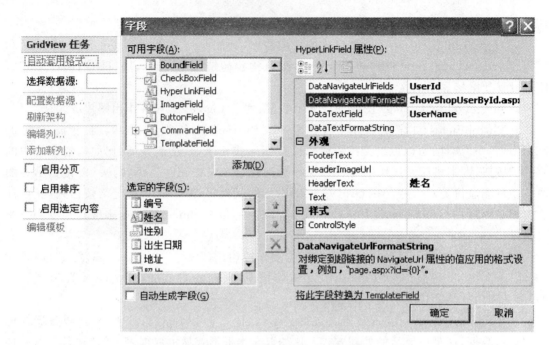

图 6-10 设计 GridView 的项模板、编辑模板和头模板

GridView 控件的列还有"ReadOnly"属性,设置该列是否只读;"Visible"属性,设置该列的可见性,"SortExpress"属性,设置该列的排序关键字。

此外在上面的字段设置对话框中,还可以设置各字段显示时的样式,如利用 HeadStyle、FootStyle、ItemStyle、ControlStyle 等属性,分别设置列的标题样式,页脚样式,行样式和控件样式等。

2. 模板项

GridView 控件也支持模板,通过 TemplateField 可以为 GridView 中每一列定义一个完全定制的模板。可以在模板中加入 HTML 元素或者控件并绑定表达式,可以说,在模板中可以完全按照自己的想法布置一切。

GridView 支持 5 种不同类型的模板,含义与 DataList 中类似,分别如下:

➢ HeaderTemplate:头模板,即表头部分使用的模板,这部分一般不绑定数据。

➢ FooterTemplate:脚模板,即脚注部分使用的模板。

➢ ItemTemplate:项模板,普通行使用的模板,若定义了 AlternatingItemTemplate,则这里的设置是奇数行使用的模板。

➢ AlternatingItemTemplate:交替项模板,偶数行中使用的模板,如果没有此模板则按照 ItemTemplate 中的设置显示。

➢ EditItemTemplate:编辑项模板,数据处于编辑状态时使用的模板。

➢ EmptyDataTemplate:空模板,GridView 中没有任何数据时使用的模板。

可以通过头模板 HeaderTemplate 和脚模板 FooterTemplate 为 GridView 定制表头标题和脚注,但用这种方法做的不多,更常用的是使用 TemplateField 的 HeaderText 和 FooterText 这两个属性来设置表头标题和脚注。

最后利用 TemplateField 的 HeadStyle、FootStyle、ItemStyle、ControlStyle 等属性,分别

设置列的标题样式,页脚样式,行样式和控件样式。

最后,介绍一下空模板。当 GridView 中没有任何数据时,它什么也不显示,为了体现友好性,可以为 GridView 定义一个空模板 EmptyDataTemplate,一般在空模板中写上没有任何数据时显示的内容。空模板是 GridView 的,不是某一个列的。

6.4.2　GridView 的分页与排序

1. GridView 的分页

GridView 已经把分页组件 PageDataSource 内置在其本身,所以实现分页很简单。首先设置它允许分页属性 allowPaging 为 True,然后设置分页尺寸 PageSize 为多少。

通过编程方式为 GridView 设定数据源,设定这两个分页属性后,还要为分页事件 PageIndexChanging 编写代码,代码内容是设置当前要显示的页索引并重新绑定数据即可。另一个与分页有关的事件 PageIndexChanged,是在分页完成后触发的。GridView 涉及分页的主要属性有:

- AllowPaging 属性:设置是否启用分页功能。
- PageCount 属性:获取分页后的总页数。
- PageIndex 属性:获取或设置当前显示页的索引。
- PagerSetting 属性:设置分页显示的模式,分页按钮显示的文本样式。
- PageSize 属性:设置 GridView 每页显示的记录数。

2. GridView 的排序

用编程方式为 GridView 设置数据源,设定 GridView 的布局后,要启用排序,首先,设置其 AllowSorting 为 True,然后设置排序列的 SortExpression 属性,它是数据源中的相应字段名,预览后,该列就以 LinkButton 的方式显示。但现在还不能排序,因为没有设置排序事件。

在排序事件中,主要是设置排序关键字和排序方向,即相当于 SELECT 命令的"order by 排序字段 ASC|DESC"中的后两个参数。排序可以借助 ADO.NET 中的 DataView 对象完成。DataView 对象与 DataTable 相比,它提供了排序功能,而没有 DataTable 排序功能。只要你通过 DataView 的"Sort"属性指出了 DataView 的排序表达式和排序方向,就可以自动完成排序。涉及排序的属性是:

- AllowSorting 属性:设置是否启用排序功能。
- SortExpress 属性:通过它设置作为排序列的排序关键字,它是列的属性,不是 GridView 的属性。当把某列的 SortExpress 属性设好后,该列标题就以链接按钮 LinkButton 形式呈现,如果某列的 SortExpress 属性值为空,此列将没有排序功能。

除了上面的属性外,还有一些常用的属性,这里一并介绍如下:

- AutoGenerateColumns 属性:设置是否自动创建绑定字段,默认为 true,实际开发中很少自动创建绑定列。
- Columns 属性:GridView 控件中列字段的集合。
- Rows 属性:GridView 控件所有行记录的集合。
- DataKeyNames 属性:设置 GridView 控件的主键字段名数组,与 DataList 控件一样,设置过它以后,从 DataKeys[]主键集合中就可以取出数据记录行的主键值。要注意,

DataList 的主键字段直接设置，如："DataList1.DataKeyField = "UserId""，但 GridView 必须把主键字段做成数组后赋给其 DataKeyNames 属性，如："string[] UserKey = {"UserId"}; GridView1.DataKeyNames = UserKey;"。这样更强大，因为表的主键不一定都是单字段，如果是多个字段怎么办？所以数组方式设置主键比较好。

➢ DataKeys 属性：主键值集合，从中可以取出主键值，前提是要设置 DataKeyNames 属性。

➢ EditIndex 属性：当它的值为某数据行索引时，该行进入编辑状态，当它的值为－1时，退出编辑状态。

6.4.3 技能训练：分页与排序的应用

【训练 6-3】 从 ShopUser 数据表中读取顾客信息到数据视图 DataView，然后在 GridView 控件中显示，显示效果如图 6-11 所示，其中姓名是超链接，可以跳到用户详情页，电子邮件也是超链接，单击它自动利用 Outlook 发送邮件。当鼠标在行间移动时，出现光棒效应，单击"编号、姓名、性别、出生日期"四个字段的标题，可以按相应字段排序。启用分页功能，每页显示 6 行，单击"编辑"可跳到 ModifyShopUserById.aspx 网页，单独对当前记录进行全面编辑。

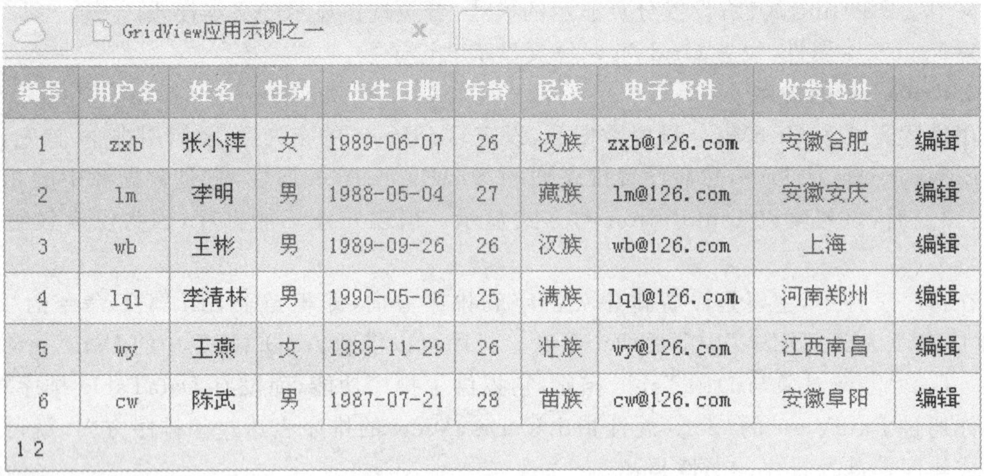

编号	用户名	姓名	性别	出生日期	年龄	民族	电子邮件	收货地址	
1	zxb	张小萍	女	1989-06-07	26	汉族	zxb@126.com	安徽合肥	编辑
2	lm	李明	男	1988-05-04	27	藏族	lm@126.com	安徽安庆	编辑
3	wb	王彬	男	1989-09-26	26	汉族	wb@126.com	上海	编辑
4	lql	李清林	男	1990-05-06	25	满族	lql@126.com	河南郑州	编辑
5	wy	王燕	女	1989-11-29	26	壮族	wy@126.com	江西南昌	编辑
6	cw	陈武	男	1987-07-21	28	苗族	cw@126.com	安徽阜阳	编辑

1 2

图 6-11 GridView 控件显示数据并排序

实施步骤：

(1) 页面布局及控件设置。

向网页中添加 GridView 控件，在后台为它绑定数据源，选中它进行属性设置。利用 HeadStyle 和 RowStyle 中的 Height，设置行高是 30px，并自动套用格式为"简明型"。由于要按照编号、姓名、性别、出生日期等进行排序，所以设置 GridView 的 AllowSorting 属性值为"True"。由于要分页，每页 6 行数据，所以设置 AllowPaging 为 True 及 PageSize 为 6，根据需要，利用 PageStyle 的子属性调整页样式，设置页样式行的背景色，前景色和对齐方式等。最后设置 GridView 的 GridLine 为"both"，使单元格的垂直水平方向都有网格线。

单击右上方"编辑列"快捷菜单，利用 BoundField，添加编号、用户名、出生日期和民族 4

个列,设置它们的 HeaderText、DataField、SortExpression 属性值,没有设置 SortExpression 属性的列不启用排序。利用 ItemStyle 设定它们的水平对齐方式 HorizontalAlign 和宽度 Width,编辑列的设计界面如图 6-12 所示。

图 6-12　编辑列设计界面

利用 HyperLinkField,添加姓名、电子邮件、常浏览网址和编辑 3 个列,设置它们的 HeaderText、DataTextField、DataNavigateUrlField、DataNavigateUrlFormat、Target 及 ItemStyle 属性下的宽度和水平对齐等属性,这样设计好后运行,发现姓名、常浏览网址和编辑的超链接正常,但电子邮件不是超链接,不能利用 Outlook 发送邮件,为此把电子邮件列转换为模板列,进行自定义处理,即添加"mailto:",实现超链接效果,设计界面如图 6-13。

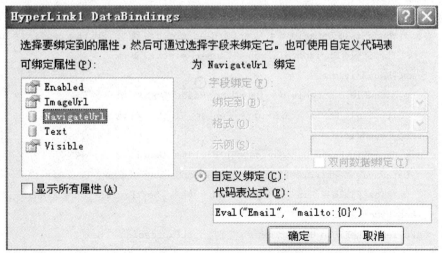

图 6-13　超链接列转为模板列后属性设计界面

由于性别在数据表中是布尔型，现在要显示为"男"、"女"，所以利用模板列来设计，先添加一个模板列 TemplateField，然后设计它的 HeaderText、SortExpression 及 ItemStyle 下的宽度和水平对齐等属性，最后进入"编辑模板"，在性别列的 ItemTemplate 项模板中，添加一个标签，设计它的 Text 属性值为："Eval("Sex").ToString()=="True"?"男":"女""即可。

年龄列的设计：由于在数据表中没有年龄字段，只能借助出生日期构造年龄列，所以使用模板列。先添加一个模板列，设计好它的标题 HeaderText 及列宽，然后进入年龄列模板的项模板 ItemTemplate 中，加入一个标签，然后把标签的 Text 属性绑定到表达式"GetAge(Eval("Birthday"))"，并在后台定义"GetAge(object obj)"，其代码如下：

```
protected int GetAge(object obj)
{
    if (!Convert.IsDBNull(obj))   //防止数据库中空数据出现数据转换异常
        return DateTime.Now.Year - Convert.ToDateTime(obj).Year;
    else
        return 0;
}
```

说明一点，当数据源中没有任何记录时，GridView 默认是没有任何显示的，出现这种情况是不友好的，应告诉用户当前没有任何数据。可以给 GridView 添加一种效果来改善，即当 GridView 中没有任何数据时给用户提示。这可以通过给 GridView 添加 EmptyDataTemplate 模板，在空模板中定义没有数据时显示的内容。

添加方法是：利用"编辑模板"菜单进入编辑模板对话框，选"EmptyDataTemplate"模板项，在模板中直接输入文字。

最后生成的源代码主要标记部分如下：

```
<asp:GridView ID="GridView1" runat="server" AllowPaging="True" PageSize="6"
    onpageindexchanging="GridView1_PageIndexChanging" AllowSorting="True"
    onsorting="GridView1_Sorting" onrowdatabound="GridView1_RowDataBound">
<Columns>
    <asp:BoundField DataField="UserId" HeaderText="编号" SortExpression="UserId">
        <ItemStyle HorizontalAlign="Center" Width="40px" />
    </asp:BoundField>
    <asp:BoundField DataField="UserName" HeaderText="用户名">
        <ItemStyle HorizontalAlign="Center" Width="60px" />
    </asp:BoundField>
    <asp:HyperLinkField DataNavigateUrlFields="UserId"
        DataNavigateUrlFormatString="ShowShopUserById.aspx?UserId={0}"
        DataTextField="XinMin" HeaderText="姓名" SortExpression="XinMin">
    </asp:HyperLinkField>
    <asp:TemplateField HeaderText="性别" SortExpression="Sex">
        <ItemTemplate>
            <asp:Label ID="Label1" runat="server" Text='<%# Eval("Sex").ToString()=="True"?"男":"女" %>'></asp:Label>
```

            </ItemTemplate>
        </asp:TemplateField>
            <asp:HyperLinkField DataNavigateUrlFields="UserId" DataNavigateUrlFormatString="ModifyShopUserById.aspx?UserId={0}" Text="编辑">
            </asp:HyperLinkField>
            <asp:BoundField DataField="Birthday" DataFormatString="{0:yyyy-MM-dd}"
                HeaderText="出生日期" SortExpression="Birthday">
            </asp:BoundField>
            <asp:TemplateField HeaderText="年龄">
                <ItemTemplate>
                    <asp:Label ID="Label2" runat="server" Text='<%# GetAge(Eval("Birthday")) %>'/>
                </ItemTemplate>
            </asp:TemplateField>
            <asp:TemplateField HeaderText="电子邮件">
                <ItemTemplate>
                    <asp:HyperLink ID="HyperLink1" runat="server" NavigateUrl='<%# Eval("Email","mailto:{0}") %>' Text='<%# Eval("Email") %>'></asp:HyperLink>
                </ItemTemplate>
            </asp:TemplateField>
        </Columns>
        <EmptyDataTemplate>
    温馨提示：当前没有任何记录哦！
        </EmptyDataTemplate>
    </asp:GridView>
```

(2)事件的编写。

A. 网页加载事件。

网页加载事件，调用自定义方法，实现对 DataList 的数据绑定

```
    private ShopUserBLL oShopUserBLL = new ShopUserBLL();
    protected void Page_Load(object sender, EventArgs e)
    {
        if (! IsPostBack)
    {    DataBindToGridView();    }
    }
```

B. 自定义方法 DataBindToGridView，用来获取数据并绑定到 GridView 控件。

```
    private void DataBindToGridView()
    {
        string[] UserKey = { "UserId" };//GridView 主键必须是数组
        this.GridView1.DataSource = oShopUserBLL.User_GetViewByWhere("");
        this.GridView1.DataKeyNames = UserKey; //设置 GridView 主键名，便于从主键提取主键
        this.GridView1.DataBind();
```
```

}

C. GridView 的 RowDataBound 事件,用于设定光棒效应。

```
protected void GridView1_RowDataBound(object sender, GridViewRowEventArgs e)
{
    if (e.Row.RowType == DataControlRowType.DataRow)// 判断当前是否是数据行
    {
        e.Row.Attributes.Add("onmouseover", "c = this.style.backgroundColor;this.style.backgroundColor = 'LightBlue';");
        e.Row.Attributes.Add("onmouseout", "this.style.backgroundColor = c;");
    }
}
```

RowType 是枚举类型 DataControlRowType 中的一个值。RowType 可以取的值包括 DataRow、Footer、Header、EmptyDataRow、Pager、Separator 等,通过 RowType 确定 GridView 中行的类型,这里只有数据行才有光棒效应,其他行没有。

排序事件,为了克服 Web 应用程序的无状态,用 ViewState 对象保存数据。ADO.NET 中 DataView 具有排序功能,只需指定排序关键字和方向即可,DataTable 没有排序功能。

D. GridView 排序事件。

```
protected void GridView1_Sorting(object sender, GridViewSortEventArgs e)
{
    if (ViewState["SortDirection"] == null)
        ViewState["SortDirection"] = "ASC";
    else
    {
        if (ViewState["SortDirection"].ToString() == "ASC")
            ViewState["SortDirection"] = "DESC";
        else
            ViewState["SortDirection"] = "ASC";
    }
    ViewState["SortKey"] = e.SortExpression;
    DataView dv = oShopUserBLL.User_GetViewByWhere("");
    dv.Sort = ViewState["SortKey"].ToString() + " " + ViewState["SortDirection"].ToString();
    this.GridView1.DataSource = dv;
    this.GridView1.DataBind();
}
```

由于是用代码方式而不是用数据源控件为 GridView 设定数据源,故分页、排序、编辑、删除等很多事件要手写代码。

E. GridView 分页事件。

```
protected void GridView1_PageIndexChanging(object sender, GridViewPageEventArgs e)
{
    GridView1.PageIndex = e.NewPageIndex;
```

```
        DataBindToGridView();
    }
```

6.4.4　GridView 的常用事件

GridView 支持多个事件,对 GridView 进行排序、选择、创建行、绑定行、单击按钮等都会引发事件,GridView 控件常用的事件如下所示。很多事件以 ed 和 ing 结尾,以 ing 结尾的事件通常在操作之前发生,以 ed 结尾的事件通常在操作之后发生,一般进行更新、删除记录的操作,写在 ing 结尾的事件之中。

➤ PageIndexChanging / PageIndexChanged:这两个事件分别在改变当前页索引之前/之后发生,在分页中使用它们。

➤ SelectedIndexChanging / SelectedIndexChanged:这两个事件分别在单击某行的选择按钮(其 CommandName 属性值为"Select"的按钮)之前/之后发生,在选择功能中使用。

➤ Sorting / Sorted:这两个事件分别在单击列的标题行排序列的超链接后,在进行排序操作之前/之后发生,在排序功能中使用。

➤ RowCreated:在 GridView 控件中创建每个新行时发生,此事件通常用于在创建某个行时修改该行的布局或外观。

➤ RowDataBound:它是在 GridView 绑定每一行数据时触发,所以数据源有多少条记录,它就可能触发多少次。

说明:在创建 GridView 控件时,必须先为 GridView 的每一行创建一个 GridViewRow 对象,创建每一行时,将引发一个 RowCreated 事件,当行创建完毕,每一行 GridViewRow 就要绑定数据源中的数据,当绑定完成后,将引发 RowDataBound 事件。

➤ RowCommand:在 GridView 中单击按钮时就会发生,所以其中包含的多个按钮都会触发此事件,在这个事件中会通过按钮的 CommandName 属性确定单击的是哪个按钮。

➤ RowDeleting / RowDeleted:单击某行的删除按钮(其 CommandName 属性值为"Delete"的按钮)时,在从数据源删除记录之前/之后发生,在删除功能中使用。

➤ RowEditing:在单击某行的编辑按钮(其 CommandName 属性值为"Edit"的按钮)时发生,使行进入编辑模式。

➤ RowCancelingEdit:在单击某行的取消按钮(其 CommandName 属性值为"Cancel"的按钮)时发生,使行退出编辑模式。

➤ RowUpdating / RowUpdated:单击某行的更新按钮(其 CommandName 属性值为"Update"的按钮)后,在更新数据源记录之前/之后发生,在更新功能中使用。

上述这 7 个以 Row 开头的事件,与 DataList 的 ItemCommand、EditCommand、CancelCommand、DeleteCommand、UpdateCommand 事件的发生机制和功能类似,都会借助于按钮的 CommandName 和 CommandArguement 两个属性。

6.4.5　技能训练:数据列表信息的编辑与删除

下面专门看看 GridView 提供的编辑、删除等操作,要启用 GridView 的编辑与删除,有多种方法实现。

可以在"编辑列"对话框中,添加"CommandField"中的删除命令,该命令的

"CommandName"默认为"Delete"。也可以在编辑列中,用"ButtonField"来添加一个按钮列,然后设置它的"CommandName"为"Delete"。

只要按钮的"CommandName"为"Delete",与 DataList 类似,单击它,就会触发"RowDeleting"或"RowDeleted"事件,它们一个是在删除前触发,一个是在删除后触发。删除时,找到主键值即可,根据它即可删除。找主键值,可以根据设定的 DataKeyNames 属性,用 DataKeys[]集合来找,也可以用命令参数 CommandArgument 来提取。

启用编辑有两种方式,一是用超链接的方式,跳转到单独的编辑页面,同时带一个主键过去,在编辑页根据主键值,对特定记录先读取到页面中,再全面编辑。二是设计每个列的编辑模板,直接在行中进行基于单元格的更新,当然这种情况下,数据量不能多。

如果用基于单元格的更新,必须使更新的行处于编辑模式,这就需要设计列的编辑模板。在"编辑列"对话框中,添加"CommandField"中的"编辑,更新,取消"按钮组,这时添加的按钮"CommandName"属性值分别是"Edit、Update、Cancel",它们分别响应 GridView 的 RowEditing、RowUpdating 和 RowCancelingEdit 事件。然后把这个复合按钮组转换成模板,把其他的列也转换为模块,然后配置每个列的编辑模板 EditItemTemplate,实现行内基于单元格的更新。最后为 GridView 编写"编辑、更新、取消"按钮对应的 3 个事件代码,实现编辑、更新和取消。

编辑事件的代码中,主要用"this.GridView1.EditIndex = e.NewEditIndex;"使行进入编辑状态。

取消事件的代码中,主要用"this.GridView1.EditIndex = -1;"使行取消编辑状态。

更新事件,主要是查找控件取得相应的值,构建 SQL 命令并执行。

【训练 6-4】 从 ShopUser 数据表中读取顾客信息到泛型数组,然后在 GridView 控件中显示,在此页面中,单击"编辑"按钮,可以在行内对"姓名、性别、出生日期、电子邮件"四个字段进行更新,其中"电子邮件"的数据要进行验证,"编号"和"用户名"不能更新。单击"更新"后,把修改提交到服务器,单击"取消"则修改作废,在进行删除时要弹出确认框,单击"确定"才真正删除。设计效果如图 6-14 所示。

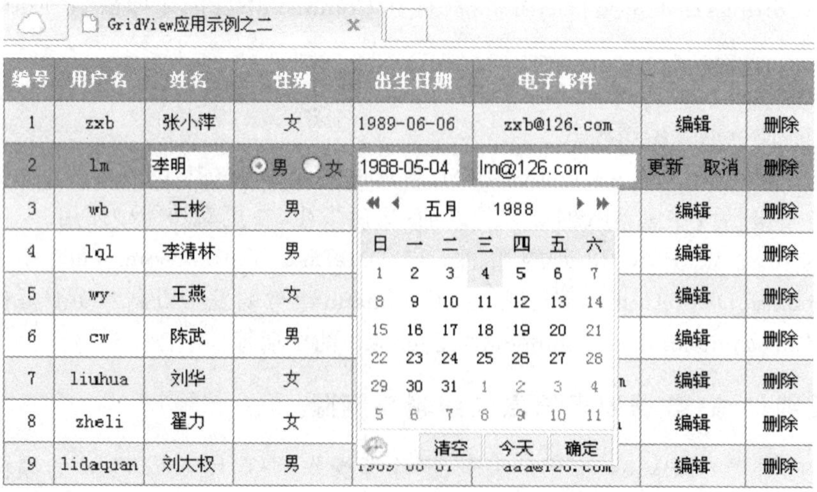

图 6-14 GridView 控件实现在行内进行更新

第6章 数据绑定控件

实施步骤：
（1）页面布局及控件设置。

向网页中添加 GridView 控件，在后台为它绑定数据源，选中 GridView，设置行高，网络线等属性，并自动套用格式。

单击右上方"编辑列"快捷菜单，利用 BoundField，添加编号、用户名、性别和出生日期 4 个列，利用 HyperLinkField，添加姓名、电子邮件 2 个列，与上例类似设置它们的属性。最后添加"CommandField"里面的"编辑、更新、取消"和"删除"按钮。

如果只配置到此就编写相关事件，则进入编辑状态时，所有的 BoundField 将以标签显示，所有超链接仍是超链接，因为默认情况下就是这样的。为了实现按自己的要求显示数据，要用模板列 TemplateField。为此把所有的列都转换成模板列，其中编辑和删除命令按钮也要转换，因为只有转换后才能为删除按钮添加确认对话框，为"更新"和"删除"按钮设置命令参数 CommandArgument，设置"更新"和"删除"按钮的 CommandArgument 为"Eval("UserId")"，并为删除按钮配置弹出确认框的 js 代码："return confirm('确定要删除吗？')"。

接着进入模板编辑，由于编号和用户名两列只读，所以进入这两列的模板中，把 EditItemTemplate 中内容删空，因为没有定义 EditItemTemplate 列时，在编辑状态时会使用 ItemTemplate 中定义的控件来显示。

分别进入"姓名、出生日期、电子邮件"这 3 列的模板，在它们的编辑模板中，分别插入文本框，单击文本框右上角，选"编辑 DataBindgins"，在弹出的绑定设置对话框中，把文本框的 Text 属性绑定到相应的表达式中。

如图 6-15 就是"姓名"列的模板项设计，在项模板中，是一个超链接控件，在编辑模板中，是一个文本框，这就表示，在正常情况下，姓名列是一个超链接，单击"编辑"进入编辑状态后，姓名列变成文本框显示，在文本框中可以编辑姓名。

不过，电子邮件数据列在编辑时，要进行数据验证，于是在其编辑模板中，插入了一个正则表达式验证控件，设置好相关属性，对其进行数据验证。

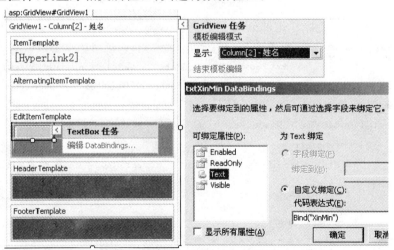

图 6-15 "姓名"列模板项的设计界面

最后进入"性别"列的模板,在它的编辑模板中,插入一个单选按钮组控件,如图 7-17 所示,单击它的"编辑项"快捷菜单,静态绑定"男"、"女"两个选项,设置好每个选项的"Text"和"Value"值,如图 6-16 右下所示,并把单选按钮组的 SelectedValue 属性绑定到表达式"Bind("Sex")"上,如图 6-16 右上所示,设计结束,退出模板编辑。

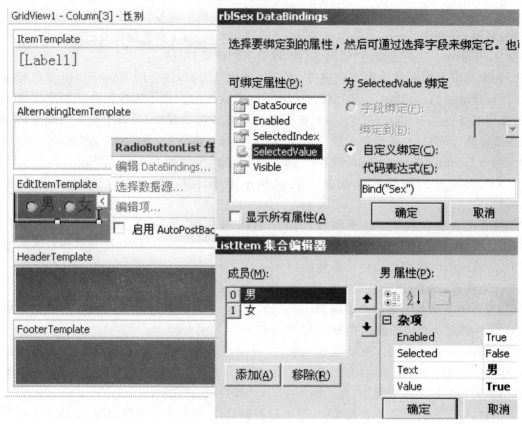

图 6-16 "性别"列模板项的设计界面

最后生成的源代码主要标记部分如下:

<asp:GridView ID = "GridView1" runat = "server" AutoGenerateColumns = "False" onrowcancelingedit = "GridView1_RowCancelingEdit" onrowdeleting = "GridView1_RowDeleting" onrowediting = "GridView1_RowEditing" onrowupdating = "GridView1_RowUpdating">
　　<Columns>
　　　　<asp:TemplateField HeaderText = "编号">
　　　　　　<ItemTemplate>
　　　　　　　　<asp:Label ID = "Label2" runat = "server" Text = '<%# Eval("UserId") %>'></asp:Label>
　　　　　　</ItemTemplate>
　　　　</asp:TemplateField>
　　　　<asp:TemplateField HeaderText = "用户名">
　　　　　　<ItemTemplate>
　　　　　　　　<asp:Label ID = "Label3" runat = "server" Text = '<%# Eval("UserName") %

```
                >'/>
            </ItemTemplate>
        </asp:TemplateField>
        <asp:TemplateField HeaderText="姓名">
            <EditItemTemplate>
                <asp:TextBox ID="txtXinMin" runat="server" Text='<%# Bind("XinMin") %>'/>
            </EditItemTemplate>
            <ItemTemplate>
                <asp:HyperLink ID="HyperLink2" runat="server" NavigateUrl='<%# Eval("UserId","ShowShopUserById.aspx?UserId={0}") %>' Text='<%# Eval("XinMin") %>'/>
            </ItemTemplate>
        </asp:TemplateField>
        <asp:TemplateField HeaderText="性别">
            <EditItemTemplate>
                <asp:RadioButtonList ID="rblSex" runat="server" RepeatDirection="Horizontal"
                    SelectedValue='<%# Bind("Sex") %>'>
                    <asp:ListItem Value="True">男</asp:ListItem>
                    <asp:ListItem Value="False">女</asp:ListItem>
                </asp:RadioButtonList>
            </EditItemTemplate>
            <ItemTemplate>
                <asp:Label runat="server" Text='<%# Eval("Sex").ToString()=="True"?"男":"女" %>'/>
            </ItemTemplate>
            ……
    </asp:GridView>
```

(2)事件的编写。

A. 网页加载事件。

网页加载事件,在首次加载时实现对 GridView 的数据绑定。

```
private ShopUserBLL oShopUserBLL = new ShopUserBLL();
protected void Page_Load(object sender, EventArgs e)
{
    if (!IsPostBack)
    {
        DataBindToGridView();
    }
}
```

B. 自定义方法。

定义此方法,实现获取数据并绑定到 GridView。

```csharp
private void DataBindToGridView()
{
    string[] UserKey = { "UserId" }; //GridView设置主键,主键必须是数组,与Datalist不同
    this.GridView1.DataSource = oShopUserBLL.User_GetListByWhere("");
    this.GridView1.DataKeyNames = UserKey; //设置GridView主键名,便于从主键集取主键
    this.GridView1.DataBind();
}
```

C. GridView"编辑"事件。

单击GridView中编辑按钮,使当前行进入编辑状态。

```csharp
protected void GridView1_RowEditing(object sender, GridViewEditEventArgs e)
{
    this.GridView1.EditIndex = e.NewEditIndex; //设置编辑行索引就进入编辑状态了
    DataBindToGridView();
}
```

D. GridView"取消"事件。

单击GridView中取消按钮,使当前行退出编辑状态。

```csharp
protected void GridView1_RowCancelingEdit(object sender, GridViewCancelEditEventArgs e)
{
    this.GridView1.EditIndex = -1; //设编辑索引为-1就退出编辑状态
    DataBindToGridView();
}
```

E. GridView"删除"事件。

此事件关键是取出主键,按主键删除数据库记录。

```csharp
protected void GridView1_RowDeleting(object sender, GridViewDeleteEventArgs e)
{
    //int UserId = Convert.ToInt32(this.GridView1.DataKeys[e.RowIndex].Value);
    int UserId = Convert.ToInt32(((LinkButton)(this.GridView1.Rows[e.RowIndex].FindControl("lbnDelete"))).CommandArgument); //上面这两行选哪一种都可以取出主键UserId
    int result = oShopUserBLL.User_DeleteById(UserId);
    if (result > 0)
        Response.Write("<script>alert('删除成功!')</script>");
    else
        Response.Write("<script>alert('删除失败!')</script>");
    DataBindToGridView();
}
```

F. GridView"更新"事件。

此事件关键是用查找方式找到行中各子控件,并取出子控件值。

```csharp
protected void GridView1_RowUpdating(object sender, GridViewUpdateEventArgs e)
{
    ShopUserModel objUser = new ShopUserModel();
    objUser.UserId = Convert.ToInt32(((Label)GridView1.Rows[e.RowIndex].FindControl
```

("lblUserId")).Text);
            //objUser.UserId = Convert.ToInt32(this.GridView1.DataKeys[e.RowIndex].Value);
            //objUser.UserId = Convert.ToInt32(((LinkButton)(this.GridView1.Rows[e.RowIndex].FindControl("lbnDelete"))).CommandArgument);
            //上面这三行选哪一种都可以取出主键 UserId
            objUser.XinMin = ((TextBox)GridView1.Rows[e.RowIndex].FindControl("txtXinMin")).Text;
             objUser.Sex = Convert.ToBoolean((GridView1.Rows[e.RowIndex].FindControl("rblSex") as RadioButtonList).SelectedValue);   //as 是控件的类型转换
            objUser.Birthday = Convert.ToDateTime((GridView1.Rows[e.RowIndex].FindControl("txtBirthday")as TextBox).Text);
            objUser.Email = (GridView1.Rows[e.RowIndex].FindControl("txtEmail") as TextBox).Text;
            oShopUserBLL.User_UpdatePartById(objUser);
            this.GridView1.EditIndex = -1;//更新完成后退出编辑状态
            DataBindToGridView();
        }

上面代码中获取主键值，如果主键是单字段，可以用 this.GridView1.DataKeys[e.RowIndex].Value 获取当前行的主键值，如果主键是由多字段构成的，需要怎么处理呢？

假如由学号(Sno)、课程号(Cno)"构成主键的，分别获取当前行主键中的学号和课程号部分，相关代码是这样的：

    this.GridView1.DataKeyNames = new string[] { "Sno","Cno" }; //设置主键的代码
    DataKey datakey = GridView1.DataKeys[e.RowIndex];   //获取当前行主键字段
    stringSno = datakey["Sno"].ToString();   //取这个主键中的学号部分
    stringCno = datakey["Cno"].ToString();   //取这个主键中的课程号部分

后两行也可用这种等价形式：

    stringSno = this.GridView1.DataKeys[e.RowIndex].Values["Sno"].ToString();
    stringCno = this.GridView1.DataKeys[e.RowIndex].Values["Cno"].ToString();

6.4.6 技能训练：数据列表信息的批量删除

GridView 是由多个行组成的，它的每个行是 GridViewRow 对象，所有的行构成 GridViewRowCollection 对象。而 GridViewRow 是由一个个单元格组成的，GridView 中单元格的类型是 TableCell，GridView 的所有单元格，构成 TableCellCollection 对象。

GridView 的 GridViewRow 是一个集合，可以通过 GridView1.Rows[index]获得一个 GridViewRow 对象。同样，GridViewRow 中的单元格也是一个集合，可以通过 GridViewRow.Cell[index].Text 的方法获取指定单元格的值。

上面这些内容在下面的两个例子中用到。

【训练 6-5】 从 ShopUser 数据表中读取顾客信息到泛型数组中，然后在 GridView 控件中显示，带有光棒效应，效果如图 6-17 所示。性别为"女"的全部显示红色。单击标题行左侧的"全选"可以选中数据行中所有的复选框，单击下方的"删除"，并进行确认

后，可以把当前页中所有选中的数据行记录删除。出生日期以文本框形式显示，可以直接修改，修改后不论是否选中前面的复选框，单击“保存”都可以把修改过的出生日期写入数据库中。

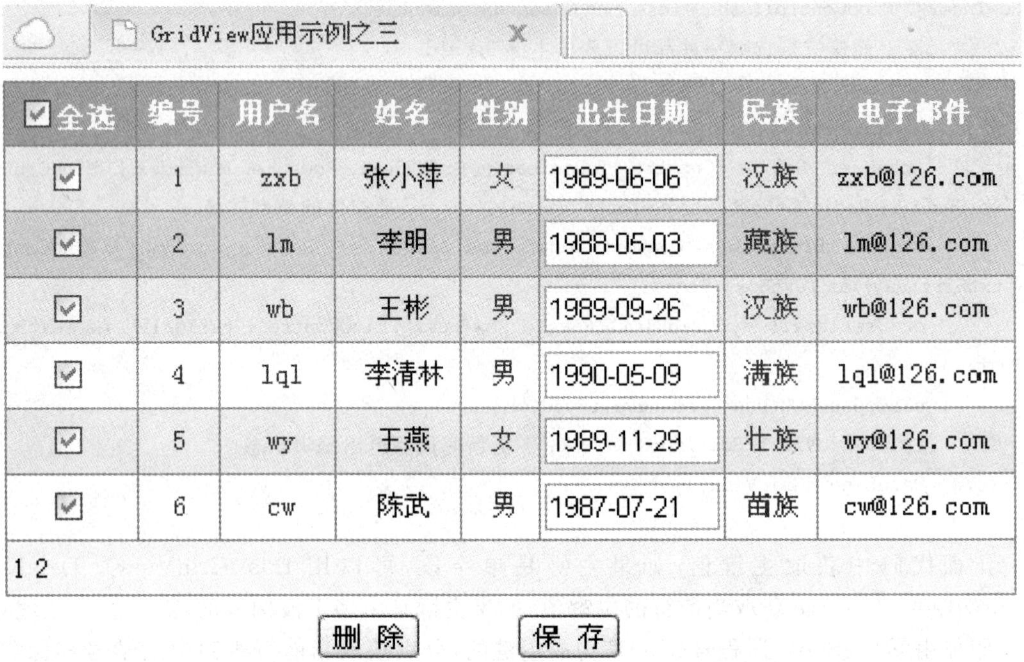

全选	编号	用户名	姓名	性别	出生日期	民族	电子邮件
☑	1	zxb	张小萍	女	1989-06-06	汉族	zxb@126.com
☑	2	lm	李明	男	1988-05-03	藏族	lm@126.com
☑	3	wb	王彬	男	1989-09-26	汉族	wb@126.com
☑	4	lql	李清林	男	1990-05-09	满族	lql@126.com
☑	5	wy	王燕	女	1989-11-29	壮族	wy@126.com
☑	6	cw	陈武	男	1987-07-21	苗族	cw@126.com

图 6-17　GridView 控件应用之三

实施步骤：

(1)页面布局及控件设置。

向网页中添加 GridView 控件，在后台为它绑定数据源，除“全选”和“出生日期”列之外其他的列的设计与技能训练 6-4 类似，不再叙述，仅阐述这两列的设计。

“全选”列的设计：

首先利用“编辑列”菜单，添加一个空白模板列，进入此列的模板，在其头模板 HeaderTemplate 中，插入一个 CheckBox 控件，并设定它的“AutoPostBack”属性为“True”，然后为这个“全选”按钮编写单击事件。在其项模板 ItemTemplate 中，也插入一个 CheckBox 控件，分别设定它们的 ID，如图 6-18 所示。

“出生日期”列的设计：首先利用“编辑列”菜单，添加一个空白模板列，设定其标题 HeadText，进入此列的模板，在其项模板中，也插入一个文本框控件，命名其 ID 为“txtBirthday”，并双向绑定数据为“Bind("Birthday", "{0:yyyy－MM－dd}")”，之所以在绑定数据上加格式字符串，是确定它以此种格式等宽显示，如图 6-19 所示，并配置好成为 JS 日期控件。

第6章 数据绑定控件

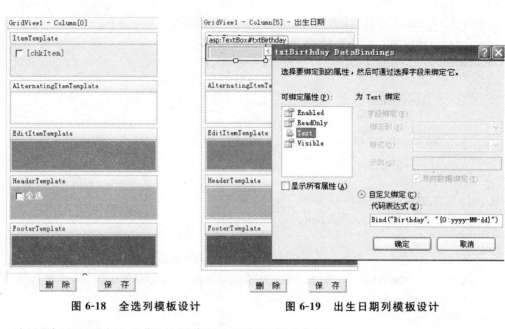

图 6-18　全选列模板设计　　　图 6-19　出生日期列模板设计

涉及"全选"和"出生日期"的源代码主要标记部分如下：

```
<asp:GridView ID = "GridView1" runat = "server" ……>
    <Columns>
        <asp:TemplateField>
            <HeaderTemplate>
                <asp:CheckBox ID = "chkAll" runat = "server" AutoPostBack = "True" Text = "全选"
                oncheckedchanged = "chkAll_CheckedChanged" />
            </HeaderTemplate>
            <ItemTemplate>
                <asp:CheckBox ID = "chkItem" runat = "server" />
            </ItemTemplate>
        </asp:TemplateField>
        <asp:TemplateField HeaderText = "出生日期">
            <ItemTemplate>
                <asp:TextBox ID = "txtBirthday" runat = "server" Text = '<% # Bind("Birthday","{0:yyyy - MM - dd}") %>' Width = "80px" onFocus = "WdatePicker()"></asp:TextBox>
            </ItemTemplate>
        </asp:TemplateField>
        ……
    </Columns>
</asp:GridView>
```

（2）事件的编写。

A. 网页加载事件 Page_Load。

该事件在网页首次加载时,实现对 GridView 的数据绑定,代码如下:

```
private ShopUserBLL oShopUserBLL = new ShopUserBLL();
protected void Page_Load(object sender, EventArgs e)
{
    if (! IsPostBack)
    {
        DataBindToGridView();
    }
}
```

B. 自定义方法。

```
private void DataBindToGridView()
{
    this.GridView1.DataSource = oShopUserBLL.User_GetListByWhere("");
    this.GridView1.DataKeyNames = new string[]{"UserId"};//设置 GridView 主键名
    this.GridView1.DataBind();
}
```

C. 利用 RowDataBound 事件制作光棒效应。

此事件在绑定每一行数据时都发生,这个事件中,为各数据行设置光棒效果,并把性别"女"显示为红色。

```
protected void GridView1_RowDataBound(object sender, GridViewRowEventArgs e)
{
    if (e.Row.RowType == DataControlRowType.DataRow)
    {
        e.Row.Attributes.Add("onmouseover", "c = this.style.backgroundColor;this.style.backgroundColor = 'LightBlue';");
        e.Row.Attributes.Add("onmouseout", "this.style.backgroundColor = c;");
        stringstrSex = (e.Row.FindControl("lblSex") as Label).Text;
        Label sex = e.Row.FindControl("lblSex") as Label ;  //查找性别标签
        if (sex.Text == "女")
        {
            sex.ForeColor = System.Drawing.Color.Red;//把性别为女的前景色改为红色
        }
    }
}
```

D. "全选"按钮的事件。

"全选"按钮要设置为自动回传,使事件能得到立即响应。

```
protected void chkAll_CheckedChanged(object sender, EventArgs e)
{
    CheckBox chkSelectAll = (CheckBox)(GridView1.HeaderRow.FindControl("chkAll"));
    for (int i = 0; i <= GridView1.Rows.Count - 1; i++)
    {
```

```
            CheckBox cbox = (CheckBox)(GridView1.Rows[i].FindControl("chkItem"));
            if (chkSelectAll.Checked == true)
                cbox.Checked = true;
            else
                cbox.Checked = false;
        }
    }
```

E. "删除"按钮事件。

在批量选择数据行的复选按钮后，能实现对选中数据行的批量删除。

```
    protected void btnDeleteAll_Click(object sender, EventArgs e)
    {
        System.Text.StringBuilder query = new System.Text.StringBuilder();
        for (int i = 0; i <= GridView1.Rows.Count - 1; i++)
        {
            CheckBox cbox = (CheckBox)GridView1.Rows[i].FindControl("chkItem");
            if (cbox.Checked == true)
            {
                string UserId = GridView1.DataKeys[i].Value.ToString();
                query.Append("delete from ShopUser where UserId=" + UserId);
                query.Append(";");    //SQL Server中用分号把一行中的若干命令分隔
            }
        }
        int result = oShopUserBLL.User_ExecCommandsByTran(sqltexts.ToString());
        if (result > 0)
        {
            Response.Write("<script>alert('删除成功！')</script>");
            DataBindToGridView();
        }
    }
```

看过上面代码中"for"后，可能大家有顾虑，认为当单击"全选"时，除了当前页被全选外，是否其他未被看见的页中记录也被全选，这样，不就有太多的记录被删除，用户控制不了吗？不用担心，看不见的页中内容不会在服务器与客户端来回传输，选不中的。

F. "保存"按钮事件。

下面是"保存"按钮的事件，能实现批量保存。这里批量改出生日期意义不大，但比如在学生成绩管理系统中，教师录入成绩就是这种批量录入后保存的。

```
    protected void btnSaveAll_Click(object sender, EventArgs e)
    {
        System.Text.StringBuilder query = new System.Text.StringBuilder();
        foreach (GridViewRow gvr in GridView1.Rows)
        {
            string UserId = gvr.Cells[1].Text;
```

```
            string birthday = ((TextBox)gvr.FindControl("txtBirthday")).Text;
            query.Append("update ShopUser set Birthday = '" + birthday + "' where UserId = " + UserId);
            query.Append(";");
        }
        int result = oShopUserBLL.User_ExecCommandsByTran(sqltexts.ToString());
        if (result > 0)
        {
            Response.Write("<script>alert('更新成功!')</script>");
            DataBindToGridView();
        }
    }
```

习题 6

1. 什么是数据绑定,实现控件的属性与数据进行绑定的基本格式是什么,如何实现单值数据的绑定,如何实现对数据源中数据的绑定,数据绑定函数 Eval()和 Bind()有何区别,分别设计页面进行测试,并浏览绑定后的效果,并掌握常用格式说明符的功能。

2. Repeater 控件支持哪几种模板,各模板的功能是什么,设计页面,用 Repeater 控件显示图书表"Book"中的图书编号 BookId,图书名称 BookName,作者 Author,书号 ISBN,译者 Translator,出版社 Publisher,出版日期 PublishDate,价格 Price,折扣 Discount,库存量 Amount,是否有货 Status 等字段,要求有头模板、脚模板和交替项模板,并对"图书名称"列建立超链接,日期要进行格式化处理。

3. 利用 DataList 控件设计一个图书显示页面,如图 6-20,把 Book 图书表图书信息显示出来,要求分页显示,每页显示 6 条记录,其中"图书封面"图片和"图书名称"是超链接,单击后跳转到"ShowBookDetailByBookId.aspx"页面,并通过 URL 传入参数"BookId"。单击"购买"按钮能捕捉图书编号,并把图书编号以消息框的形式弹出。

图 6-20 用 DataList 设计图书信息展示

4. GridView 控件支持哪几种模板，各模板的功能是什么。用 GridView 控件实现第 2 题中效果。

5. 用 GridView 控件设计如图 6-21 的分面信息显示页面，其中"图书"名称是超链接列，单击跳转到显示图书信息详情页面，单击"编辑"按钮，跳转到"ModifyBookByBookId.aspx"页面，对图书信息进行修改。

图书名称	作者	ISBN	出版社	出版日期	价格	
第一行代码 — Android	郭霖	9787115362865	人民邮电出版社	2014-07-24	￥77.00	编辑
Android技术内幕	杨丰盛	9787111337270	机械工业出版社	2014-02-10	￥69.00	编辑
Android应用开发揭秘	杨丰盛	7113067913	机械工业出版社	2010-02-10	￥69.00	编辑
C#2005数据库编程经典教程	卡尔	978711515894	人民邮电出版社	2010-11-09	￥45.00	编辑
XML网页设计应用基础教程	黄泳瑜	7113067913	中国铁道出版社	2008-06-05	￥36.00	编辑
大学生英语学习词典	黄兴永	7811020939	东北大学出版社	2008-09-09	￥25.00	编辑
全国大学生英语竞赛真题集	蔺华国	7111140680	机械工业出版社	2010-06-08	￥34.00	编辑
信息论与编码技术	冯桂等	97873021465	清华大学出版社	2007-06-04	￥43.00	编辑

1 2 3 4

图 6-21 图书信息列表

第 7 章
Ajax 异步刷新技术

本章工作任务
- 应用 Ajax 技术重构前台母版
- 应用 Ajax 技术在异步刷新环境下注册顾客信息

本章知识目标
- 理解异步刷新技术工作原理
- 掌握 ASP.NET Ajax 掌握组件的用法

本章技能目标
- 应用 Ajax 组件对页面进行合理划分
- 合理设置 Ajax 组件属性实现页面的异步刷新

本章重点难点
- Ajax 更新面板控件及其嵌套使用
- Ajax 环境下消息框的弹出

在 Ajax 技术之前，Web 应用程序采用的是同步的数据传输方式，浏览器与服务器端的交互是以整个页面为单位向服务器提交，并把结果以整页为单位传回客户端。即使浏览器与服务器进行交互时只需交互页面的一小部分内容，也要以整个页面为单位往返传输，无形中，这个过程加大了服务器的工作量，迟长了用户的等待时间，提供了糟糕的用户体验。

Ajax 的出现提供了异步的数据传输方式，客户端异步提交请求，在服务器端进行一系列计算，然后把页面中发生变化的部分发送回浏览器端并呈现出来，这种局部刷新使得 Web 应用程序的用户体验得到了极大的改善。

ASP.NET Ajax 是微软公司为 ASP.NET 程序提供的 Ajax 扩充，它包括了许多控件，其中基础控件主要有脚本管理器 ScriptManager、脚本管理器代理 ScriptManagerProxy、Ajax 化的 Panel 控件 UpdatePanel、加载提示控件 UpdateProgress 及定时器 Timer 等。

本章节将对这 5 个基础控件及其属性、方法进行介绍；然后结合各基础控件来进行实例开发，并结合实例进行相应的介绍。

7.1 Ajax 概述

什么是 Ajax？

Ajax 是一种在无需重新加载整个网页的情况下，能够更新部分网页的技术，它可以减少数据传输量，提高用户体验，采用的是异步传输技术。

Ajax 是 Asynchronous JavaScript And XML（异步的 JavaScript 与 XML）的缩写，它是几种原有技术的新组合，其中 XMLHttpRequest 技术是其核心，Ajax 包含如下：

> 使用 HTML/XHTML 和 CSS 进行标准化表示呈现。
> 使用 XML 进行数据的交换和处理。
> 使用 DOM（Document Object Model）进行动态显示和交互。
> 使用 XMLHttpRequest 与服务器进行异步通信。
> 使用 JavaScript 处理数据。

Ajax 是一种用于创建快速动态异步网页的技术。通过在后台与服务器进行少量数据交换，Ajax 可以使网页实现异步更新。这意味着可以在不重新加载整个网页的情况下，对网页的某部分进行更新。

传统的网页（不使用 Ajax），采用的是同步工作方式，采用"请求—等待—请求—等待"的模式，所以必需重载整个网页面。

使用 Ajax 的网页，采用的是异步的工作方式，是利用 XMLHttpRequest 对象并借助 XML 将数据以异步方式回传并响应服务器处理的结果。它是对浏览器端的 JavaScript、DHTML 和服务器异步通信技术的组合，它可以使 Web 应用程序响应灵敏，提升用户的浏览体验。在 Ajax 中，最重要的就是 XMLHttpRequest 对象，XMLHttpRequest 对象是 JavaScript 对象，正是 XMLHttpRequest 对象实现了在服务器和浏览器之间的异步通信。

下面看看 Ajax 的工作原理。

传统网页的运行模式为如图 7-1 所示同步工作方式，采用的是"请求—等待—请求—等待"的模式，所以必需重载整个网页面，响应速度慢。

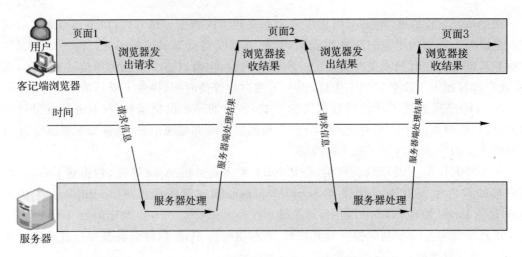

图 7-1 传统网页的同步工作方式

使用 Ajax 的网页异步运行模式如图 7-2 所示,不需要页面的整体重载,提高响应速度。

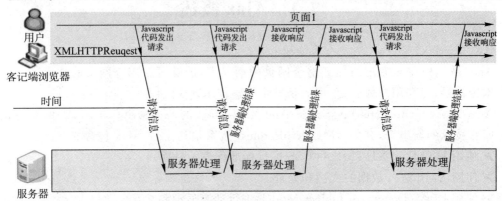

图 7-2 使用 Ajax 技术的网页的异步工作方式

Ajax 的工作原理相当于在用户和服务器之间加了一个中间层(Ajax 层),Ajax 改变了传统 Web 中客户端和服务器的"请求—等待—请求—等待"的模式,通过使用 Ajax 向服务器异步发送用户的请求和异步接收服务器的响应,从而不会产生页面的整体刷新。同时还把一些服务器负担的工作转加到客户端,利用客户端闲置的处理能力来处理,减轻了服务器的工作量,提高了响应速度。

Ajax 实际的工作方式是:当用户填写表单并提交时,数据先发送给 JavaScript 而不是直接发送给服务器,然后,由 JavaScript 代码通过 Ajax 异步引擎处理表单数据并向服务器发送请求,当服务器处理结束后,服务器发出的响应被 Ajax 引擎接收,调用回调函数操作 DOM 控制页面的输出或更新显示。Ajax 引擎 XMLHttpRequest 是在浏览器中工作的。这种异步工作的结果是,用户浏览器网页上的表单不会闪烁、消失或延迟,而只会更新特定区域。由于请求是异步发送的,所以用户不用等待服务器的响应,可以继续输入数据、滚动屏幕或其他任何操作。这使得数据交互过程变得非常自然,用户甚至不知道浏览器正在与服务器通信,从而使 Web 站点看起来是即时响应的。

有很多使用 Ajax 的应用程序案例,最典型最熟悉的当数"Google Suggest"和"Google

Maps"等应用。XMLHttpRequest 是微软公司在 IE5.0 中首先应用的技术,它可以异步刷新部分页面,但这一技术并没有大量推广应用,直到 2005 年,Google 公司通过其 Google Suggest 和 Google Maps 使 Ajax 变得流行起来。Ajax 是 Web 2.0 的重要标准之一。图 7-3 就是当在 Google 搜索框中输入"飞"后,Google Suggest 的建议列表。

图 7-3　Google Suggest 建议列表

"Google Suggest"使用 Ajax 创造出动态性极强的 Web 界面。当你在谷歌的搜索框输入关键字时,首先会激发文本框事件(HTML DOM 元素事件)的响应,然后该事件会激发 JavaScript 程序执行去访问服务器,JavaScript 本身没有支持和服务器端通信的机制,它需要使用 XMLHttpRequest 对象和服务器端交互。这里 XMLHttpRequest 实际上起了两个作用:一是向服务器端发送用户输入的"字符"数据,二是从服务器端接收返回数据(以该字符开头的所有关键词)。最后,JavaScript 使用返回数据生成新的文档元素,显示一个搜索建议列表供你选择,文档元素的显示样式是使用 CSS 技术实现的。无论是服务器端返回的数据,还是发送给服务器端的数据,必定以某种数据格式为载体,XML 就是服务器端和客户端进行交互的数据格式。

再看看"Google Maps",在 Google 地图中,用你的鼠标拖动和滚动,可以放大和缩小地图。这些动作几乎是立即响应的,不用等待页面刷新,因为这些请求和回传都是异步进行的,所以没有延迟。

Ajax Web 应用模型的优点是无需进行整个页面的回发就能够进行局部的更新,能够尽快响应用户的要求。但是 Ajax 需要用户允许 JavaScript 在浏览器上执行,如果用户不允许 JavaScript 在浏览器上执行,则 Ajax 可能无法运行。目前大多数浏览器都能够支持 Ajax。

Ajax 的不足之处。

尽管 Ajax 带来了种种好处,但任何事件都有两面性,Ajax 也存在以下几点问题。

(1)安全性。采用 Ajax 后,有很多服务器端方法被暴露在客户端,安全性下降。原因是它要使用 JavaScript,而 JavaScript 是暴露在客户端的。

(2)复杂性。开发 Ajax 代码比编写服务器代码复杂,容易出错,涉及的知识也比较多。而 JavaScript 语法太宽松,是弱数据类型,没有编译器检查语法。

JavaScript 属于解释型语言,这就表示每句代码只有在运行时,系统才知道这句代码是否有错。换句话说,由于编译型语言在运行前进行了编译,编译器对所有代码都进行了检查,这样就不会产生一些低级错误,例如使用了不存在的名字,或者使用了错误的名字,或者变量无值。而 JavaScript 就可能会出现这些问题。目前的大部分工具,对 JavaScript 脚本语言的调试都支持得不是很好,这主要是由语言性质决定的。

虽然在编写简单脚本的时候,这并不是什么大问题,但随着 Web 应用不断变化的需求,编写大量脚本是不可避免的,这就需要开发者更细心、更专心地对待这些脚本了,无怪乎很多人说 JavaScript 比 Java 难很多。

好在现在 Ajax 出现了很多框架,开发人员是在 Ajax 框架之上进行开发,复杂性大大降低,比如本章所学的 Asp.net Ajax 框架。

(3)不利于搜索引擎搜索。由于大量的内容是通过 JavaScript 来更新和处理的,这样一来很多页面呈现的内容不能再用"查看源代码"方式来查看,不利于搜索引擎搜索。

(4)冗余。由于是富客户端,多数框架都把 JavaScript 方法封装到 js 文件中,即使用户可能只用到其中一小部分,加载页面时也要一次性下载好,因而加重了下载时的负担,增加了下载的时间。

7.2 ASP.NET Ajax 框架

掌握了 Ajax 的工作原理及其核心,可以进行异步开发。但是这些代码令你感到烦琐,幸运的是,随着 Ajax 的发展,现在出现了很多的 Ajax 框架,它们均对这些核心代码进行了封装,开发者只需要写一行或几行代码,就可以完成整个请求回调过程了。目前比较流行的 Ajax 框架有:ASP.NET Ajax 框架、jQuery 等。

ASP.NET Ajax 是微软为了简化无刷新技术而推出的一个可视化 Ajax 框架,它整合了 Ajax 相关技术,并与 ASP.NET 无缝对接,借助 VS 开发环境,令开发者不需要太多关注 JavaScript 和 Ajax 相关技术,就可以方便自然的享用 Ajax 突出的特性来改善 Web 应用系统的用户体验和效能。

ASP.NET Ajax 有两个部分,一个部分是客户端框架,另一部分是服务器端框架。客户端框架只处理客户端对服务器端发出的异步通信请求,服务器端框架处理客户端请求。

ASP.NET Ajax 框架包括核心组件、Ajax 控件工具包(AjaxControlsToolkit)、Ajax CTP 增值组件、Ajax Library 类库,如图 7-4 所示。

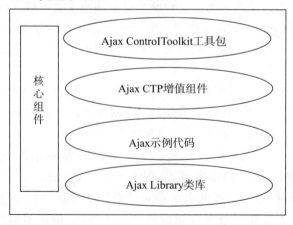

图 7-4　ASP.NET Ajax 框架的组成

第7章　Ajax异步刷新技术

ASP.NET Ajax 框架的核心组件是一组服务器端控件，主要有 ScriptManager、ScriptManagerProxy、UpdateProgress 和 UpdatePanel 和 Timer 等 5 个服务器端框架控件，通过这些控件，就可以实现 Ajax 程序。核心组件是 ASP.NET Ajax 应用程序的核心，它们提供全局脚本控制、异步获取数据，实现页面的局部刷新。

Ajax CTP 增值组件是一些还未被核心组件完全支持的组件，是由开发爱好者开发的开放源代码，运行稳定后，可能被加到新版本的 Ajax 中。

Ajax 控件工具包（AjaxControlsToolkit），是一个 Ajax 服务器端控件程序包，它包含了几十个 Ajax 功能的自定义控件，这些控件大多具有个性化外观及特殊的应用价值，但它们不是开发 ASP.NET Ajax 应用程序所必需的，它们以第三方控件的形式提供出来，如果开发人员需要使用它们，可以把这个程序包的 dll 文件引用到应用程序中，加入到工具箱中。

1. ASP.NET Ajax 核心组件

ASP.NET Ajax 核心组件是一组服务器端技术，它包括一组 Ajax 服务器端控件。核心组件是整个 ASP.NET Ajax 应用程序的心脏，它提供诸如全局脚本控制，异步获取数据功能，并提供页面某一部分局部更新，还可以使用定时器实现任务的自动执行。如图 7-5 所示，ASP.NET Ajax 核心组件包括以下几个。

图 7-5　ASP.NET Ajax 核心组件

（1）ScriptManager。

它控制着和客户端 Ajax 脚本的联系，通过它可以在 Web 页面中注册 Ajax 类库，还可以实现页面对 Web 服务的调用。

（2）ScriptManagerProxy。

在 ASP.NET Ajax 中，一个页面中只能使用一个 ScriptManager。但有时候需要在一个页面中使用多次 ScriptManager，比如在一个母版页面中使用了 ScriptManager，在某个内容页还需要使用 ScriptManager，引用另外的脚本文件就会存在问题，这时候内容页面可以使用 ScriptManagerProxy。

(3) UpdatePanel。

它是实现局部更新的关键控件,相当于一个 Panel,在此 Panel 内的控件会被刷新,而此 Panel 外的控件不会被刷新。

(4) UpdateProgress。

用作更新过程的提示,可以起到进度条的作用。

(5) Timer。

通过该控件,可以定义间隔一段时间自动执行一段代码,结合 UpdatePanel 控件,可以实现定时局部更新效果。

2. Ajax Library 类库

它是一个纯客户端的 JavaScript 库,能够与所有的常用浏览器,包括最新的 IE8、Firefox、Google Chrome、Apple Safari 以及 Opera 等兼容。你可以用它来建立在 Web 浏览器中高度响应的 Ajax 应用程序。由于该脚本库是独立于服务器端程序的,还可以在其他服务器端技术中使用它,比如 JSP,PHP 等。

3. Ajax 示例代码

微软向来都会为其技术应用提供良好的文档帮助,示例代码就是一种帮助形式,他是开发人员学习 ASP.NET Ajax 框架的一条捷径。

4. Ajax CTP 增值组件

CTP 全称是 Community Technology Preview,表示还未被核心组件完全支持的一些特性,这些特性通过开发爱好者的共同努力,运行稳定后,有可能增加到新版本的 Ajax 中,也可能提供开放源代码,供开发者使用或扩张。

5. Ajax ControlToolKit

Ajax ControlToolKit 是一个 Ajax 服务器端控件程序包。实际上它包含了数十个具有 Ajax 功能的自定义控件,这些控件大多具有个性化外观及特殊的应用价值。但它们不是开发 ASP.NET Ajax 应用必需的,以第三方控件的形式提供,如果开发人员需要用到该控件的功能,可以随时把该程序包的 dll 文件添加到应用程序中,然后使用。

如今,Ajax ControlToolKit 作为 www.codeplex.com 上得一个开源项目,一直在持续更新中,控件的个数和功能都在不断地增长。

在 ASP.NET 3.5 之前,ASP.NET 并不是原生的支持 Ajax 应用,而在 ASP.NET 4.0 中,Ajax 已经成为.NET 框架的原生功能。创建 ASP.NET 4.0 Web 应用程序就能够直接使用 Ajax 功能,可以直接拖动 Ajax 控件进行 Ajax 开发。Ajax 能够同普通控件一同使用,实现 ASP.NET 4.0 Ajax 中页面无刷新功能。

7.3 ASP.NET Ajax 常用组件

7.3.1 Ajax 脚本管理器控件

在 ASP.NET 4.0 当中,系统提供了 Ajax 控件以便开发人员能够在 ASP.NET 4.0 中进行 Ajax 应用程序开发,通过使用 Ajax 控件能够减少大量的代码开发,为开发人员提供了 Ajax 应用程序搭建和应用的绝佳环境。

ScriptManager 称为全局脚本控制器,它是 ASP.NET Ajax 框架的核心,它管理页面上所有的 ASP.NET Ajax 控件,通过使用 ScriptManager 能够进行整个页面的局部更新的管理。它在 Web 页面中注册 Ajax 类库,为客户端提供 Ajax 类库核心脚本,实现局部页面更新,处理客户端请求和服务器响应等。

ScriptManager 控件负责管理页面上使用的 JavaScript 库,并在服务器和客户机之间来回传递消息,以进行页面局部的呈现过程。

使用 Ajax 控件的页面中必须有且只能有一个 ScriptManager 控件,并且要放在其他 ASP.NET Ajax 控件的前面。创建一个 ScriptManager 控件后系统自动生成 HTML 代码,示例代码如下所示。

<asp:ScriptManager ID="ScriptManager1" runat="server">
</asp:ScriptManager>

ScriptManager 控件实现整个页面的局部更新管理,在 Ajax 应用中,ScriptManager 控件基本不需要配置就能够使用。ScriptManager 控件需要同其他 Ajax 控件搭配使用,ScriptManager 控件就相当于一个总指挥官,这个总指挥官只是进行指挥,而不进行实际的操作。

【例 7-1】 在页面上首先添加一个 ScriptManager 控件,接着放置三个 div,设置好 margin、padding 和 border 属性值,向第一和第二个 div 中添加 Ajax 更新面板控件 UpdatePanel,设置这两个 UpdatePanel 更新面板的更新模式 UpdateMode 属性值都是 "Conditional"。向两个更新面板中分别添加文字、标签和按钮。并编写页面的加载事件和两个按钮的单击事件,事件代码都是在两个标签上显示当前电脑的日期和时间,运行效果如图 7-6 所示。另外,如果把这两个 UpdatePanel 更新面板的更新模式 UpdateMode 属性值都设为"Always",或者一个设为"Conditional",另一个设为"Always",请观察运行时的刷新效果。

ScriptManager 控件在页面中相当于指挥的功能,如果需要使用 Ajax 的其他控件,就必须使用 ScriptManager 控件,并且页面中只能包含一个 ScriptManager 控件。

生成的 HTML 代码如下。

```
<body style="font-size:13px;">
    <form id="form1" runat="server">
    <div>
        <asp:ScriptManager ID="ScriptManager1" runat="server">
        </asp:ScriptManager>
        <div style="margin:15px;border:solid 1px #ccc;padding:10px;width:360px;">
            <asp:UpdatePanel ID="UpdatePanel1" runat="server" UpdateMode="Conditional">
                <ContentTemplate>
                    A更新面板当前时间:<asp:Label ID="lblDateTime1" runat="server" Text="Label"></asp:Label>   
                    <asp:Button ID="btnFreshOne" runat="server" onclick="
```

```
btnFreshOne_Click" Text = "刷新" />
                </ContentTemplate>
            </asp:UpdatePanel>
        </div>
            <div style = "margin: 15px; border: solid 1px #ccc; padding: 10px; width: 360px;">
                <asp:UpdatePanel ID = "UpdatePanel2" runat = "server" UpdateMode = "Conditional">
                    <ContentTemplate>
                        B更新面板当前时间:<asp:Label ID = "lblDateTime2" runat = "server" Text = "Label"></asp:Label>   
                        <asp:Button ID = "btnFreshTwo" runat = "server" onclick = "btnFreshTwo_Click" Text = "刷新" />
                </ContentTemplate>
            </asp:UpdatePanel>
        </div>
            <div style = "margin: 15px; border: solid 1px #ccc; padding: 10px; width: 360px;">
                调整ScriptManager的位置或者增加其个数怎么样?
            </div>
        </div>
    </form>
</body>
```

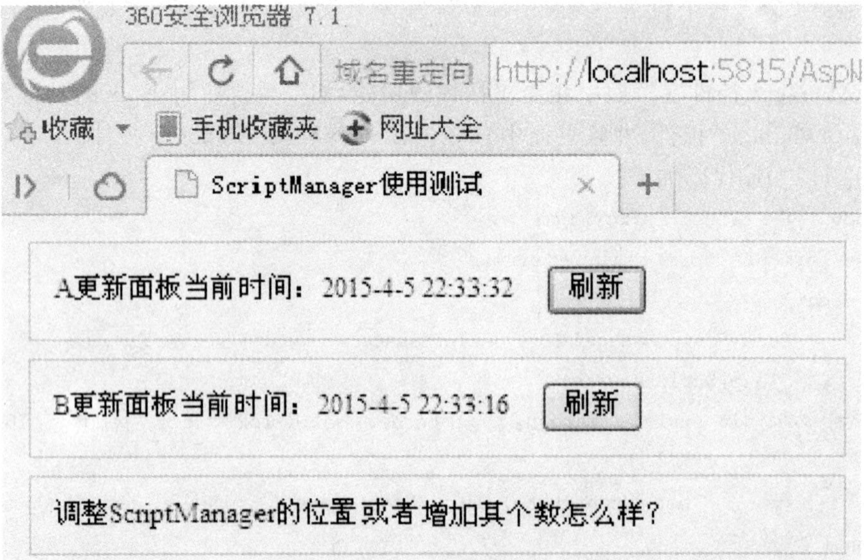

图 7-6　ScriptManager 使用测试

各事件代码为:
```
protected void Page_Load(object sender, EventArgs e)
```

```
    {
        if (! IsPostBack)
        {
            lblDateTime1.Text = DateTime.Now.ToString();
            lblDateTime2.Text = DateTime.Now.ToString();
        }
    }
    protected void btnFreshOne_Click(object sender, EventArgs e)
    {
        lblDateTime1.Text = DateTime.Now.ToString();
        lblDateTime2.Text = DateTime.Now.ToString();
    }
    protected void btnFreshTwo_Click(object sender, EventArgs e)
    {
        lblDateTime1.Text = DateTime.Now.ToString();
        lblDateTime2.Text = DateTime.Now.ToString();
    }
```

从这个页面运行效果图上，看到后退按钮的颜色是灰色的，单击相应的按钮，只是本更新面板内的日期时间发生更新，另一个更新面板上的日期时间没有变化，可以知道页面实现了是局部异步刷新。

增加页面上 ScriptManager 的个数，或者把它的位置放到 UpdatePanel 更新面板之后，运行页面，都会出现异常。

由此可知：使用 ScriptManager 的注意事项。

（1）每个页面必须且只能有一个 ScriptManager。

（2）ScriptManager 必须放在其他 Ajax 控件的前面。

那么，如果使用了母版创建 asp.net 页面，ScriptManager 怎么使用呢？

如果使用母版创建页面，一般是在母版中添加一个 ScriptManager，并且一般尽量放在母版页面的前部，这个 ScriptManager 可以供所有使用的母版页的内容页使用。利用母版创建的内容页中，不需要再添加 ScriptManager 控件。

7.3.2 更新块面板控件

UpdatePanel 控件是 ASP.NET Ajax 框架实现局部更新的核心控件，局部异步刷新就是以它为单位进行的。利用 UpdatePanel 控件，几乎不用编写任何客户端脚本，仅仅需要把需要更新的部分放到 UpdatePanel 控件中，就可以实现页面的局部更新。

一个游离在 UpdatePanel 之外的回送控件，会触发页面的整体同步回送刷新。要给 ASP.NET 应用程序添加 Ajax 支持，只需把 ScriptManager 控件和 UpdatePanel 控件添加到网页中，并把页面控件元素添加到各 UpdatePanel 控件内部即可以实现局部异步刷新。

下面是一个完整的 UpdatePanel 的结构：

```
<asp:ScriptManager ID="ScriptManager1" runat="server">
</asp:ScriptManager>
```

```
<asp:UpdatePanel ID = "UpdatePanel1" runat = "server" ChildrenAsTriggers = "true|false"
UpdateMode = "Always|Conditional" RenderMode = "Block|Inline">
    <ContentTemplate>
        可独立刷新区域……
    </ContentTemplate>
    <Triggers>
        <asp:AsyncPostBackTrigger />
        <asp:PostBackTrigger />
    </Triggers>
</asp:UpdatePanel>
```

UpdatePanel 控件是一个容器控件，它可以在页面上标记出能独立刷新的区域，触发页面的局部回送操作，只更新 UpdatePanel 控件内的页面局部。

1. UpdatePanel 重要属性

（1）RenderMode 属性：默认值为 Block。表示 UpdatePanel 最终呈现的 HTML 元素。Block（默认）表示<div>，Inline 表示<span>。

（2）ChildrenAsTriggers 属性：默认值为 true。它指明来自 UpdatePanel 内部的子控件的回送是否引起 UpdatePanel 的刷新。它指明当 UpdateMode 属性为 Conditional 时，UpdatePanel 中的子控件的异步回送是否会引发 UpdatePanel 的更新。

当 ChildrenAsTriggers 属性为 true 时，UpdatePanel 控件内的某个控件触发了一个回送，UpdatePanel 控件可以截获这个请求，异步回送，并更新这个 UpdatePanel 控件内的局部页面。

（3）UpdateMode 属性：默认值为 Always。表示 UpdatePanel 的更新模式，有两个值：Always 和 Conditional，前者表示无条件刷新，后者表示有条件刷新。

Always 模式：表示不管有没有 Trigger，不管有没有回送型子控件，网页中的每次 Ajax 方式的异步 PostBack 回传或者同步方式的 PostBack 回传，都将引起 UpdatePanel 中内容的刷新（页面中所有 Always 模式的所有 UpdatePanel 中内容都刷新），即任何回传都引起 Always 模式的 UpdatePanel 内容的无条件刷新。

由于 UpdatePanel 默认的 UpdateMode 是 Always，如果页面上有一个局部更新被触发，则所有 UpdateMode 是 Always 的 UpdatePanel 都将更新，这是不愿看到的，所以需要 UpdatePanel 把 UpdateMode 设置为 Conditional。

Conditional 模式：表示有触发条件的刷新。触发条件可以是：
① 当前 UpdatePanel 的 Trigger；
② ChildrenAsTriggers 属性为 true 时当前 UpdatePanel 内的控件引发的异步回送；
③ 整页回送（同步回送）；
④ 服务器端调用当前 UpdatePanel 的 Update()方法。

这 4 种回送才会引发该 UpdatePanel 内的局部刷新。

下面列出了 UpdateMode 属性值和 ChildrenAsTriggers 属性值的 4 种可能组合及其含义。

UpdateMode	ChildrenAsTriggers	结果
Always	false	无效
Always	true	子控件的回送触发 UpdatePanel 刷新
Conditional	false	子控件的回送不能触发 UpdatePanel 刷新
Conditional	true	子控件的回送触发 UpdatePanel 刷新

2. UpdatePanel 控件的方法

UpdatePanel 控件方法只有一个，即 Update()，该方法以程序的方式动态地、实时地更新 UpdatePanel 控件中的内容。它是触发 UpdatePanel 局部更新的另一种方法。

3. ＜ContentTemplate＞和＜Triggers＞子元素

触发页面异步回送的控件存放位置有两种，一种是把触发控件放置在 UpdatePanel 内部的＜ContentTemplate＞中；另一种是把触发控件放置在 UpdatePanel 控件之外。

UpdatePanel 控件有两个子元素，＜ContentTemplate＞和＜Triggers＞元素，需要在异步回送过程中局部更新的所有内容都应放在＜ContentTemplate＞部分。默认情况下，＜ContentTemplate＞部分内的任何控件触发器（能触发页面回送的控件）都会触发异步页面回送。因为默认情况下，UpdatePanel 控件的 UpdateMode 属性的默认值是 Always，ChildrenAsTriggers 属性（它指明来自 UpdatePanel 内的子控件的回送是否引起 UpdatePanel 内的刷新）的默认值为 true。

如果把＜ContentTemplate＞部分的触发刷新回送的控件放在＜ContentTemplate＞部分之外，就必须在控件中包含＜Triggers＞元素。使用＜Triggers＞元素，可以指定触发当前 UpdatePanel 更新面板异步刷新的回送控件为任意位置的回送控件。这里＜Triggers＞元素的属性值设置可以使用 UpdatePanel 控件的 Triggers 属性窗口中可视化进行设置。

＜Triggers＞元素指定 UpdatePanel 的外部触发器，它包含两个子元素，即 AsyncPostBackTrigger 和 PostBackTrigger，分别指明了两种回送触发方式，其中 AsyncPostBackTrigger 指定的是异步回送触发方式，而 PostBackTrigger 指定的是同步回送触发方式，即把整个页面全部回送到服务器处理。

AsyncPostBackTrigger 元素只有两个属性，即 ControlID 和 EventName，ControlID 属性指定了触发异步回送的触发控件的 ID，EventName 属性进一步指定了触发控件的何种事件触发异步回送。一个游离在 UpdatePanel 之外的回送控件，会触发页面的整体同步回送。但若它被用＜Triggers＞的 AsyncPostBackTrigger 属性设置为 UpdatePanel 的异步局部刷新回送控件后，它就不会再触发整个页面的整体同步回送了。

PostBackTrigger 元素只有一个属性，即 ControlID。有时候 Web 窗体页要求 UpdatePanel 中的控件能够把整个页面回送到服务器，要实现这个功能，就要用到 UpdatePanel 的 PostBackTrigger 元素，它指定 UpdatePanel 中的哪个控件能够把整个页面回送到服务器，使用传统的方法实现整个页面的刷新。

4. UpdatePanel 的嵌套使用

UpdatePanel 还可以嵌套使用，即在一个 UpdatePanel 的 ContentTemplate 中还可以放入另一个 UpdatePanel。当最外面的 UpdatePanel 被触发更新时，它里面的子 UpdatePanel

也随着更新,但里面的 UpdatePanel 触发更新时,只更新它自己,而不会触发外层 UpdatePanel 的更新。

下面通过几个例子,详细说明异步更新及其触发。

【例 7-2】 在页面上放置一个 ScriptManager 控件和三个 div,在后两个 div 中放置两个 UpdatePanel 控件,分别设置这两个 UpdatePanel 的 UpdateMode 为 Conditional 和 Always,在第一个 Div 和这两个 UpdatePanel 控件内部再分别放置标签、按钮和文本框,并设置文本框在失去焦点后立即回传服务器,用文本框内输入的字号改变 ID 为 lblFont 的标签的字号,效果如图 7-7 所示,产生的主要 HTML 如下,请分析运行结果及两个按钮和文本框的工作方式。

(1)页面布局。

产生的 HTML 代码如下:

```
<asp:ScriptManager ID="ScriptManager1" runat="server">
</asp:ScriptManager>
<div style="margin:15px;border:solid 1px #ccc; padding:10px;width:450px;">
    <asp:Button ID="Button1" runat="server" onclick="Button1_Click" Text="按钮一" />
        <br />当前时间:
    <asp:Label ID="lblDateTime1" runat="server" Text="Label"></asp:Label>
</div>
<div style="margin:15px;border:solid 1px #ccc; padding:10px;width:450px;">
    <asp:UpdatePanel ID="UpdatePanel1" runat="server" UpdateMode="Conditional">
        <ContentTemplate>
            <asp:TextBox ID="TextBox1" runat="server" AutoPostBack="True" Height="21px" ontextchanged="TextBox1_TextChanged" Width="100px"></asp:TextBox>
            <br />当前时间:
            <asp:Label ID="lblDateTime2" runat="server" Text="Label"></asp:Label>
            <br />
            <asp:Label ID="lblFont" runat="server" Text="输入字号异步改变字符串字体大小"></asp:Label>
        </ContentTemplate>
    </asp:UpdatePanel>
</div>
<div style="margin:15px;border:solid 1px #ccc; padding:10px;width:450px;">
    <asp:UpdatePanel ID="UpdatePanel2" runat="server" UpdateMode="Always">
        <ContentTemplate>
            <asp:Button ID="Button2" runat="server" onclick="Button2_Click" Text="按钮二" /><br />当前时间:
            <asp:Label ID="lblDateTime3" runat="server" Text="Label"></asp:Label>
        </ContentTemplate>
    </asp:UpdatePanel>
```

</div>

图 7-7　同步刷新与异步刷新

(2)后台各事件代码。

```
protected void Page_Load(object sender, EventArgs e)
{
    if (! IsPostBack)
    {
        lblDateTime1.Text = DateTime.Now.ToString();
        lblDateTime2.Text = DateTime.Now.ToString();
        lblDateTime3.Text = DateTime.Now.ToString();
    }
}
protected void TextBox1_TextChanged(object sender, EventArgs e)
{
    lblFont.Font.Size = FontUnit.Point(Convert.ToInt16(this.TextBox1.Text));
    lblDateTime1.Text = DateTime.Now.ToString();
    lblDateTime2.Text = DateTime.Now.ToString();
    lblDateTime3.Text = DateTime.Now.ToString();
}
protected void Button1_Click(object sender, EventArgs e)
{
    lblDateTime1.Text = DateTime.Now.ToString();
    lblDateTime2.Text = DateTime.Now.ToString();
    lblDateTime3.Text = DateTime.Now.ToString();
}
```

```
protected void Button2_Click(object sender, EventArgs e)
{
    lblDateTime1.Text = DateTime.Now.ToString();
    lblDateTime2.Text = DateTime.Now.ToString();
    lblDateTime3.Text = DateTime.Now.ToString();
}
```

由于文本框设置了 AutoPostBack 属性为"True",上述两个按钮及文本框都是回传型控件,即它们触发的事件会立即发送到服务器。

按钮一位于 UpdatePanel 控件之外,会触发整个网页的同步整体刷新,所以它是同步工作方式。

按钮二位于第二个 UpdatePanel 控件的<ContentTemplate>之内,所以它只会触发第二个 UpdatePanel 控件内的局部刷新,不会触发网页的同步整体刷新,第一个 UpdatePanel 的 UpdateMode 为 Conditional,按钮二不会引用第一个 UpdatePanel 的异步刷新。

文本框位于第一个 UpdatePanel 控件的<ContentTemplate>之内,所以它只会触发其所在的第一个 UpdatePanel 控件内的局部刷新,但是第二个 UpdatePanel 控件 UpdateMode 为 Always,页面上有任何控件回送时,都会触发其 UpdatePanel 内的异步刷新。

【例 7-3】 在页面上放置一个 ScriptManager 控件和三个 Div,在前两个 Div 中放置两个 UpdatePanel 控件,分别设置这两个 UpdatePanel 的 UpdateMode 为 Conditional,设置第一个 UpdatePanel 控件的 ChildrenAsTriggers 为"False"。在这两个 UpdatePanel 控件内部再分别放置标签和按钮,在第三个 Div 内部放置"外部按钮",这三个按钮的代码是为这两个 UpdatePanel 控件内部的标签文本都设置为当前日期时间。选中第一个 UpdatePanel 控件,在属性窗口中选中"Triggers"属性,弹出图 7-8 所示更新面板的异步触发器设置界面,单击"添加",添加一个异步触发器,选择 ControlID 的值为 Button1,EventName 的值为 Click。再设置第二个 UpdatePanel 控件的 AsyncPostBackTrigger 的 ControlID 为"btnOne"。设计完成后运行效果如图 7-9 所示,产生的主要 HTML 如下,请分析运行结果及三个按钮的工作方式。

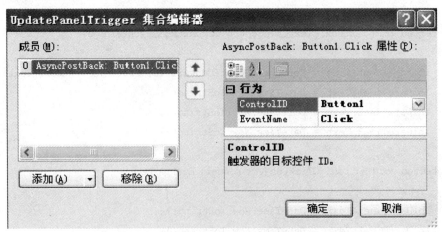

图 7-8 更新面板的异步触发器设置

第7章 Ajax异步刷新技术

图 7-9 指定异步刷新触发器 AsyncPostBackTrigger

(1)页面布局。

产生的 HTML 代码如下：

```
<asp:ScriptManager ID="ScriptManager1" runat="server">
</asp:ScriptManager>
<div style="margin:15px;border:solid 1px #ccc; padding:10px;width:400px;">
    <asp:UpdatePanel ID="UpdatePanel1" runat="server" UpdateMode="Conditional" ChildrenAsTriggers="False">
        <ContentTemplate>
            更新面板一：
            <asp:Button ID="btnOne" runat="server" onclick="btnOne_Click" Text="按钮一" />
            <br />当前时间：
            <asp:Label ID="Label1" runat="server" Text="Label"></asp:Label>
        </ContentTemplate>
        <Triggers>
            <asp:AsyncPostBackTrigger ControlID="btnThree" EventName="Click" />
        </Triggers>
    </asp:UpdatePanel>
</div>
<div style="margin:15px;border:solid 1px #ccc; padding:10px;width:400px;">
    <asp:UpdatePanel ID="UpdatePanel2" runat="server" UpdateMode="Conditional">
        <ContentTemplate>
            更新面板二：
            <asp:Button ID="btnTwo" runat="server" onclick="btnTwo_Click" Text="按钮二" />
            <br />当前时间：
            <asp:Label ID="Label2" runat="server" Text="Label"></asp:Label>
        </ContentTemplate>
        <Triggers>
```

```
            <asp:AsyncPostBackTrigger ControlID="btnOne" EventName="Click" />
        </Triggers>
    </asp:UpdatePanel>
</div>
<div style="margin:15px;border:solid 1px #ccc; padding:10px;width:400px;">
    <asp:Button ID="btnThree" runat="server" onclick="btnThree_Click" Text="外部按钮" />
</div>
```

(2) 后台各事件代码。

```
protected void Page_Load(object sender, EventArgs e)
{
    if (!IsPostBack)
    {
        Label1.Text = DateTime.Now.ToString();
        Label2.Text = DateTime.Now.ToString();
    }
}
protected void btnOne_Click(object sender, EventArgs e)
{
    Label1.Text = DateTime.Now.ToString();
    Label2.Text = DateTime.Now.ToString();
}
protected void btnTwo_Click(object sender, EventArgs e)
{
    Label1.Text = DateTime.Now.ToString();
    Label2.Text = DateTime.Now.ToString();
}
protected void btnThree_Click(object sender, EventArgs e)
{
    Label1.Text = DateTime.Now.ToString();
    Label2.Text = DateTime.Now.ToString();
}
```

本题中，"按钮二"放置在 UpdatePanel 控件内部，更新面板的 UpdateMode 值为"Conditional"，所以，这个按钮只会触发它所在的更新面板内部的局部刷新。

"按钮一"所在 UpdatePanel 控件内部，其 ChildrenAsTriggers 为"False"，更新面板的 UpdateMode 值为"Conditional"，所以其内部的"按钮一"不会触发其所在更新面板的异步刷新。第二个 UpdatePanel 控件的<Triggers>子控件中 AsyncPostBackTrigger 为"btnOne"，所以，"按钮一"会触发第二个更新面板内部的局部刷新。

本来"外部按钮"放置在 UpdatePanel 控件外，应该会触发页面的整个同步刷新，但通过 UpdatePanel 控件的<Triggers>子控件中 AsyncPostBackTrigger 元素的设置，从而使该按钮只能异步触发第一个 UpdatePanel 控件的局部更新。

本题也进一步验证了：一个游离在 UpdatePanel 之外的回送控件，会触发页面的整体同步回送。但若它被用<Triggers>的 AsyncPostBackTrigger 属性设置为某 UpdatePanel 的异步刷新的回送控件后，就不会再触发整个页面的整体同步回送。

【例 7-4】 设计网页，在页面上放置一个 ScriptManager 控件和两个 UpdatePanel 控件，在 UpdatePanel 控件外添加一个"外部按钮"，在两个 UpdatePanel 控件内分别加入标签和按钮。在第一个 UpdatePanel 控件内部再嵌套一个 UpdatePanel 控件，在嵌套的 UpdatePanel 控件内也添加一个标签和一个按钮，对第一个 UpdatePanel 控件设置<Triggers>子控件中 AsyncPostBackTrigger 为外部按钮。设计完成后运行效果如图 7-10 所示，产生的 HTML 代码如下，分析各按钮及相应各 UpdatePanel 的工作方式。

图 7-10　UpdatePanel 更新面板的嵌套

(1)页面布局。

经布局后产生的 HTML 代码如下：

　　<asp:ScriptManager ID="ScriptManager1" runat="server">
　　</asp:ScriptManager>
　　<div style="margin:15px;border:solid 1px #ccc; padding:10px;width:400px;">
　　　　<asp:UpdatePanel ID="UpdatePanel1" UpdateMode="Conditional" runat="server">
　　　　　　<ContentTemplate>
　　　　　　　　面板 1 内－>当前时间：
　　　　　　　　<asp:Label ID="Label1" runat="server"></asp:Label>
　　　　　　　　
　　　　　　　　<asp:Button ID="Button1" runat="server" OnClick="Button1_Click" Text="刷新时间 1"/>
　　　　　　　　<div style="margin:15px;border:solid 1px #ccc; padding:10px;width:350px;">
　　　　　　　　　　<asp:UpdatePanel ID="UpdatePanel3" runat="server" UpdateMode="

```
Conditional">
                    <ContentTemplate>
                        面板1子面板内->当前时间：
                        <asp:Label ID="Label1_1" runat="server"></asp:Label>
                        <br />   
                        <asp:Button ID="Button1_1" runat="server" OnClick="Button1_1_Click" Width="100px" Text="刷新时间1-1" />
                    </ContentTemplate>
                </asp:UpdatePanel>
            </div>
        </ContentTemplate>
        <Triggers>
            <asp:AsyncPostBackTrigger ControlID="Button4" EventName="Click" />
        </Triggers>
    </asp:UpdatePanel>
</div>
<div style="margin:15px;border:solid 1px #ccc; padding:10px;width:400px;">
    <asp:UpdatePanel ID="UpdatePanel2" UpdateMode="Conditional" runat="server">
        <ContentTemplate>
            面板2内->当前时间：
            <asp:Label ID="Label2" runat="server"></asp:Label>
            <br />    
            <asp:Button ID="Button2" runat="server" OnClick="Button2_Click" Text="刷新时间2" Width="100px" />
        </ContentTemplate>
    </asp:UpdatePanel>
</div>
<div style="margin:15px;border:solid 1px #ccc; padding:10px;width:400px;">
    <asp:Button ID="Button4" runat="server" Text="外部按钮" OnClick="Button4_Click"/>
</div>
```

(2)页面的"加载"事件代码。

```
protected void Page_Load(object sender, EventArgs e)
{
    if (! IsPostBack)
    {
        Label1.Text = DateTime.Now.ToString();
        Label2.Text = DateTime.Now.ToString();
        Label1_1.Text = DateTime.Now.ToString();
    }
}
```

(3) 其他按钮的"单击"事件代码均相同,如下:
```
Label1.Text = DateTime.Now.ToString();
    Label2.Text = DateTime.Now.ToString();
    Label1_1.Text = DateTime.Now.ToString();
```
通过上面的例子,进一步验证了如下的结论:

嵌套在 UpdatePanel 内部的 UpdatePanel 刷新时,仅内部的 UpdatePanel 会刷新,外部的 UpdatePanel 面板不受其影响,不会刷新,但外部的 UpdatePanel 面板发生刷新时,内容的 UpdatePanel 面板会跟着进行刷新。外部 UpdatePanel 面板指定的异步触发器触发外部 UpdatePanel 面板刷新时,嵌套在其内部的子 UpdatePanel 面板会跟着刷新。

【问题】 现在希望,在单击"外部按钮"时,弹出如图 7-11 所示的消息框,内容为:"局部更新面板异步刷新成功!",如何实现?

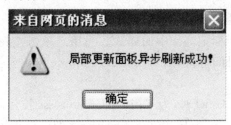

图 7-11 Ajax 环境下弹出消息框

可能大家只是把"外部按钮"的"单击"事件最后一行应加上如下一行代码:
Response.Write("＜script＞alert('局部更新面板异步刷新成功!');＜/script＞");
但是这样写后,运行时会发现,它根据弹不出消息框。

原因是 Response.Write()这个方法要在页面整体刷新时才会发送到客户端,现在是局部刷新,它送不到客户端,所以出现问题。

在使用 Ajax 后,可以使用 ScriptManager 类的静态方法 RegisterClientScriptBlock(),在 Web 窗体页上注册脚本块,从而弹出一个对话框。

RegisterClientScriptBlock()方法的格式为:
```
public static void RegisterClientScriptBlock(
    Control control,
    Type type,
    string key,
    string script,
    bool addScriptTags
)
```
参数说明如下:
- Control:正在注册该客户端脚本块的控件。
- Type:该客户端脚本块的类型。通常使用 GetType 运算符来指定该参数,以检索正在注册该脚本的控件的类型。
- Key:该脚本块的唯一标识符。
- Script:脚本内容。

➢ addScriptTags：是否添加<script>和</script>标记括起该脚本块，如脚本内容中已包住<script>和</script>标记，则为 false，否则为 true。

所以"外部按钮"的"单击"事件最后一行应加上如下一行代码，才能弹出消息框。

ScriptManager. RegisterClientScriptBlock((Button) sender, this. GetType(), "kk", "alert('局部更新面板异步刷新成功！');", true);

7.3.3 更新进度条控件

客户端和服务器端进行异步数据交互时会等待一定的时间，如果是一个比较耗时的操作的话，让用户一直处于等待状态会令用户感到厌烦，此时显示一个动画或者进度条可以极大地改善用户体验，提示用户程序当前的执行状况，而 UpdateProgress 控件就是帮助完成这一功能的。

进度条效果是添加在 UpdateProgress 控件的<ProgressTemplate>标记内的，ProgressTemplate 标记用于标记等待中的样式。当用户单击按钮进行相应的操作后，如果服务器和客户端之间需要时间等待，则 ProgressTemplate 标记就会呈现在用户面前，以提示用户应用程序正在运行。

当页面上有多个 UpdatePanel 时，为了用 UpdateProgress 控件制作某一个 UpdatePanel 的进度条，一般是把 UpdateProgress 放置在 UpdatePanel 的<ContentTemplate>中，但仍要用 AssociatedUpdatePanelID="UpdatePanelXXX" 指明显示哪一个 UpdatePanel，用它对此 UpdatePanel 控件显示刷新进度。当然也可以放置在 UpdatePanel 的外部，通过 UpdateProgress 的 AssociatedUpdatePanelID 属性设置关联 UpdatePanel 的 ID，只要该 UpdatePanel 内容刷新，此 UpdateProgress 就会显示进度效果。

如果某一个 UpdateProgress 不设置它的 AssociatedUpdatePanelID 属性，只要该页面内的任何一个 UpdatePanel 内容刷新，此 UpdateProgress 都会显示进度效果，这样就乱了。所以每一个 UpdateProgress 控件都要用 AssociatedUpdatePanelID="UpdatePanelXXX" 指明显示哪一个 UpdatePanel。

下面的举例具有进度显示功能，为了模拟长时间运行的情况，可以使用 System. Threading. Thread. Sleep(毫秒数)来延时服务器的响应，Thread. Sleep(10000) 是让线程延时 10 秒(10000 毫秒)。

【例 7-5】 模拟在局部刷新时，在某个局部块中用户等待时间较长时，页面出现"局部刷新正在进行，请等待……"这样的友好提示。在页面中添加一个 ScriptManager 和两个 UpdatePanel，在两个 UpdatePanel 中添加 UpdateProgress 控件，在其内部输入提示文本"局部更新正在进行，请等待……"。通过 UpdateProgress 控件的 AssociatedUpdatePanelID 属性与 UpdatePanel 面板关联。完成后的 HTML 代码如下所示。

```
<asp:ScriptManager ID="ScriptManager1" runat="server">
</asp:ScriptManager>
<div style="margin:15px;border:solid 1px #ccc; padding:10px;width:400px;">
    <asp:UpdatePanel ID="UpdatePanel1" runat="server" UpdateMode="Conditional">
        <ContentTemplate>
            当前时间：
```

```
            <asp:Label ID="Label1" runat="server" Text="Label1"></asp:Label>
            <br />
                <asp:UpdateProgress ID="UpdateProgress1" runat="server" AssociatedUpdatePanelID="UpdatePanel1">
                    <ProgressTemplate>
                        局部更新正在进行,请等待……
                    </ProgressTemplate>
                </asp:UpdateProgress>
            <br />
            <asp:Button ID="Button1" runat="server" Text="局部刷新" onclick="Button1_Click" />
        </ContentTemplate>
    </asp:UpdatePanel>
</div>
<div style="margin:15px;border:solid 1px #ccc; padding:10px;width:400px;">
    <asp:UpdatePanel ID="UpdatePanel2" runat="server" UpdateMode="Conditional">
        <ContentTemplate>
            当前时间:
            <asp:Label ID="Label2" runat="server" Text="Label2"></asp:Label>
            <br />
                <asp:UpdateProgress ID="UpdateProgress2" runat="server" AssociatedUpdatePanelID="UpdatePanel2">
                    <ProgressTemplate>
                        局部更新正在进行,请等待……
                    </ProgressTemplate>
                </asp:UpdateProgress>
            <br />
            <asp:Button ID="Bttn2" runat="server" Text="局部刷新" onclick="Button2_Click"/>
        </ContentTemplate>
    </asp:UpdatePanel>
</div>
```

上述代码使用了 UpdateProgress 控件,在局部刷新等待期间显示更新进度提示,同时创建了 Label 控件和 Button 控件,当用户单击 Button 控件时则会提示"局部更新正在进行",按钮的单击事件代码如下所示。

```
protected void Button1_Click(object sender, EventArgs e)
{
    System.Threading.Thread.Sleep(5000);
    Label1.Text = DateTime.Now.ToString();
}
```

上述代码使用了 System.Threading.Thread.Sleep(5000)方法指定系统线程挂起的时

间,其中的 Sleep(5000)让线程延时 5 秒(5000 毫秒),模拟等待过程,也就是说当用户进行操作后,在这 5 秒的时间内会呈现"局部更新正在进行,请等待……"字样,当 5000 毫秒过后,进度提示消失,运行效果如图 7-12 和图 7-13 所示。

图 7-12　正在操作中　　　　　　　　图 7-13　操作完毕后

在用户单击后,如果服务器和客户端之间的通信需要较长时间,则等待提示语会出现。UpdateProgress 控件在大量的数据访问和数据操作中能够提高用户友好度,避免错误的发生。

7.3.4　定时器控件(Timer)

由于 Web 应用程序是一种无状态的应用程序,一旦服务器响应结束,那么页面就处于离线状态,不再与服务器发生任何联系,如果服务器上的数据发生了更改,无法主动更新客户端的显示。这就需要一种定时更新机制,来保持与服务器的同步。可以通过指定页面的头标记来定时刷新页面,如给页面的 head 区增加如下代码:<meta http-equiv="refresh" content="5">,或者通过 JavaScript 的 setTimeout 或 setInterval 来控制刷新。

除了上述方法之外,还可以使用 ASP.NET Ajax 中的 Timer 控件来实现,利用这个控件,不用再动手编写 JavaScript 代码,就可以方便地完成刷新功能。

ASP.NET Ajax 提供了一个 Timer 控件,可用于定时执行局部更新,使用 Timer 控件能够控制应用程序在每隔一段时间主动进行页面刷新。

Timer 的常用属性如下所示。

➢ Enabled:是否启用 Tick 时间引发。

➢ Interval:设置 Tick 事件之间的间隔时间,单位为毫秒,默认值是 60000 毫秒,也就是 60 秒。

【例 7-6】　在页面上显示当前时间,每隔一秒时间刷新一次,页面整体无刷新。

在页面中添加 ScriptManage 控件和 UpdatePanel 控件,在 UpdatePanel 控件外部添加 Timer 控件作为 UpdatePanel 面板局部刷新异步触发器(Timer 控件放在 UpdatePanel 控件内部更简单),通过配置 Timer 控件的 Interval 属性,指定 Time 控件每隔 1 秒时间局部刷新一次,示例代码如下所示。

```
<body>
<form id="form1" runat="server">
    <div style="margin:15px;border:solid 1px #ccc;padding:10px;width:400px;">
        <asp:ScriptManager ID="ScriptManager1" runat="server">
```

```
            </asp:ScriptManager>
            <asp:UpdatePanel ID="UpdatePanel1" runat="server" UpdateMode="Conditional">
                <ContentTemplate>
                    当前时间:<asp:Label ID="Label1" runat="server" Text="Label"></asp:Label>
                </ContentTemplate>
                <Triggers>
                    <asp:AsyncPostBackTrigger ControlID="Timer1" EventName="Tick" />
                </Triggers>
            </asp:UpdatePanel>
            <asp:Timer ID="Timer1" runat="server" OnTick="Timer1_Tick" Interval="1000">
            </asp:Timer>
        </div>
    </form>
</body>
```

在页面中使用了 UpdatePanel 控件,该控件用于控制页面的局部更新,而不会引发整个页面刷新。在 UpdatePanel 控件中,包括一个 Label 控件,UpdatePanel 控件外部放置一个 Timer 控件,Label 控件用于显示时间,Timer 控件用于每 1000 毫秒执行一次 Timer1_Tick 事件,相关事件代码如下。

```
protected void Page_Load(object sender, EventArgs e)
{
    if (! Page.IsPostBack)
    {
        Label1.Text = DateTime.Now.ToString();
    }
}
protected void Timer1_Tick(object sender, EventArgs e)
{
    Label1.Text = DateTime.Now.ToString();
}
```

上述代码在页面被呈现时,将当前时间传递并呈现到 Label 控件中,Timer 控件用于每隔一秒进行一次刷新并将当前时间传递并呈现在 Label 控件中,这样就可以即时显示当前时间,如图 7-14 所示。

Timer 控件能够通过简单的方法让开发人员无需通过复杂的 JavaScript 实现 Timer 控制。但是从另一方面来讲,Timer 控件会占用大量的服务器资源,它不停地进行客户端与服务器的信息通信操作,很容易造成服务器死机,所以建议慎用。

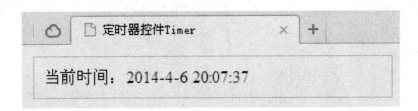

图 7-14　定时刷新显示时间

7.3.5　技能训练：利用 Ajax 异步技术重构前台母版

为了提高系统的响应速度，提升用户访问网站的体验，现在的 Web 应用系统，都是采用 Ajax 异步数据传输方式。实际上，在 Asp.Net Ajax 框架环境下，构建 Ajax 异步数据传输方式的 Web 应用系统是非常简单的。

【训练 7-1】　对原来设计的前台系统母版页面进行 Ajax 异步重构。根据功能，可以把前台系统的母版页面，划分成如下的 5 个 UpdatePanel 更新分块，为了直观，这里把各分块更新面板的范围用粗线进行了标注，如图 7-15 所示。

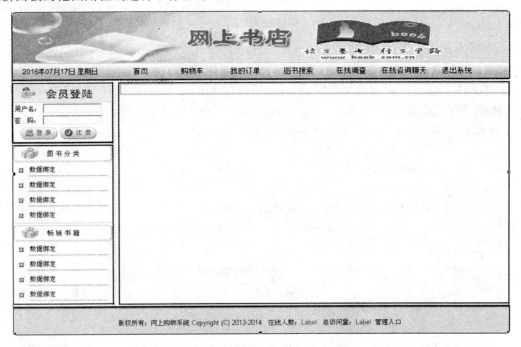

图 7-15　网上书店前台母版 Ajax 更新面板分块

实施步骤：

(1) 添加脚本管理器。

首先向母版中添加"ScriptManager"脚本管理器控件，这样，在使用了此母版页的内容页中，就不需要再添加"ScriptManager"脚本管理器了。

(2) 页面布局及更新区块设计。

在原来母版的 HTML 代码中，添加"UpdatePanel"更新面板控件，对母版页面进行异步更新分块，把这些分块的更新方式设置为条件模式，即：UpdateMode="Conditional"，子控件是否作为触发器属性 ChildrenAsTriggers 采用默认设置,默认值为 true。

其他布局及后台代码的写法没变,仍为原来方式,最后产生的 HTML 代码如下。

```
<form id="form1" runat="server">
<asp:ScriptManager ID="ScriptManager1" runat="server">
</asp:ScriptManager>
<div class="father">
    <asp:UpdatePanel ID="UpdatePanel1" runat="server" UpdateMode="Conditional">
        <ContentTemplate>
            <uc1:top ID="top1" runat="server" />
        </ContentTemplate>
    </asp:UpdatePanel>
</div>
<div class="father">
    <div class="LeftDiv">
        <asp:UpdatePanel ID="UpdatePanel2" runat="server" UpdateMode="Conditional" ChildrenAsTriggers="true">
            <ContentTemplate>
                <uc4:LoginRegist ID="LoginRegist1" runat="server" />
            </ContentTemplate>
        </asp:UpdatePanel>
        <asp:UpdatePanel ID="UpdatePanel3" runat="server" UpdateMode="Conditional">
            <ContentTemplate>
                <uc2:leftType ID="leftType1" runat="server" />
            </ContentTemplate>
        </asp:UpdatePanel>
    </div>
    <div class="RightDiv">
        <asp:UpdatePanel ID="UpdatePanel4" runat="server" UpdateMode="Conditional">
            <ContentTemplate>
                <asp:ContentPlaceHolder ID="ContentPlaceHolder1" runat="server">
                </asp:ContentPlaceHolder>
            </ContentTemplate>
        </asp:UpdatePanel>
    </div>
</div>
<div class="father" style="clear:both;">
    <asp:UpdatePanel ID="UpdatePanel5" runat="server" UpdateMode="Conditional">
        <ContentTemplate>
            <uc3:bottom ID="bottom1" runat="server" />
```

```
        </ContentTemplate>
      </asp:UpdatePanel>
    </div>
  </form>
```
通过这样简单的添加异步分块处理后,页面的刷新就不再是整体同步刷新了,而是各分块独立异步刷新,从而提高了页面的响应速度。

7.3.6 技能训练:Ajax 异步环境下顾客信息的注册

【**训练 7-2**】 利用 Ajax 技术改造母版,新建顾客信息注册页面,布局后页面效果如图 7-16 所示。在这个页面中实现对用户信息的注册,要求页面使用局部刷新功能。

实施步骤:

(1)页面布局。

首先利用使用了 Ajax 技术的母版创建一个新页面,在页面右采用表格布局,把各控件放在表格的单元格中。由于在进行局部刷新更新面板设计时,不允许同一个表格 table 的各行放置在不同的 UpdatePanel 更新面板中,所以,必须采用三个表格来布局这些页面控件才行。

图 7-16 顾客信息注册

(2)更新区块设计。

把用户名到民族所在行,放在一个表格中,把省份、地市和县区三行,放在另一个表格中,把剩余的放在最后一个表格中。各UpdatePanel更新面板的更新模式设置"Condition"。

通过页面中设置多个更新面板UpdatePanel,并设置其更新模式UpdateMode为Condition方式,使用户选择省份和地市时,触发控件事件的回传,只引起页面的局部刷新,避免其他部分不必要的刷新。

最后,得到的HTML代码如下:

```
<table style="width:97%;border:0px;">
    <tr class="noborder">
        <td colspan="2" style="text-align:center;font-size:15px;">注册顾客用户信息</td>
    </tr>
    <tr><td style="width:300px;text-align:right;">用户名:</td>
        <td><asp:TextBox ID="txtUserName" runat="server"></asp:TextBox>
            <asp:Label ID="Label3" runat="server" ForeColor="Red" Text="*"/>
            <asp:RequiredFieldValidator ID="RequiredFieldValidator4" runat="server" ControlToValidate="txtUserName" Display="Dynamic" ErrorMessage="不能空"/>
        </td></tr>
    <tr><td style="width:300px;text-align:right;">密码:</td>
        <td style="text-align:left"><asp:TextBox ID="txtUserPwd" runat="server" TextMode="Password"></asp:TextBox>
            <asp:Label ID="Label4" runat="server" ForeColor="Red" Text="*"/>
            <asp:RequiredFieldValidator ID="RequiredFieldValidator5" Display="Dynamic" runat="server" ControlToValidate="txtUserPwd" ErrorMessage="不能空"/>
        </td></tr>
    <tr><td style="width:300px;text-align:right;">姓名:</td>
        <td style="text-align:left">
            <asp:TextBox ID="txtXinMin" runat="server"></asp:TextBox>
        </td></tr>
    <tr> <td style="width:300px;text-align:right;">性别:</td>
        <td style="text-align:left">
            <asp:RadioButtonList ID="rblSex" runat="server" RepeatDirection="Horizontal">
                <asp:ListItem Value="True" Selected="True">男</asp:ListItem>
                <asp:ListItem Value="False">女</asp:ListItem>
            </asp:RadioButtonList>
        </td></tr>
    <tr><td style="width:300px;text-align:right;">出生日期:</td>
        <td style="text-align:left">
            <asp:TextBox ID="txtBirthday" runat="server" onClick="WdatePicker()"></asp:TextBox>
        </td></tr>
    <tr><td style="width:300px;text-align:right;">电子邮箱:</td>
```

```
            <td style="text-align:left">
                <asp:TextBox ID="txtEmail" runat="server"></asp:TextBox>
                <asp:RegularExpressionValidator ID="RegularExpressionValidator1" runat="server"
                    Display="Dynamic" ErrorMessage="格式错误" ForeColor="Red"
                    ValidationExpression="\w+([-+.']\w+)*@\w+([-.]\w+)*\.\w+([-.]\w+)*"
                    ControlToValidate="txtEmail"></asp:RegularExpressionValidator>
            </td></tr>
            <tr> <td style="width:300px; text-align:right;">民族:</td>
                <td style="text-align:left">
                    <asp:DropDownList ID="ddlNation" runat="server" Height="25px" Width="155px">
                        <asp:ListItem>=请选择=</asp:ListItem><asp:ListItem>汉族</asp:ListItem>
                        <asp:ListItem>藏族</asp:ListItem><asp:ListItem>满族</asp:ListItem>
                        <asp:ListItem>蒙族</asp:ListItem><asp:ListItem>回族</asp:ListItem>
                        <asp:ListItem>壮族</asp:ListItem><asp:ListItem>苗族</asp:ListItem>
                        ……
                    </asp:DropDownList>
                </td>  </tr>
        </table>
        <asp:UpdatePanel ID="UpdatePanel8" runat="server" UpdateMode="Conditional">
            <ContentTemplate>
                <table style="width:97%; border:0px;">
                    <tr><td style="width:300px; text-align:right;">省份:</td>
                        <td style="text-align:left">
                            <asp:DropDownList ID="ddlProvince" runat="server" Height="25px" onselectedindexchanged="ddlProvince_SelectedIndexChanged" AutoPostBack="True">
                                <asp:ListItem Value="-1">=请选择=</asp:ListItem>
                            </asp:DropDownList>
                        </td></tr>
                    <tr>
                        <td style="width:300px; text-align:right;">地市:</td>
                        <td style="text-align:left">
                            <asp:DropDownList ID="ddlCity" runat="server" AutoPostBack="True"
```

```
                                        onselectedindexchanged = "ddlCity_SelectedIndexChanged">
                                <asp:ListItem Value = "-1"> = 请选择 = </asp:ListItem>
                            </asp:DropDownList>
                        </td>
                    </tr>
                    <tr><td style = "width: 300px; text-align: right;">县区:</td>
                        <td style = "text-align: left">
                            <asp:DropDownList ID = "ddlCounty" runat = "server">
                            <asp:ListItem Value = "-1"> = 请选择 = </asp:ListItem>
                            </asp:DropDownList>
                        </td></tr>
                </table>
            </ContentTemplate>
        </asp:UpdatePanel>
        <table style = "width: 97%; border:0px;">
            <tr><td style = "width: 300px; text-align: right;">地址:</td>
                <td style = "text-align: left">
                    <asp:TextBox ID = "txtAddress" runat = "server"></asp:TextBox>
                </td></tr>
            <tr>
                <td style = "width: 300px; text-align: right;">电话:</td>
                <td><asp:TextBox ID = "txtTel" runat = "server"></asp:TextBox>
                </td>
            </tr>
            <tr><td style = "text-align: center;" colspan = "2">
                    <asp:Button ID = "btnRegist" runat = "server" onclick = "btnRegist_Click" Text = "注册" Width = "80px" />
                    <asp:Button ID = "btnClear" runat = "server" onclick = "btnClear_Click" Text = "清空" Width = "80px" CausesValidation = "False" />
                </td>
            </tr>
        </table>
```

在布局页面时要注意,对"清空"按钮,要设置它的CausesValidation为"False",否则,执行清空操作时,总是会显示"用户名和密码不能为空"等信息。原因是,在默认情况下,CausesValidation为"True",单击清空按钮,会触发页面上验证控件的验证,因为数据被清空,验证通不过,弹出验证错误信息,解决方法是此按钮不触发验证。

(3)事件代码编写。

A. 页面加载事件。

在页面的加载事件中,只在首次加载页面时,从数据库中读取出省份或直辖市数据,并绑定到省份下载列表框中,页面回传加载时,不进行任何数据读取与绑定。

```
protected void Page_Load(object sender, EventArgs e)
{
    if (! IsPostBack)
    {
        this.ddlProvince.Items.Clear();
        XinZenQuHuaBLL oXinZenQuHuaBLL = new XinZenQuHuaBLL();
        List<XinZenQuHuaModel> lists = oXinZenQuHuaBLL.User_GetSubList(0);
        ListItem lt = new ListItem("=请选择=", "-1");
        this.ddlProvince.Items.Add(lt);
        foreach (XinZenQuHuaModel model in lists)
        {
            ListItem Item = new ListItem(model.QuHuaName, model.QuHuaNo.ToString());
            this.ddlProvince.Items.Add(Item);
        }
    }
}
```

B. 省份下拉列表框选择改变事件。

在这个选择改变事件中,根据所选省份,把该省所有地市选取出来,并绑定到地市下拉列表框中,代码如下。

```
protected void ddlProvince_SelectedIndexChanged(object sender, EventArgs e)
{
    this.ddlCity.Items.Clear();
    XinZenQuHuaBLL oXinZenQuHuaBLL = new XinZenQuHuaBLL();
    int quhucode = Convert.ToInt32(ddlProvince.SelectedValue);
    List<XinZenQuHuaModel> lists = oXinZenQuHuaBLL.User_GetSubList(quhucode);
    ListItem lt = new ListItem("=请选择=", "-1");
    this.ddlCity.Items.Add(lt);
    if (lists! = null)
    {
        foreach (XinZenQuHuaModel model in lists)
        {
            ListItem Item = new ListItem(model.QuHuaName, model.QuHuaNo.ToString());
            this.ddlCity.Items.Add(Item);
        }
    }
}
```

C. 地市下拉列表框选择改变事件。

在这个选择改变事件中,根据所选地市,把该地市所有县区选取出来,并绑定到县区下拉列表框中,代码如下。

```csharp
protected void ddlCity_SelectedIndexChanged(object sender, EventArgs e)
{
    this.ddlCounty.Items.Clear();
    XinZenQuHuaBLL oXinZenQuHuaBLL = new XinZenQuHuaBLL();
    int quhucode = Convert.ToInt32(ddlCity.SelectedValue);
    List<XinZenQuHuaModel> lists = oXinZenQuHuaBLL.User_GetSubList(quhucode);
    ListItem lt = new ListItem("=请选择=","-1");
    this.ddlCounty.Items.Add(lt);
    if (lists != null)
    {
        foreach (XinZenQuHuaModel model in lists)
        {
            ListItem Item = new ListItem(model.QuHuaName, model.QuHuaNo.ToString());
            this.ddlCounty.Items.Add(Item);
        }
    }
}
```

D. 注册按钮单击事件。

```csharp
protected void btnRegist_Click(object sender, EventArgs e)
{
    ShopUserBLL oShopUserBLL = new ShopUserBLL();
    ShopUserModel model = new ShopUserModel();
    model.UserName = txtUserName.Text;
    model.Passwords = txtUserPwd.Text;
    model.Xinmin = txtXinMin.Text;
    model.Sex = Convert.ToBoolean(this.rblSex.SelectedValue);
    if (this.txtBirthday.Text != "")
    {
        model.Birthday = Convert.ToDateTime(this.txtBirthday.Text);
    }
    model.EMail = txtEmail.Text;
    model.Nation = ddlNation.SelectedValue;
    model.Address = this.txtAddress.Text;
    model.Tel = this.txtTel.Text;
    model.Status = true;
    if (ddlProvince.SelectedValue != "-1")
    {
        model.ProvinceID = Convert.ToInt32(ddlProvince.SelectedValue);
    }
    if (ddlCity.SelectedValue != "-1")
```

```
            {
                model.CityID = Convert.ToInt32(ddlCity.SelectedValue);
            }
            if (ddlCounty.SelectedValue ! = "-1")
            {
                model.CountyID = Convert.ToInt32(ddlCounty.SelectedValue);
            }
            int result = oShopUserBLL.User_Add(model);
            if (result > 0)
            {
                ScriptManager.RegisterClientScriptBlock((Button)sender, this.GetType(), "
abc", "alert('注册成功!');", true);//ajax 环境下弹出消息框的格式
            }
            else
            {
                ScriptManager.RegisterClientScriptBlock((Button)sender, this.GetType(), "
abc", "alert('注册失败!');", true);//ajax 环境下弹出消息框的格式
            }
        }
```

这里要特别注意的是,在 Ajax 环境下,弹出消息框的写法有很大变化。

原来弹出消息框的语句是下面两种写法:

Response.Write("<script>alert('注册成功!')</script>");

Page.ClientScript.RegisterClientScriptBlock(this.GetType(), "aa", "alert('注册成功!');", true);

在 Ajax 环境下,弹出消息框的语句变为:

ScriptManager.RegisterClientScriptBlock((Button)sender, this.GetType(), "abc", "alert('注册成功!');", true);//ajax 环境下弹出消息框的格式

原因是 Response.Write()或 Page.ClientScript.RegisterClientScriptBlock()语句,必须在页面整体同步刷新的情况下,才能把内容输出,在局部刷新的情况,内容输不出来,必须借助局部刷新环境下的脚本管理器 ScriptManager 才能把内容输出。

 习题 7

1. 简述不采用 Ajax 技术的网页和采用 Ajax 技术的网页,页面的刷新模式。
2. ASP.NET Ajax 核心组件有哪几个,各自的作用是什么?
3. 通过哪个 Ajax 控件,把页面划分为若干个刷新区块? UpdatePanel 更新面板控件的 ChildrenAsTriggers 和 UpdateMode 属性功能是什么? UpdateMode 属性值"Always"和"Conditon"的作用是什么? UpdateMode 属性值为"Always",其他 UpdatePanel 更新面板内回传控件能引用当前更新面板的刷新吗? UpdateMode 属性值为"Conditon"时,怎么设置

当前更新面板外部的回传控件为它的更新触发器?

4. UpdatePanel 可以嵌套使用,即在一个 UpdatePanel 的 ContentTemplate 中放入另一个 UpdatePanel 更新面板,当 UpdatePanel 嵌套使用,且它们的 UpdateMode 属性值都为"Conditon"时,外部更新面板中的回传控件能引用内部更新面板的刷新吗?内部更新面板中的回传控件能引用外部更新面板的刷新吗?

5. 在数据库在有两个表,一个学生信息表"Students"(含有学号 Sno(varchar)、密码 pwds(varchar)、姓名 Sname(varchar)、性别 Sex(varchar)、出生日期 Birthday(datetime)、省市编号 ProvinceID(int)、地市编号 CityID(int)、家族地址 Address(varchar)、电话 Tel(varchar)),一个行政区划表"district"(含有行政区划编号 QuHuaNo(int)、行政区划名称 QuHuaName(varchar)和上级行政区划编号 ParentQuHuaNo(int)三个字段)。设计如下页面,实现学生信息注册功能。要求如下:学号固定为 8 个字符,其中第一个为字母,后 7 位为数字,在省市下拉列表框选择某个省市后,地市列表框中只显示当前省市的地市列表,并且省市的变化引起的地市变化时,页面其他部分不刷新,单击"注册"按钮时,页面整体提交,单击"清空",把控件内容清空,请用 Ajax 划分更新区块,实现学生信息的注册功能。

图 7-17　学生信息的注册

第 8 章
阶段项目——网上书店实例设计

本章工作任务
- 完成网上书店前台子系统的设计与开发
- 完成网上书店后台子系统的设计与开发

本章知识目标
- 理解三层架构开发模式下网页设计方法
- 理解应用程序开发的代码复用

本章技能目标
- 综合应用各种控件进行 Web 应用系统开发
- 掌握软件开发过程中各种异常的解决方法

本章重点难点
- 购物模块与结账模块的设计开发
- DataList 与 GridView 控件自定义样式展示信息

前面各章节主要讲解了 ASP.NET 主要知识点,并结合项目对这些知识点进行了灵活的应用。但网上书店的综合开发,还有很多页面没有讲到,只有把这些页面都阐述清楚,才能把所学知识进行综合应用,融会贯通,加深理解,并通过具体应用系统的研读,示范,最终学会进行 Web 应用系统的开发。

整个解决方案的三层架构的搭建,也已在第 3 章中详细叙述。本章利用已搭建好的三层架构,学习网上书店部分主要页面的设计。

8.1 前台购物子系统设计

前台管理子系统的主菜单、用户控件、母版等,已在第 5 章中专门设计讲解过,在此不再详述。下面利用前台已建好的菜单、用户控件及母版,进行前台部分页面的设计。

8.1.1 前台子系统首页设计

前台子系统首页 default.aspx,是利用前台系统的母版"MasterPage.master"创建的,在这个页面的可编辑区域,用 div 布局了 3 个分块,上方分块中添加了 ID="dltNewBook"的 DataList 控件,用来显示目前的最新书籍,这些最新书籍,显示了图书封面、书名、简介、定价和折扣。下方的分块显示特价书,特价书显示了书名,定价和实售价。布局后的页面效果如图 8-1 所示。

图 8-1 前台首页界面

实施步骤：
(1)创建页面及布局。

在表示层对应站点项目中，右击，选"添加"|"添加新项"|"Web 窗体"，同时勾选右下角的"选择母版页"，输入文件名为"default.aspx"，然后在弹出的对话框中选择相应的母版页，就利用母版创建出空白页面，页面的上、左、下部已自动从母版中继承内容。

对页面中部显示最新书籍信息部分，采用 DataList 控件实现，向页面中添加 DataList 控件，命名为"dltNewBook"后直接进入其编辑模板，在编辑模板中，添加 3 行 2 列的表格，第一列 3 个单元格合并，在单元格中添加图片框控件、超链接控件和 3 个标签，对各控件进行命名并设定绑定相关属性，具体设计不详述，设计界面如图 8-2 所示。

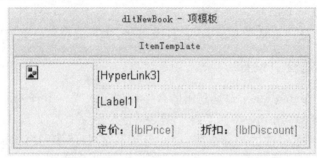

图 8-2　最新图书 DataList 项模板设计界面

显示最新图书的 DataList 控件设计后，产生的主要 HTML 代码如下：

```
<asp:DataList ID="dltNewBook" runat="server" Font-Size="13px" RepeatColumns="2">
    <ItemTemplate>
        <table style="width:100%;font-size:13px;">
            <tr><td rowspan="3" style="width:78px">
                <a href="ShowBookDetail.aspx?BookId=<%# Eval("BookId") %>" target="_self">
                    <asp:Image ID="Image3" runat="server" Height="117px" ImageUrl='<%# Eval("Cover","~/Upload/{0}") %>' Width="95px" />
                </a>
            </td>
            <td style="text-align:left;" colspan="2">
                <asp:HyperLink ID="HyperLink3" runat="server" NavigateUrl='<%# Eval("BookId","ShowBookDetail.aspx?BookId={0}") %>' Text='<%# Eval("BookName") %>'></asp:HyperLink>
            </td>
            </tr>
            <tr>
                <td style="text-align:left; line-height:160%;" colspan="2">
                    <asp:Label ID="Label1" runat="server" Text='<%# LeftPartOfBookDescription(Eval("Description")) %>'></asp:Label>
```

```html
            </td>
          </tr>
          <tr>
            <td style="text-align:left;line-height:160%;">定价:<asp:Label ID="lblPrice" runat="server"　ForeColor="#FF3300"　Text='<%# Eval("Price","{0:c}") %>'></asp:Label>
            </td>
            <td style="text-align:left;line-height:160%;">折扣:<asp:Label ID="lblDiscount" runat="server" ForeColor="#FF3300" Text='<%# Eval("Discount") %>'></asp:Label>
            </td>
          </tr>
        </table>
      </ItemTemplate>
</asp:DataList>
```

关于特价书籍的设计,与最新图书显示的设计类似,不再详述。

(2)事件代码编写。

页面的后台代码,调用业务逻辑层 BookBLL 类相应方法,传入相应的参数,提取图书信息并显示在 DataList 控件中,这里在新书列表中显示 10 本出版日期最近的新书,在特价书中显示 9 本折扣最大的特价书,所以传入的参数分别是"10,PublishDate DESC"和"9,Discount ASC",具体代码如下。

```csharp
protected void Page_Load(object sender, EventArgs e)
{
    if (!IsPostBack)
    {
        BookBLL obookBLL = new BookBLL();
        dltNewBook.DataSource = obookBLL.Book_GetTopNListByOrder(10,"PublishDate DESC");
        dltNewBook.DataBind();
        dltDiscountBook.DataSource = obookBLL.Book_GetTopNListByOrder(9,"Discount ASC");
        dltDiscountBook.DataBind();
    }
}
```

8.1.2　图书分类展示页面设计

在网上书店站点首页左中部,有图书分类导航,单击相应分类超链接,跳到"BookListByTypeId.aspx",分页显示该类的图书信息,页面效果如图 8-3 所示。光标位于图书上时有光棒效果,单位图书名称和封面图片,都可以跳到"ShowBookDetail.aspx"图书信息详情显示页面,单击"加入购物车",可以实现购物,当然是在有货的情况下。

实施步骤:

(1)设计思路。

图8-3 分类商品信息展示

创建页面后在上面添加一个DataList控件,"上一页"和"下一页"两个按钮,一个显示当前页的标签。单击某类别显示该类图书,可以通过超链接URL后的"?TypeId=x"把参数TypeId的值x带入页面,如"…/BookListByTypeId.aspx?TypeId=1"。在BookListByTypeId.aspx页面的加载事件中,根据URL参数TypeId传入的值x,访问数据库,把此类图书信息读取并显示到DataList控件中。"书名"和"图书封面"图片是超链接,点击可以跳入"ShowBookDetail.aspx"图书信息详情显示页面,单击"加入购物车",可以实现购物。

(2)创建页面及布局设计。

利用前台系统母版"MasterPage.master"创建页面BookListByTypeId.aspx,在页面中添加一个DataList控件,并在其下方添加1行3列的表格,在表格中添加"上一页"和"下一页"两个按钮和一个显示当前页信息的标签。

(3)DataList控件的模板编辑及属性绑定。

接着选中"DataList控件",单击右上角的"编辑模板",选择"项模板",进入项模板编辑状态。在这个项模板中,添加一个5行3列的表格,并合并部分单元格,然后添加一个图片框控件、七个标签、一个"加入购物车"ImageButton按钮和一个水平线,设计效果如图8-4所示。

然后单击各控件右上方"编辑DataBinding…"菜单,设置各控件的数据绑定。

为各标签设置属性的数据绑定DataBindings。如"价格"标签控件的Text属性的数据绑定设为Eval("Price","{0:C}"),"出版日期"标签控件的Text属性的数据绑定设为Eval("PublishDate","{0:yyyy-MM-dd}"),"折扣"标签控件的Text属性的数据绑定设为Eval("Discount","{0:f2}")。

把"库存"标签控件的Text属性的数据源绑定为函数kuchun(Eval("Amount")),这个函数的功能是根据库存量是否大于0,在界面上显示"有货"、"无货",代码如下:

图 8-4　DataList 项模板设计

```
protected string kuchun(object amount)
{
    if (Convert.ToInt32(amount) > 0) return "有货"; else return "缺货";
}
```

设置"加入购物车"图片按钮的 CommandName 为"Buy"，ImageUrl 属性值为"~/Images/buy.jpg"。

因为数据库表 Book 中"Cover"字段,只保存了图书封面图片文件的文件名,必须把文件名拼接上路径,才能用图片框控件把封面显示出来,所以把图片框控件的 ImageUrl 属性的数据绑定 DataBindings 设置为函数,函数名为:coverurl(Eval("Cover")),内容为:

```
//拼接字符串返回图书封面路径的函数
protected string coverurl(object cover)
{
    return "~/Upload/" + cover.ToString();
}
```

(4) 光棒效应设计。

仿照天猫,为项模板中表格添加光棒效应,代码为:

　　<table onmouseover ="bcolor = this.style.borderColor; this.style.borderColor = 'Red'" onmouseout = "this.style.borderColor = bcolor">

(5) 生成的 HTML 标记。

最后得到的主要 HTML 标记如下：

　　<asp:DataList ID ="DataList1" runat ="server" BackColor ="White"
　　　　OnItemCommand ="DataList1_ItemCommand">
　　　　<ItemTemplate>
　　　　<table onmouseover ="bcolor = this.style.borderColor;this.style.borderColor = 'Red'"onmouseout = "this.style.borderColor = bcolor">
　　　　<tr><td>
　　　　<a href ="BookDetail.aspx? BookId =<%# Eval("BookId") %>"><asp:Image ID ="Image1" ImageUrl ='<%# coverurl(Eval("Cover")) %>' /></a></td>
　　　　<td style ="vertical-align: top; width: 320px;">
　　　　　　<table style ="width: 310px; height: 90px;" cellpadding ="0" cellspacing ="0">
　　　　　　　　<tr><td>书名:</td>
　　　　　　　　　　<td><a href ="ShowBookDetail.aspx? BookId =<%# Eval("BookId") %>"> <asp:Label ID ="Label1" runat ="server" Text ='<%# Eval("BookName") %>'>

```
                    </asp:Label>
                        </a></td>
                    </tr>
                <tr>
                    <td 作者:</td><td><asp:Label ID="Label2" runat="server" Text='<%# Eval("Author") %>'></asp:Label> </td>
                </tr><tr>
                    <td >价格:</td>
                        <td> <asp:Label ID="lblPrice" runat="server" Text='<%# Eval("Price","{0:C}") %>' ForeColor="#CC0000"></asp:Label></td>
                    </tr>
                <tr>
                    <td >出版日期:</td>
                        <td> <asp:Label ID="Label9" runat="server" Text='<%# Eval("PublishDate","{0:yyyy-MM-dd}") %>'></asp:Label>
                    </td></tr>
                    </table>
                </td>
                <td><table><tr><td >ISBN:</td>
                    <td style><asp:Label ID="Label6" runat="server" Text='<%# Eval("ISBN") %>'></asp:Label></td>
                    </tr>
                    <tr><td>库存:</td>
                    <td><asp:Label ID="lblStatus" runat="server" Text='<%# kuchun(Eval("Amount")) %>'></asp:Label></td></tr>
                    <tr><td>折扣:</td>
                    <td><asp:Label ID="lblDiscount" runat="server" Text='<%# Eval("Discount","{0:f2}") %>' ForeColor="#CC0000"></asp:Label>
                    </td>
                    </tr>
                    <tr><td> </td>
                    <td><asp:Button ID="btnBuy" runat="server" CommandName="Buy" Height="20px"Text="加入购物车" Width="77px" />
                    </td>
                    </tr>
                </table>
                </td>
                </tr> </table>
                <hr />
                </ItemTemplate>
        </asp:DataList>
```

(6)事件及方法的编写。

A. 页面加载事件 Page_Load。

页面加载事件中,把图书类别和当前页号都保存在 ViewState。ViewState 是 ASP.NET 用来恢复 Web 控件回传时状态值的一种机制,它将数据存入页面隐藏控件中,并在客户端和服务器来回传送,从而克服了因 Web 应用程序无状态问题,事件代码如下。

```
if(! Page.IsPostBack)
{
    ViewState["BookTypeId"] = Convert.ToInt32(Request.QueryString["TypeId"]);
    ViewState["CurPage"] = 0;
    Databind();
}
```

下面是 Databind() 方法的代码

```
private void Databind()    // Databind()函数内容
{
    BookBLL oBookBLL = new BookBLL();
    PagedDataSource pdsBooks = new PagedDataSource();
    //对 PagedDataSource 对象的相关属性赋值
    int bookTypeId = Convert.ToInt32(ViewState["BookTypeId"]);
    List<BookModel> lists = oBookBLL.Book_GetListByWhere("BookTypeId = " + bookTypeId.ToString());
    if(lists ! = null)
    {
        pdsBooks.DataSource = lists;
        pdsBooks.AllowPaging = true;
        pdsBooks.PageSize = 5;
        pdsBooks.CurrentPageIndex = Pager;
        lblCurpage.Text = "第" + (pdsBooks.CurrentPageIndex + 1).ToString() + "页 共" + pdsBooks.PageCount.ToString() + "页";
        SetEnable(pdsBooks);
        DataList1.DataSource = pdsBooks;  //把 PagedDataSource 对象赋给 DataList 控件
        DataList1.DataKeyField = "BookId";  //DataKeyField 设定主键字段是哪一个字段
        DataList1.DataBind();
    }
    else
    {
        //DataList 控件数据源没有数据时,会出现空引用异常,所以下面这样处理下。
        btnPrepage.Visible = false;
        btnNextpage.Visible = false;
        lblCurpage.Text = "<div style='color:red;'>当前类别没有对应的数据!</
```

```
        div>";
    }
}
```

B. 控制按钮是否可用方法的代码。

```
//使翻页的两个按钮生效或失效的方法内容如下：
private void SetEnable(PagedDataSource pds)
{
    btnPrepage.Enabled = true;
    btnNextpage.Enabled = true;
    if (pds.IsFirstPage)
        btnPrepage.Enabled = false;
    if (pds.IsLastPage)
        btnNextpage.Enabled = false;
}
```

C. 当前页属性设置。

```
private int Pager
{
    get
        return (int)ViewState["CurPage"]; //真正保存当前页码值用 ViewState["CurPage"]
    set
        ViewState["CurPage"] = value;
}
```

D. "加入购物车"按钮的单击事件。

在 DataList 中任何按钮被单击时都会触发 ItemCommand，所以在这个事件中，通过按钮命令名称 e.CommandName == "Buy"是否等于"Buy"来确定是否是单击了"加入购物车"，代码如下。

```
protected void DataList1_ItemCommand(object source, DataListCommandEventArgs e)
{
    string status = ((Label)DataList1.Items[e.Item.ItemIndex].FindControl("lblStatus")).Text;
    if (status == "缺货")
    {
        Page.ClientScript.RegisterClientScriptBlock(this.GetType(), "aa", "alert('此书暂缺,暂不能购买!');", true);
        return;
    }
    else
    {
        if (e.CommandName == "Buy")
```

```csharp
        {
            if (Session["userModel"] == null)
            {
                Page.ClientScript.RegisterClientScriptBlock(this.GetType(), "aa",
"alert('请登录系统,然后才能购买!');window.location = 'Default.aspx';", true);
            }
            else
            {
                ShopUserModel oUserModel = (ShopUserModel)Session["userModel"];
                int userId = oUserModel.UserId;
                int bookId = Convert.ToInt32(this.DataList1.DataKeys[e.Item.
ItemIndex].ToString());
                ShoppingCartBLL oShoppingCartBLL = new ShoppingCartBLL();
                Decimal Price = Convert.ToDecimal(((Label)this.DataList1.Items[e.
Item.ItemIndex].FindControl("lblPrice")).Text.Substring(1));   //Substring(1)的功能是去
掉￥
                Decimal Discount = Convert.ToDecimal(((Label)this.DataList1.Items
[e.Item.ItemIndex].FindControl("lblDiscount")).Text);
                Decimal BuyPrice =  Price * Discount;
                int result = oShoppingCartBLL.ShoppingCart_Add(userId, bookId, 1,
BuyPrice);
                if (result > 0)
                {
                    Page.ClientScript.RegisterClientScriptBlock(this.GetType(),
"ff", "alert('购物成功!');", true);
                }
            }
        }
```

在上面的代码中,大家有没有注意到,以前,弹出消息框,使用的代码为:

Response.Write("<script>alert('购物成功!');</script>");

现在,弹出消息框,使用的代码为:

Page.ClientScript.RegisterClientScriptBlock(this.GetType(),"ff","alert('购物成功!');",true);

这是因为,如果用前者,弹出消息框后,页面中的字体大小会发生变化,页面变形,所以现在,采用后面的代码。

E. 上下翻页按钮的单击事件。

```csharp
protected void btnPrepage_Click(object sender, EventArgs e)
```

```csharp
    {
        Pager--;
        Databind();
    }
    protected void btnNextpage_Click(object sender, EventArgs e)
    {
        Pager++;
        Databind();
    }
```

F. 数据访问层"加入购物车"方法的编写。

这个方法的功能是，把点选的商品加入购物车，这时有一点要注意，如果这个商品已在购物车，则购物车表不新增记录，只是修改所购商品的数量，如果购物车中没有这个商品，则是在购物车表中新增一条记录，对应的 SQL 语句为：

```csharp
//购物车添加购物记录,若购物车中已有此图书,只需修改数量,否则新增记录
public int ShoppingCart_Add(int UserId, int BookId, int Quantity, Decimal BuyPrice)
{
    StringBuilder sqlText = new StringBuilder();
    sqlText.Append(" DECLARE @sum int;");
    //定义变量,以接收此用户购物车中是否已有此图书
    sqlText.Append(" SELECT @sum = Count(BookId) FROM ShoppingCart WHERE BookId = @BookId AND ShopUserId = @ShopUserId;");
    sqlText.Append(" IF @sum > 0 "); //若有,修改商品数量即可
    sqlText.Append("UPDATE ShoppingCart SET Quantity = (@Quantity + Quantity) ");
    sqlText.Append("WHERE BookID = @BookId AND ShopUserId = @ShopUserId ");
    sqlText.Append(" ELSE ");         //若没有,添加新记录
    sqlText.Append(" INSERT INTO ShoppingCart(ShopUserId,BookId,BuyPrice,Quantity,ShopingDate) ");
    sqlText.Append("Values(@ShopUserId,@BookId,@BuyPrice,@Quantity,@ShopingDate)");
    SqlParameter[] paras = new SqlParameter[]
    {
        new SqlParameter("@ShopUserId",UserId),
        new SqlParameter("@BookId",BookId),
        new SqlParameter("@Quantity",Quantity),
        new SqlParameter("@BuyPrice",BuyPrice),
        new SqlParameter("@ShopingDate",DateTime.Now)
    };
    return SqlDBHelper.ExecuteNonQueryCommand(sqlText.ToString(), paras);
}
```

8.1.3 购物车页面设计

用户登录网上书店后,浏览商品,点击"加入购物车"就可以实现购物。本系统中购物车是用数据库中的表"ShoppingCart"来实现的,点击"加入购物车"就是在购物车表中添加或修改记录,利用数据库表实现购物车,可以实现购物记录较长时间的保留而不会丢失。在页面"ShoppingCart.aspx"中,用户可以查看自己的"购物车",当前用户的所有购物内容就显示出来,如图 8-5 所示。

图 8-5 购物车内容显示

这个页面中,把当前用户购物车内容显示出来,同时还提供购买数量的修改、购物车记录的删除、购物车总金额的计算以及购物车内容清空等功能。

设计步骤如下:

实施步骤:

(1)设计思路。

利用母版创建新页面,向页面中添加 GridView 控件显示购物车清单列表,在其下方添加一个标签显示购物车总金额,最下方添加三个按钮。提取购物车记录列表、计算购物车总金额、清空购物车、更新和删除等,都用在业务逻辑层和数据访问层,利用相应方法通过 SQL 命令能 ADO.NET 方式设计好,此页面的事件中,只需调用这些方法即可。

(2)控件设计。

利用母版创建购物车页面,然后向页面中添加 GridView 控件、标签和三个按钮。利用 GridView 控件实现显示购物车内容,其中的各列数据采用"TemplateField"模板列设计,以提高灵活性。对于"价格"列和"购买价"列,采用自定义格式化处理,对"数量"列用文本框显示,用验证控件进行验证,确保是正整数,对"删除"按钮,提供弹出式确认框,在用户"确定"删除后,才真正删除。

"图书名称"模板列设计界面如图 8-6 所示,单击 ItemTemplate 下拉列表框选择相关模板列,单击控件右上方的"DataBindings…"菜单,在"可绑定属性"中,用自定义方式绑定设置各控件的相关属性值,代码表达式如图中所示。

比如:图书名称字段,可以用 HyperLink 超链接控件设计,单击其右上方的"DataBindings…"菜单,用自定义方式绑定设置其 Text 属性值为"Eval("oBookModel.

BookName")",表示超链接文本用数据源实体类的 oBookModel.BookName 子属性值显示，再设置其"NavigateUrl"的绑定数据源为"Eval("oBookModel.BookId"，"ShowBookDetail.aspx?BookId={0}")",设置界面如图 8-7 所示。

图 8-6 图书名称模板列设计

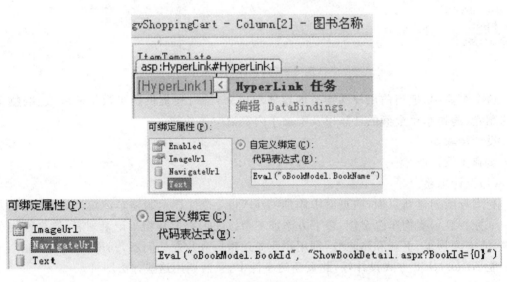

图 8-7 图书名称模板列设计

设计细节不再详述，产生的 HTML 代码如下。

```
<asp:GridView ID="gvShoppingCart" runat="server" AllowSorting="True" CellPadding="4"
    AutoGenerateColumns="False" DataKeyNames="ShopingCartRecordId"
    ForeColor="#333333" onrowdeleting="gvShoppingCart_RowDeleting"
    onrowupdating="gvShoppingCart_RowUpdating">
<Columns>
    <asp:BoundField DataField="ShopingCartRecordId" Visible="False" />
    <asp:TemplateField HeaderText="图书编号" Visible="False">
        <ItemTemplate>
            <asp:Label ID="lblBookId" runat="server" Text='<%# Eval
```

```
("oBookModel.BookId") %>'></asp:Label>
                </ItemTemplate>
            </asp:TemplateField>
            <asp:TemplateField HeaderText="图书名称">
                <ItemTemplate>
                    <asp:HyperLink ID="HyperLink1" runat="server" NavigateUrl='<%# Eval("oBookModel.BookId","ShowBookDetail.aspx?BookId={0}") %>' Target="_self" Text='<%# Eval("oBookModel.BookName") %>'></asp:HyperLink>
                </ItemTemplate>
            </asp:TemplateField>
            <asp:TemplateField HeaderText="ISBN">
                <ItemTemplate>
                    <asp:Label ID="Label1" runat="server" Text='<%# Eval("oBookModel.ISBN") %>'></asp:Label>
                </ItemTemplate>
            </asp:TemplateField>
            <asp:TemplateField HeaderText="价格">
                <ItemTemplate>
                    <asp:Label ID="Label7" runat="server" Text='<%# Eval("oBookModel.Price","{0:c0}") %>'></asp:Label>
                </ItemTemplate>
            </asp:TemplateField>
            <asp:TemplateField HeaderText="折扣">
                <ItemTemplate>
                    <asp:Label ID="Label8" runat="server" Text='<%# Eval("oBookModel.Discount","{0:f2}") %>'></asp:Label>
                </ItemTemplate>
            </asp:TemplateField>
            <asp:TemplateField HeaderText="数量">
                <ItemTemplate>
                    <asp:TextBox ID="txtQuantity" runat="server" Height="19px" Text='<%# Bind("Quantity") %>' Width="50px"></asp:TextBox>
                    <asp:CompareValidator ID="CompareValidator1" runat="server" ControlToValidate="txtQuantity" Display="Dynamic" ErrorMessage="整数" Operator="GreaterThan" Type="Integer" ValueToCompare="0"></asp:CompareValidator>
                </ItemTemplate>
            </asp:TemplateField>
            <asp:TemplateField ShowHeader="False">
                <ItemTemplate>
                    <asp:LinkButton ID="LinkButton1" runat="server" CausesValidation="True"
```

```
                    CommandName = "Update" Text = "更新"></asp:LinkButton>
                </ItemTemplate>
            </asp:TemplateField>
            <asp:TemplateField ShowHeader = "False">
                <ItemTemplate>
                    <asp:LinkButton ID = "LinkButton4" runat = "server" CausesValidation = "False"
                        CommandName = "Delete" onclientclick = "return confirm(&quot;确定要删除吗?&quot;)"
                        Text = "删除"></asp:LinkButton>
                </ItemTemplate>
            </asp:TemplateField>
        </Columns>
    </asp:GridView>
    <div style = "text-align:right; font-size:13px; color:Red; padding-right:120px;">
        购物总金额:<asp:Label ID = "lblSumMoney" runat = "server" Text = "Label"></asp:Label>
    </div>
    <div style = "text-align:center; font-size:13px;">
        <table style = "width: 450px">
            <tr><td><asp:LinkButton ID = "lblClearShoppingCart" runat = "server"
                onclick = "lblClearShoppingCart_Click">清空购物车</asp:LinkButton>
            </td>
            <td><asp:LinkButton ID = "lbnContinueShop" runat = "server"
                onclick = "lbnContinueShop_Click">继续购物</asp:LinkButton>
            </td>
            <td><asp:LinkButton ID = "lbnCheckout" runat = "server" onclick = "lbnCheckout_Click">结  账</asp:LinkButton>
            </td></tr>
        </table>
    </div>
```

由于"获取某用户购物车信息"、"更新购物数量"、"删除购物记录"、"清空购物车"、"计算购物车总金额"、"结账"等方法,在数据访问层"ShoppingCartDAL"数据访问类中已经设计好,所以网页中只需调用即可,下面是后台代码。

(3)页面加载事件。

页面的"Page_Load"事件,它用来在首次加载页面时显示购物车记录。

```
protected void Page_Load(object sender, EventArgs e)
{
    if (! IsPostBack)
    {
        DisplayShoppingCartList();
    }
}
```

第8章 阶段项目——网上书店实例设计

}

公共方法 DisplayShoppingCartList() 的内容如下。

```csharp
private void DisplayShoppingCartList()
{
    if (Session["userModel"] == null)
    {
        Page.ClientScript.RegisterClientScriptBlock(this.GetType(), "kk", "alert('你尚未登录系统,请先登录系统!');window.location='Default.aspx';", true);;
    }
    else
    {
        UserModel oUserModel = (UserModel)Session["userModel"];
        int userId = oUserModel.UserId;
        ShoppingCartBLL oShoppingCartBLL = new ShoppingCartBLL();
        gvShoppingCart.DataSource = oShoppingCartBLL.ShoppingCart_GetListByShopUserId(userId);
        gvShoppingCart.DataBind();
        lblSumMoney.Text = oShoppingCartBLL.ShoppingCart_TotalMoneyByShopUserId(userId).ToString();   //获取购物车总金额
    }
}
```

(4) 更新事件。

GridView 控件中的"更新"按钮,用来更改购物数量,其事件代码如下。

```csharp
protected void gvShoppingCart_RowUpdating(object sender, GridViewUpdateEventArgs e)
{
    int ShopingCartRecordId = Convert.ToInt32(gvShoppingCart.DataKeys[e.RowIndex].Value);
    int BookId = Convert.ToInt32(((Label)this.gvShoppingCart.Rows[e.RowIndex].FindControl("lblBookId")).Text);   //FindControl 是找到控件的比较常用的方法
    int Quantity = Convert.ToInt32(((TextBox)this.gvShoppingCart.Rows[e.RowIndex].FindControl("txtQuantity")).Text);
    BookBLL oBookBLL = new BookBLL();
    int amount = oBookBLL.Book_GetAmountByBookId(BookId);
    if (amount < Quantity)
    {
        gvShoppingCart.EditIndex = -1;
        DisplayShoppingCartList();
        Page.ClientScript.RegisterClientScriptBlock(this.GetType(), "aa", "alert('库存量不足,你不能购买这么多书!');", true);
        return;
    }
```

```csharp
        ShoppingCartBLL oShoppingCartBLL = new ShoppingCartBLL();
        int result = oShoppingCartBLL.ShoppingCart_UpdateById(ShopingCartRecordId, Quantity);
        if (result > 0)
        {
            Page.ClientScript.RegisterClientScriptBlock(this.GetType(), "aa", "alert('更新成功!');", true);
            gvShoppingCart.EditIndex = -1;
            DisplayShoppingCartList();
        }
    }
```

(5)删除事件。

GridView 控件中的"删除"按钮,用来去除购物车中某一种商品,其事件代码如下。

```csharp
    protected void gvShoppingCart_RowDeleting(object sender, GridViewDeleteEventArgs e)
    {
        int ShopingCartRecordId = Convert.ToInt32(gvShoppingCart.DataKeys[e.RowIndex].Value);
        ShoppingCartBLL oShoppingCartBLL = new ShoppingCartBLL();
        int result = oShoppingCartBLL.ShoppingCart_DeleteById(ShopingCartRecordId);
        if (result > 0)
        {
            Page.ClientScript.RegisterClientScriptBlock(this.GetType(), "aa", "alert('删除成功!');", true);
            DisplayShoppingCartList();
        }
    }
```

(6)清空购物车按钮事件。

"清空购物车"按钮的功能是把购物车中所有商品全部清除,其事件代码如下。

```csharp
    protected void lblClearShoppingCart_Click(object sender, EventArgs e)
    {
        if (Session["userModel"] == null)
        {
            Page.ClientScript.RegisterClientScriptBlock(this.GetType(), "aa", "alert('你尚未登录系统,请先登录系统!');window.location='Default.aspx';", true);
        }
        else
        {
            UserModel oUserModel = (UserModel)Session["userModel"];
            int userId = oUserModel.UserId;
            ShoppingCartBLL oShoppingCartBLL = new ShoppingCartBLL();
            oShoppingCartBLL.ShoppingCart_ClearByShopUserId(userId);
```

```
            gvShoppingCart.DataSource = oShoppingCartBLL.ShoppingCart_
GetListByShopUserId(userId);
            gvShoppingCart.DataBind();
            lblSumMoney.Text = "0";
    }
}
```

(7) 结账按钮事件。

"结账"按钮主要是判断用户有没购物，有购物的话，跳转到结账页，事件代码如下。

```
protected void lbnCheckout_Click(object sender, EventArgs e)
{
        if (Session["userModel"] == null)
        {
        Page.ClientScript.RegisterClientScriptBlock(this.GetType(), "aa", "alert('你尚未登录系统,请先登录系统!');window.location='Default.aspx';", true);
        }
        else
        {
            UserModel oUserModel = (UserModel)Session["userModel"];
            int userId = oUserModel.UserId;
            ShoppingCartBLL oShoppingCartBLL = new ShoppingCartBLL();
            float count = oShoppingCartBLL.ShoppingCart_TotalMoneyByShopUserId(userId);
            if (count == 0)
            {
                Page.ClientScript.RegisterClientScriptBlock(this.GetType(), "aa", "alert('你尚未在本站购买任何商品,无须结账!');", true);
            }
            else
            {
                Response.Redirect("Checkout.aspx");
            }
        }
}
```

8.1.4 订单结账页面设计

当用户购物完成后，在购物车页面中，单击"结账"，可以跳转到"Checkout.aspx"结账页面，在结账页面，把当前用户的购物信息显示出来，同时把用户的收货地址、姓名和电话等信息取出来，显示在页面下方，如图 8-8 所示。单击"提交订单"，产生订单，并进入付款页面。为了实现系统功能的完整性，可以在数据库中，设计"PayAccount"用户资金账户表，虚拟银行付款。

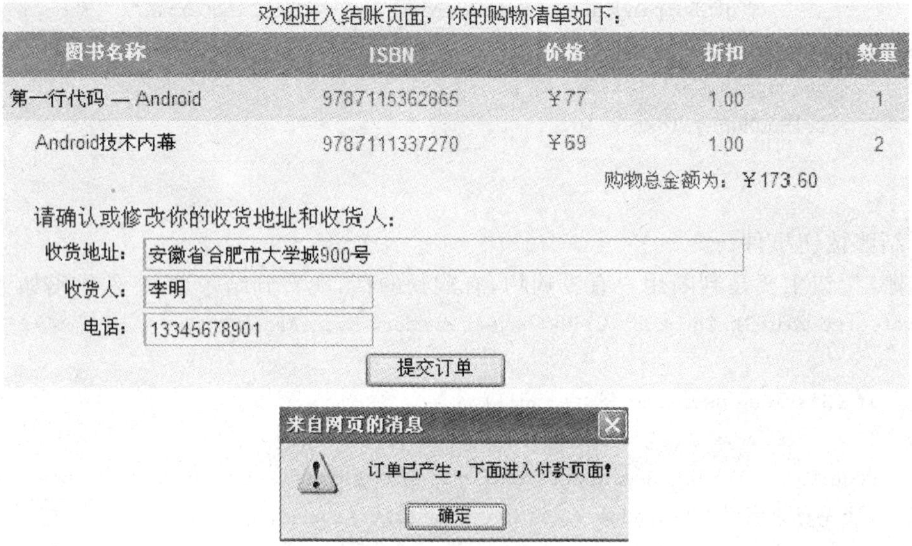

图 8-8 订单产生页面

实施步骤：

(1)设计思路。

在购物车页面单击"结账"跳转到结账页面，由于用户登录的信息都保存在 Session 对象中，在结账页面，从 Session 对象中取出"用户编号"，根据"用户编号"到数据库购物车表中把当前用户的购物信息列表读取出来，并用 GridView 控件显示出来，再根据"用户编号"，到顾客表"ShopUser"中，把用户的收货地址、姓名和电话读取出来，显示在页面下方，如图 8-8 所示。单击"提交订单"，产生订单，并进入付款页面。为了实现系统功能的完整性，可以在数据库中，设计"PayAccount"用户资金账户表，虚拟银行付款。

(2)页面布局设计。

这个页面设计比较简单，首先在页面上部，添加一个 GridView 控件，下方是一个 4 行 3 列的表格，里面放入三个文本框和一个按钮。

(3)页面加载事件。

在页面的"Page_Load"事件中，首先判断用户是否登录，如果登录，从 Session ["userModel"]中保存的用户实体信息中，取出用户号、用户收货地址、姓名、电话，并显示在下方的文本框中。根据用户号，到购物车表 ShoppintCart 中，把当前用户的购物清单和购物总金额取出并显示在 GridView 控件和标签控件中。

```
protected void Page_Load(object sender, EventArgs e)
{
    if (! IsPostBack)
    {
        DisplayInfo();
    }
}
private void DisplayInfo()
{
```

```csharp
        if (Session["userModel"] == null)
        {
            Page.ClientScript.RegisterClientScriptBlock(this.GetType(), "aa", "alert('你尚未登录系统,请先登录系统!');window.location = 'Default.aspx';", true);
        }
        else
        {
            ShopUserModel oUserModel = (ShopUserModel)Session["userModel"];
            int userId = oUserModel.UserId;
            ShoppingCartBLL oShoppingCartBLL = new ShoppingCartBLL();
            gvShoppingCart.DataSource = oShoppingCartBLL.ShoppingCart_GetListByShopUserId(userId);
            gvShoppingCart.DataBind();
            lblSumMoney.Text = string.Format("{0:c}", oShoppingCartBLL.TotalMoneyByShopUserId(userId));
            txtAddress.Text = oUserModel.Address;
            txtXinmin.Text = oUserModel.Xinmin;
            txtTel.Text = oUserModel.Tel;
        }
    }
```

（4）"提交订单"按钮事件。

当单击"提交订单"按钮时,首先确定用户是否处理登录状态,因为用户登录后,可能离开电脑,若在系统设计的 Session 过期时间后仍未操作电脑,视为未登录。若已登录,计算订单金额,产生订单,并更新商品的库存量和销售量,并提示进入付款页面。

"提交订单"按钮的单击事件代码如下。

```csharp
    protected void btnSubmitOrder_Click(object sender, EventArgs e)
    {
        if (Session["userModel"] == null)
        {
            Page.ClientScript.RegisterClientScriptBlock(this.GetType(), "aa", "alert('你尚未登录系统,请先登录系统!');window.location = 'Default.aspx';", true);
        }
        else
        {
            UserModel oUserModel = (UserModel)Session["userModel"];
            int userId = oUserModel.UserId;
            ShoppingCartBLL oShoppingCartBLL = new ShoppingCartBLL();
            float sumMoney = oShoppingCartBLL.ShoppingCart_TotalMoneyByShopUserId(userId);
            string address = txtAddress.Text;
            string xinmin = txtXinmin.Text;
```

```
            OrdersBLL oOrdersBLL = new OrdersBLL();
            intordered = oOrdersBLL.Orders_CreateOrderToOrdersAndOrderDetails(userId,
sumMoney, address, xinmin);//结账,产生订单
            oShoppingCartBLL.ShoppingCart_UpdateBookAmoutAtCheckout(userId);//更新库
存量
            if (orderId > 0)
            {
                string msg = string.Format("alert('订单已产生,下面进入付款页面!');
window.location = 'PayForOrder.aspx?OrderId={0}';", orderId);
                Page.ClientScript.RegisterClientScriptBlock(this.GetType(), "aa", msg,
true);
            }
        }
```

这个事件中,产生订单是调用数据访问层提供的"产生订单"方法的功能。那么数据访问层提供的"产生订单"方法如何编写呢?

(5) OrdersDAL 数据访问类"产生订单"方法编写。

"产生订单"方法是数据访问类"OrdersDAL"的一个方法,其代码如下:

```
//产生订单,写入订单表和订单详情表,同时删除购物车表中相应购物详情
public int Orders_CreateOrderToOrdersAndOrderDetails(int ShopUserId, decimal SumMoney,
string AddressOfDeliverGoods, string GetGoodsPersonName, string Tel)
{
    try
    {
        StringBuilder sqlText = new StringBuilder();
        //声明数据库变量@OrderID,用于保存增加订单记录时自动产生的订单号
        sqlText.Append("DECLARE @OrderID int;");
        //向订单表增加订单记录,把自动产生的订单号保存到@OrderID
        sqlText.Append(" INSERT INTO Orders (ShopUserId, SumMoney, OrderDate,
OrderStatus, AddressOfDeliverGoods,GetGoodsPersonName,Tel) ");
        sqlText.Append(" VALUES (@ShopUserId, @SumMoney, @OrderDate, @OrderStatus, @
AddressOfDeliverGoods, @GetGoodsPersonName,@Tel); ");
        sqlText.Append("SELECT @OrderID = @@Identity; ");//@@Identity 返回自增标
识列值
        //根据购物车中当前用户的购物清单,向订单详情表批量插入订单详情记录
        sqlText.Append(" INSERT INTO OrderDetails (OrderID, BookID, Quantity,
BuyPrice) ");
        sqlText.Append("SELECT @OrderID,BookId,Quantity,BuyPrice FROM ShoppingCart
WHERE ShopUserId = @ShopUserId; ");
        //写入订单详情后,删除购物车中当前用户的购物清单
        sqlText.Append("Delect From ShoppingCart WHERE ShopUserId = @ShopUserId;");
```

```csharp
            //返回生成的订单号
            sqlText.Append("SELECT @OrderID");
            SqlParameter[] paras = new SqlParameter[]
            {
                new SqlParameter("@ShopUserId",ShopUserId),
                new SqlParameter("@SumMoney",SumMoney),
                new SqlParameter("@OrderDate",DateTime.Now),
                new SqlParameter("@OrderStatus",1),
                new SqlParameter("@AddressOfDeliverGoods",AddressOfDeliverGoods),
                new SqlParameter("@GetGoodsPersonName",GetGoodsPersonName),
                new SqlParameter("@Tel",Tel)
            };
            return Convert.ToInt32(SqlDBHelper.TranExecuteScalarCommand(sqlText.ToString(), paras));
        }
        catch (SqlException ex)
        {
            throw ex;
        }
        catch (Exception ex)
        {
            throw ex;
        }
    }
```

上面方法中,产生订单时,即要向订单插入一条记录,同时还要根据当前用户的购物清单记录,向订单详情表插入相同记录数的订单情况记录,比如产生订单时购物车清单是两条记录,则向订单详情表也是插入两条记录,这就是 SQL 批量插入记录命令。

SQL 批量插入命令,就是把 Select 命令的查询结果整体插入到一个表中。这里是查询购物车表当前用户购物清单,然后整体插入到订单详情表,代码如下:

INSERT INTO OrderDetails(OrderID, BookID, Quantity, BuyPrice)
SELECT @OrderID, BookId, Quantity, BuyPrice FROM ShoppingCart WHERE ShopUserId = @ShopUserId;

最后还要删除购物车表中当前用户的购物清单,并返回产生的订单号。订单号是用 SQL 中的全局变量@@Identity 捕捉到并保存到局部变量@OrderID 中。

这些操作都是在这个方法中,构建好相应的 SQL 命令,然后调用 SqlDBHelper 类的方法 TranExecuteScalarCommand()来完成的。

这些操作,要么同时完成,要么都不执行,所以要用事务处理功能,这里使用基于连接的事务,TranExecuteScalarCommand()的代码如下。

(6)编写 SQLDBHelper 启用事务的方法。

//启用事务功能,执行多条增、删、改命令,返回最后一条查询命令的单值结果

```
public static int TranExecuteScalarCommand(string sqlTexts, params SqlParameter[] paras)
{
    int result = 0;
    SqlTransaction tran = null;
    SqlConnection Conn = new SqlConnection(connStr);
    try
    {
        Conn.Open();
        tran = Conn.BeginTransaction();  //开始事务
        SqlCommand cmd = new SqlCommand(sqlTexts,Conn);
        cmd.Parameters.AddRange(paras);
        cmd.Transaction = tran;
        result = Convert.ToInt32(cmd.ExecuteScalar());
        tran.Commit();  //提交事务
    }
    catch
    {
        tran.Rollback();//回滚事务
    }
    finally
    {
        Conn.Close();
    }
    return result;
}
```

8.1.5 我的订单页面设计

在网上书店中,顾客可以在用户订单汇总页面 ShowUserOrders.aspx 中,查看到自己在网上的以往订单列表信息,可以看到下单日期、付款日期、发货日期和收货日期。在这个页面中,对未付款的订单,单击"前去付款"可以进行付款,对已经收到的商品,进行"确认收货"。通过单击"查看"按钮,可以看到订单的详细情况,如图 8-9 所示。

你在本站的所有订单如下:							
订单号	下单日期	总金额	订单状态	付款日期	发货日期	收货日期	订单详情
31	2015-3-28	¥53.10	已付款	2015-3-28			查看	等待发货
29	2015-3-28	¥77.00	未付款				查看	前去付款
27	2015-3-28	¥173.60	已发货	2015-3-28	2015-3-29		查看	确认收货
25	2015-2-10	¥103.50	已收货	2015-3-29	2015-3-29	2015-3-29	查看	已经收货

图 8-9 用户订单汇总记录

实施步骤：

（1）设计思路。

利用母版创建页面后，实际上页面中只有一个 GridView 控件，用来显示以往的订单列表。由于用户登录的信息都保存在 Session 对象中，在此页面中，从 Session 对象中取出"用户编号"，根据"用户编号"到订单表中把当前用户编号的购物信息列表读取出来，在 GridView 控件中显示出来。列表右边的"等待发货"、"前去付款"、"确认收货"等，实际上是根据数据库中订单表"Orders"的 int 型字段"OrderStatus"的几个值的不同，标记出来的不同状态，订单状态"OrderStatus"的值分别表示："1：下单未付款；2：已付款；3：已发货；4：已收货；5：被作废"。在 GridView 的事件中，根据订单状态"OrderStatus"的不同取值，分别跳转到不同的页面进行处理。

（2）页面控件的布局与设计。

利用前台子系统的母版创建这个页面，页面中只添加了一个 GridView 控件，然后利用 GridView 控件的"编辑列"菜单，向"选定的字段"中添加若干"BoundField"和订单详情超链接列"HyperLinkField"，设定各列字段的"DataFeild"和"HeaderText"属性值等，最后把除"总金额"和"订单详情"之外的其他列字段都转化为模板列。

最后，生成的主要的 HTML 代码如下：

```
<asp:GridView ID="gvUserOrders" runat="server" Font-Size="13px"
    onrowcommand="gvUserOrders_RowCommand">
<Columns>
    <asp:TemplateField HeaderText="订单号">
        <ItemTemplate>
            <asp:Label ID="lblOrderId" runat="server" Text='<%# Eval("OrderId") %>'/>
        </ItemTemplate>
    </asp:TemplateField>
    <asp:TemplateField HeaderText="下单日期">
        <ItemTemplate>
            <asp:Label ID="Label2" runat="server" Text='<%# dtformat(Eval("OrderDate","{0:d}")) %>'/>
        </ItemTemplate>
    </asp:TemplateField>
    <asp:BoundField DataField="SumMoney" DataFormatString="{0:c2}" HeaderText="总金额">
    <asp:TemplateField HeaderText="订单状态">
        <ItemTemplate>
            <asp:Label ID="Label1" runat="server"
                Text='<%# GetStatus(Eval("OrderStatus")) %>'></asp:Label>
        </ItemTemplate>
    </asp:TemplateField>
    ……
    <asp:HyperLinkField DataNavigateUrlFields="OrderId" HeaderText="订单详情" Text
```

```
            = "查看"       DataNavigateUrlFormatString = "ShowOrderDetail.aspx? OrderId = {0}" >
            </asp:HyperLinkField>
            <asp:TemplateField ShowHeader = "False">
                <ItemTemplate>
                    <asp:LinkButton ID = "lbtOperate" runat = "server"
                        CommandName = "Operate" Text = '<% # OperName(Eval("OrderStatus")) %>'
                        CommandArgument = '<% # Eval("OrderId") %>'></asp:LinkButton>
                </ItemTemplate>
            </asp:TemplateField>
        </Columns>
    </asp:GridView>
```

这个页面设计是比较简单的,稍难的是,在最后一列,如何根据订单当前所处的状态,去执行不同的操作。

(3)页面加载事件编写。

下面看看其后台代码文件的内容,页面的 Page_Load 事件代码如下。

```
protected void Page_Load(object sender, EventArgs e)
{
    if (! IsPostBack)
    {
        DisplayUserOrdersList();
    }
}
private void DisplayUserOrdersList()
{
    if (Session["userModel"] == null)
    {
        Page.ClientScript.RegisterClientScriptBlock(this.GetType(), "kk", "alert('尚未登录,请先登录系统!');window.location = 'Default.aspx';", true);
    }
    else
    {
        ShopUserModel oUserModel = (ShopUserModel)Session["userModel"];
        int userId = oUserModel.UserId;
        OrdersBLL oOrdersBLL = new OrdersBLL();
        gvUserOrders.DataSource = oOrdersBLL.Orders_GetListByWhere(" ShopUserId = " + userId.ToString());
        gvUserOrders.DataBind();
    }
}
```

这上面这段代码中,根据保存在 Session["userModel"]中的用户号,构建查询条件,把当前用户的订单查找并显示出来。

(4) 订单状态的处理。

显示订单列表的 GridView 的最后一个模板列中,添加的是 LinkButton 按钮,其 CommandName="Operate",命令参数为订单号,即:CommandArgument='<%# Eval("OrderId") %>',按钮的文本属性 Text='<%# OperName(Eval("OrderStatus")) %>',相应标记为:

<asp:LinkButton ID="lbtOperate" runat="server" CommandName="Operate" Text='<%# OperName(Eval("OrderStatus")) %>' CommandArgument='<%# Eval("OrderId") %>'/>

其按钮的文本绑定到 OperName(object obj)函数,这个函数根据订单的状态值,在按钮上显示不同的标题,函数内容为:

```
protected string OperName(object obj)
{
    if (obj.ToString() == "1")
    {
        return "前去付款";
    }
    else if (obj.ToString() == "2")
    {
        return "等待发货";
    }
    else if (obj.ToString() == "3")
    {
        return "确认收货";
    }
    else if (obj.ToString() == "4")
    {
        return "已经收货";
    }
    else if (obj.ToString() == "5")
    {
        return "交易撤销";
    }
    else
    {
        return "";
    }
}
```

(5) GridView 控件 RowCommand 事件。

当单击最后一列的按钮时,触发 GridView 控件的 RowCommand 事件,在事件中,根据按钮的 CommandName 属性值,确定是否单击的是 CommandName 为"Operate"的按钮,如果是,根据按钮标题显示的文字,去执行相应的操作,代码如下:

```
protected void gvUserOrders_RowCommand(object sender, GridViewCommandEventArgs e)
```

```
            {
                if (e.CommandName == "Operate")
                {
                    LinkButton lbtOperate = (LinkButton)e.CommandSource;
                    string commandText = lbtOperate.Text;//这里可以获得点击行字段field2的值
                    string OrderId = e.CommandArgument.ToString();//这里可以获得点击行字段field1的值
                    if (commandText == "前去付款")
                    {
                        Response.Redirect("PayForOrder.aspx?OrderId=" + OrderId);
                    }
                    else if (commandText == "确认收货")
                    {
                        OrdersBLL oOrdersBLL = new OrdersBLL();
                        int result = oOrdersBLL.DealOrderStatusForGetGoods(Convert.ToInt32(OrderId));
                        if (result > 0)
                        {
                            Page.ClientScript.RegisterClientScriptBlock(this.GetType(), "kk", "alert('已确认!');", true);
                            DisplayUserOrdersList();
                        }
                    }
                }
            }
```

8.2 后台管理子系统设计

后台管理子系统的树型菜单、母版等，已在第 5 章中专门设计讲解过，在此不再详述，这里只关注后台部分页面的设计。

8.2.1 图书列表页面设计

在后台管理子系统，单击左侧"图书管理"菜单下子菜单"图书列表"，在右侧显示系统中图书信息，每页可以显示 15 条记录，如图 8-10 所示，图书列表是用 ID 为"gvBooks"的 GridView 控件显示的。

需要注意的有一点，由于数据库中各表之间有参照完整性，所以这里的"删除"是不能物理删除记录的，只能是逻辑删除。对应于图书的逻辑删除，在"Book"数据库表中，表示图书状态的字段"Static"有三个值，分别为："1:正常；2:缺货；3:删除"，所以删除图书就是把图书的"Static"字段值改为"3"。

实施步骤：

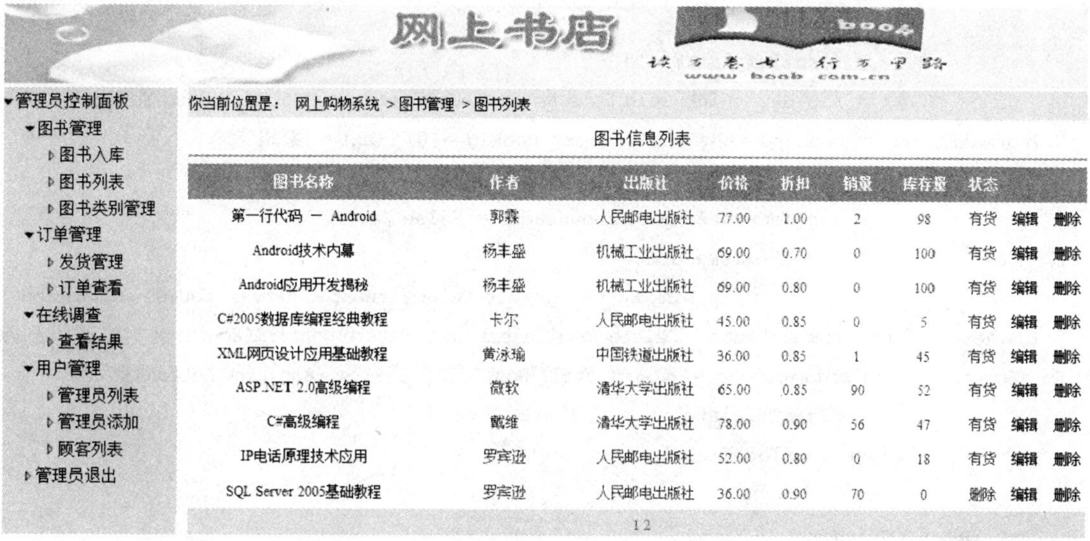

图 8-10　图书信息列表

（1）页面的布局与设计。

页面的制作详细过程这里就不详述了，生成的部分 HTML 代码如下：

```
<asp:GridView ID="gvBooks" runat="server" AllowPaging="True" Font-Size="13px" PageSize="15" DataKeyNames="BookId" onpageindexchanging="gvBooks_PageIndexChanging" onrowdeleting="gvBooks_RowDeleting">
    <Columns>
        <asp:TemplateField HeaderText="图书名称">
            <ItemTemplate>
                <asp:HyperLink ID="HyperLink1" runat="server" Target="_self" NavigateUrl='<%# Eval("oBookModel.BookId","ShowBookDetail.aspx?BookId={0}") %>' Text='<%# Eval("oBookModel.BookName") %>'></asp:HyperLink>
            </ItemTemplate>
        </asp:TemplateField>
        <asp:BoundField DataField="Publisher" HeaderText="出版社">
        </asp:BoundField>
        <asp:BoundField DataField="Price" HeaderText="价格" SortExpression="Price">
        </asp:BoundField>
        <asp:BoundField DataField="Discount" DataFormatString="{0:f}" HeaderText="折扣" />
        <asp:BoundField DataField="Sales" HeaderText="销量" />
        <asp:BoundField DataField="Amount" HeaderText="库存量" />
        <asp:TemplateField HeaderText="状态">
            <ItemTemplate>
                <asp:Label ID="Label1" runat="server" Text='<%# Get Status(Eval("Status")) %>' />
```

```
            </ItemTemplate>
          </asp:TemplateField>
          <asp:HyperLinkField Data NavigateUrlFields = "BookId"  Data Navigate
UrlFormatString = "BookUpdateByBookId.aspx? BookId={0}" Text = "编辑">
          </asp:HyperLinkField>
          <asp:Template Field ShowHeader = "False">
              <ItemTemplate>
                  <asp:Link Button ID = "lbnDelete" runat = "server" Causes Validation =
"False"Text = "删除" Comm and Name = "Delete" onclientclick = "return confirm(&quot;确定要逻辑删除
吗? &quot;)"  Comm and Argument = '<%# Eval("BookId") %>'></asp:Link Button>
              </ItemTemplate>
          </asp:TemplateField>
      </Columns>
  </asp:GridView>
```

(2)页面加载事件设计。

由于后台系统,必须是管理员登录后才能管理,所以页面的 Page_Load 事件,首先判断用户有没有登录,如果登录了,获取图书列表并显示在 GridView 控件中。

```
        protected void Page_Load(object sender, EventArgs e)
        {
            if (! IsPostBack)
            {
                if (Session["manageUserId"] == null)
                {
                    Page.ClientScript.RegisterClientScriptBlock(this.GetType(), "kk", "alert
('尚未登录,请先登录后台!');window.location = 'Login.aspx';", true);
                }
                else
                {
                    BookBLL oBookBLL = new BookBLL();
                    List<BookModel> books = oBookBLL.Book_GetListByWhere("");
                    this.gvBooks.DataSource = books;
                    this.gvBooks.DataBind();
                }
            }
        }
```

(3)分页事件代码设计。

启动自动分页功能,每页显示 15 条记录,页面改变时相应的事件代码为:

```
        protected void gvBooks_PageIndexChanging(object sender, GridViewPageEventArgs e)
        {
            gvBooks.PageIndex = e.NewPageIndex;
            BookBLL oBookBLL = new BookBLL();
```

```
        List<BookModel> books = oBookBLL.Book_GetListByWhere("");
        gvBooks.DataSource = books;
        gvBooks.DataBind();
    }
```

(4) 图书信息的逻辑删除。

逻辑删除就是把图书的状态加以修改,也就是把 Static 的值从"1"改为"3",代码为:

```
    protected void gvBooks_RowDeleting(object sender, GridViewDeleteEventArgs e)
    {
        int BookId = Convert.ToInt32(((LinkButton) (gvBooks.Rows[ e.RowIndex].FindControl("lbnDelete"))).CommandArgument);
        BookBLL oBookBLL = new BookBLL();
        int result = oBookBLL.Book_DeleteById(BookId);
        if (result > 0)
        {
            Page.ClientScript.RegisterClientScriptBlock(this.GetType(), "kk", "alert('逻辑删除成功!');", true);
        }
    }
```

具体到数据访问层 BookBLL.Book_DeleteById(BookId)的代码实现,请大家自己完成。

(5) 光棒效应的制作。

鼠标在列表中移动时,有光标跟随效果,光标跟随效果是在绑定每一行记录时发生的事件 RowDataBound 中实现的,代码如下,其中的 if 语句,判断数据行的类型,如果是数据行,就添加客户端事件 onmouseover 和 onmouseout,实现光标跟随。

```
    protected void gvBooks_RowDataBoun d(object sender, GridViewRowEventArgs e)
    {
        if (e.Row.RowType == DataControlRowType.DataRow)
        {
            e.Row.Attributes.Add("onmouseover","c = this.style.backgroundColor;this.style.backgroundColor = 'LightBlue';");
            e.Row.Attributes.Add("onmouseout", "this.style.backgroundColor = c;");
        }
    }
```

8.2.2 图书信息编辑与更新

在图 8-11 所示的图书信息列表中,单击记录行中"编辑"超链接列,通过超链接以"BookUpdateByBookId.aspx? BookId=xx"方式跳转到"BookUpdateByBookId.aspx"页面中,通过参数 BookId,在此页面中对图书信息进行修改。

图 8-11　图书信息列表

下面阐述图书信息更新页面 BookUpdateByBookId.aspx 的设计。

通过这个页面的设计进一步学习下拉列表框、隐藏控件、文件上传控件、图片控件，以及 FCKeditor 和 My97DatePicker 控件的使用。

在网上书店站点后台子系统"Admin"文件中，利用后台系统的母版"treeMasterPage.master"添加网页"BookUpdateByBookId.aspx"，进行页面的布局，布局后的页面效果如图 8-12 所示，在这个页面通过 URL 后的"? BookId＝x"把参数 BookId 的值 x 带入页面。即"…/BookUpdateByBookId.aspx? BookId＝30"。在页面加载事件中，根据主键 BookId 的值 x，访问数据库，把此图书信息读取到页面控件中，然后对图书信息进行更新，更新完成后，单击"更新"，把修改后数据写回数据库表，为了确保数据的正确，利用服务器验证控件，对页面中数据进行了验证。对于图书的目录和内容简介，是利用 FCKeditor 控件，文件上传控件下，添加有隐藏控件。

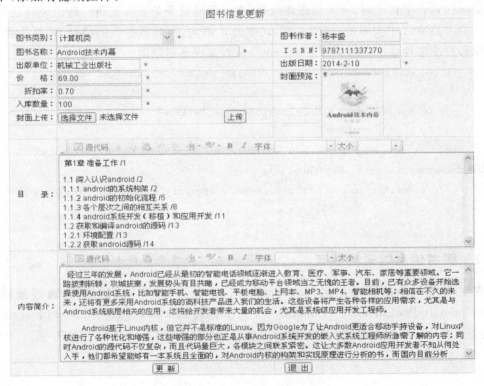

图 8-12　图书信息更新页面设计

实施步骤：

(1) 页面的创建与设计。

利用后台母版创建如图 8-12 更新页面，利用表格进行布局，添加相应的文本框、下拉列表框、图片控件、文件上传控件、隐藏域控件及相关验证控件，在"目录"和"内容简介"两行，采用的是 FCKeditor 控件，FCKeditor 控件的工具栏中只提供必要的工具，用不到的工具被隐去，这样做一是界面简洁，二是安全。

(2) FCKeditor 控件的配置及应用。

首先说明 FCKeditor 应用的前期准备。

首先找到"FredCK.FCKeditorV2.dll"文件，右击站点项目，添加对它的引用，这样，这个文件就出现在站点的"bin"文件夹中，然后右击工具箱中标准工具，利用"添加项"把这个第三方控件加到工具箱中。

第二步，把 FCKeditor 控件的资源文件夹"fckeditor"复制到当前站点下，只保留此文件夹下的"editor"文件夹和"fckconfig.js"、"fckeditor.js"、"fckstyles.xml"、"fcktemplates.xml"、"fckpackager.xml" 5 个文件，其他多余的文件可以删去。然后在站点下新建"UserFiles"文件夹存放 FCKeditor 上传的各种文件，并赋予"everyone"用户对它拥有完全控制权。

第三步，修改 Web.config 配置文件，在 Web.config 的节点 appSettings 中添加代码：

```
<appSettings>
    <add key="FCKeditor:BasePath" value="~/fckeditor/"/>
    <add key="FCKeditor:UserFilesPath" value="~/UserFiles/"/>
</appSettings>
```

第四步，修改 fckeditor/fckconfig.js 文件，以使 FCKeditor 与具体开发环境配套。在 fckconfig.js 中找到下面两行：

```
var _FileBrowserLanguage = 'asp'; // asp | aspx | cfm | lasso | perl | php | py
var _QuickUploadLanguage = 'asp'; // asp | aspx | cfm | lasso | php
```

把它们改为如下代码，使它与 ASP.NET 开发环境配套。

```
var _FileBrowserLanguage = 'aspx'; // asp | aspx | cfm | lasso | perl | php | py
var _QuickUploadLanguage = 'aspx'; // asp | aspx | cfm | lasso | php
```

找到下面设置默认语言是英语的这一行：

```
FCKConfig.DefaultLanguage = 'en';
```

把"en"改为"zh-cn"，以支持中文。

```
FCKConfig.DefaultLanguage = 'zh-cn';
```

最后，把 FCKeditor 控件从工具箱中拖动到网页即可应用，使用时 FCKeditor 控件中的内容用"Value"属性来引用。

(3) 实体类，数据访问类和业务逻辑类的编写。

这些内容，在前面的章节中已有叙述，且难度不大，这里略去。

(4) 事件的编写。

A. 网页加载事件 Page_Load。

此事件实现首次加载时，把图书信息取出并显示在相应的控件中。

```csharp
protected void Page_Load(object sender, EventArgs e)
{
    if (! IsPostBack)
    {
        DataBindToBookType();
        int BookId = Convert.ToInt32(Request.QueryString["BookId"]);
        BookBLL oBookBLL = new BookBLL();
        BookModel oBookModel = oBookBLL.Book_GetModelById(BookId);
        ddlBookType.SelectedValue = oBookModel.BookTypeId.ToString();
        txtBookName.Text = oBookModel.BookName;
        txtAuthor.Text = oBookModel.Author;
        txtISBN.Text = oBookModel.ISBN;
        txtPublisher.Text = oBookModel.Publisher;
        txtPublicDate.Text = oBookModel.PublishDate.ToShortDateString();
        txtPrice.Text = oBookModel.Price.ToString();
        txtDiscount.Text = oBookModel.Discount.ToString();
        if (oBookModel.Cover ! = "")
            HiddenField1.Value = oBookModel.Cover;
        imgCover.ImageUrl = "~/Upload/" + HiddenField1.Value;
        txtAmount.Text = oBookModel.Amount.ToString();
        fckDirectory.Value = oBookModel.Directory;
        fckDescription.Value = oBookModel.Description;
    }
}
```

分离出来的 DataBindToBookType() 方法,实现设置下拉列表框的数据源,代码如下:

```csharp
private void DataBindToBookType()
{
    BookTypeBLL oBookTypeBLL = new BookTypeBLL();
    List<BookTypeModel> types = oBookTypeBLL.BookType_GetList();
    ListItem lt = new ListItem("=请选择=", "-1");
    this.ddlBookType.Items.Add(lt);
    if (types ! = null)
    {
        foreach (BookTypeModel oBookTypeModel in types)
        {
            ListItem Item = new ListItem(oBookTypeModel.TypeName, oBookTypeModel.BookTypeId.ToString());
            this.ddlBookType.Items.Add(Item);
        }
    }
}
```

B. "上传"按钮的事件。

这个事件利用文件上传控件,实现上传图书封面。

```
protected void btnUpload_Click(object sender, EventArgs e)
{
    bool fileOK = false;
    string path = Server.MapPath("~/Upload/");
    if (FileUpload1.HasFile){
     string fileExtension = System.IO.Path.GetExtension(FileUpload1.FileName).ToLower();
        string[] allowedExtensions = {".gif",".png",".jpeg",".jpg"};
        for (int i = 0; i < allowedExtensions.Length; i++)
        {
            if (fileExtension == allowedExtensions[i])
                fileOK = true;
        }
        if (fileOK){
            try{
                FileUpload1.SaveAs(path + FileUpload1.FileName);
                HiddenField1.Value = FileUpload1.FileName;
                Page.ClientScript.RegisterClientScriptBlock(this.GetType(),"kk","alert('文件上传成功!')",true);
                imgCover.ImageUrl = "~/Upload/" + FileUpload1.FileName;
            }
            catch{
                Page.ClientScript.RegisterClientScriptBlock(this.GetType(),"kk","alert('文件上传失败!')",true);
            }
        }
        else{
            Page.ClientScript.RegisterClientScriptBlock(this.GetType(),"kk","alert('你选择上传的文件不是图片格式,不允许上传!')",true);
        }
    }
    else{
        Page.ClientScript.RegisterClientScriptBlock(this.GetType(),"kk","alert('请选择上传的文件')",true);
    }
}
```

C. "提交"按钮的单击事件。

此事件实现把更新写到数据库。

```
protected void btnSubmit_Click(object sender, EventArgs e)
```

```
        {
            BookModel oBookModel = new BookModel();
            oBookModel.BookId = Convert.ToInt32(Request.QueryString["BookId"]);
            oBookModel.BookName = txtBookName.Text;
            oBookModel.Author = txtAuthor.Text;
            oBookModel.ISBN = txtISBN.Text;
            oBookModel.Translator = txtTranslator.Text;
            oBookModel.Publisher = txtPublisher.Text;
            oBookModel.PublishDate = Convert.ToDateTime(txtPublishDate.Text);
            oBookModel.Price = Convert.ToSingle(txtPrice.Text);
            oBookModel.Discount = Convert.ToSingle(txtDiscount.Text);
            oBookModel.Cover = HiddenField1.Value;
            oBookModel.Amount = Convert.ToInt32(txtAmount.Text);
            oBookModel.Directory = fckDirectory.Value;
            oBookModel.Description = fckDescription.Value;
            BookDAL oBookDAL = new BookDAL();
            int result = oBookDAL.Book_UpdateById(oBookModel);
            if (result > 0)
            {
                Response.Write("<script>alert('图书信息更新成功!');window.location = 'ex_15_GridviewFCKEditor.aspx';</script>");  //弹出消息框,确定后跳转到另一网页
            }
            else
            {
                Response.Write("<script>alert('图书信息更新失败!')</script>");
            }
        }
```

8.2.3 订单管理页面设计

在购物系统的后台,需要对网站上的所有订单进行查询,查看订单的详细情况,包括未付款的、已付款未发货的、已发货的、已确认收货的。

因此,设计了如图 8-13 所示的所有订单的管理与查询页面。在这个页面上部,设计了一个下拉列表框和两个日期选择文本框控件,通过选择订单的状态,以及订单下单的起始和结束日期,筛选缩小订单的范围。

通过"筛查"按钮,把符合条件的订单显示出来,通过"清空"把查询条件清空。

实施步骤:

(1)页面的创建与设计。

在页面上部,添加一个 1 行 8 列的表格,在表格中添加一个下拉列表框,两个文本框和两个按钮,把第三方日期控件 My97DatePicker 文件夹下 WdatePicker.js 文件拖入页面上部,通过为这两个文本框添加代码"onFocus="WdatePicker()"",把两个文本框变成日期

控件。

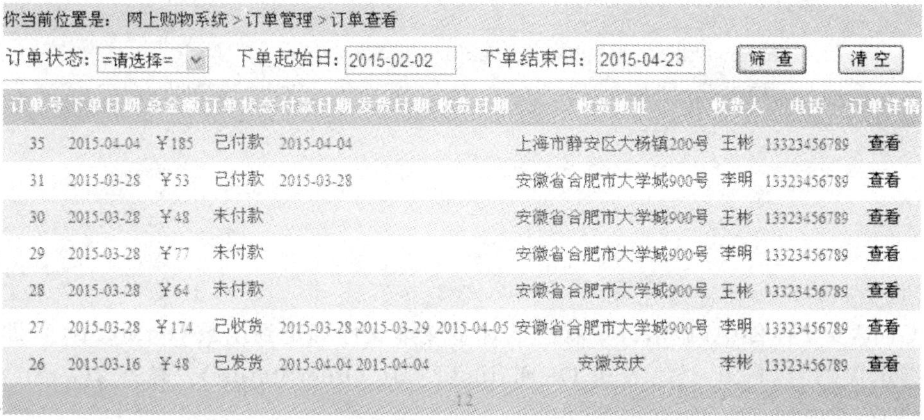

图 8-13 订单的管理与查询页面

为订单状态下拉列表框设置静态数据源，对应于数据库中订单表 Orders 中订单状态 OrderStatus 字段为 int 型，且订单状态字段的值有"1：下单未付款；2：已付款；3：已发货；4：已收货；5：已取消"，故订单状态下拉列表框静态数据源设置为：

```
<asp:DropDownList ID = "ddlOrderStatus" runat = "server" Width = "80px">
    <asp:ListItem Value = "0"> = 请选择 = </asp:ListItem>
    <asp:ListItem Value = "1">未付款</asp:ListItem>
    <asp:ListItem Value = "2">已付款</asp:ListItem>
    <asp:ListItem Value = "3">已发货</asp:ListItem>
    <asp:ListItem Value = "4">已收货</asp:ListItem>
    <asp:ListItem Value = "5">已取消</asp:ListItem>
</asp:DropDownList>
```

在页面下部，添加一个 GridView 控件，用"编辑列"功能，添加若干"BoundField"和一个用于跳转到订单详情"查看"页面的"HyperLinkField"超链接列。设置这些列的"DataField"和"HeaderText"属性，然后把部分"BoundField"列转换为模板列。

设定 GridView 控件允许分页，设置 PageSize 为 15，以便每页显示 15 条记录。

（2）页面的加载事件。

在页面的加载事件中，首先判断用户是否登录，如果已登录，用数据访问方法把相应的订单信息显示在 GridView 控件中，代码如下。

```
protected void Page_Load(object sender, EventArgs e)
{
    if (! IsPostBack)
    {
        if (Session["manageUserId"] == null)
        {
            Page.ClientScript.RegisterClientScriptBlock(this.GetType(), "kk", "alert('尚未登录后台系统,请先登录!');window.location = 'Login.aspx';", true);
        }
```

```
            else
            {
                OrdersBLL oOrdersBLL = new OrdersBLL();
                gvOrders.DataSource = oOrdersBLL.Orders_GetListByWhere("");
                gvOrders.DataBind();
            }
        }
    }
```

(3)订单状态的显示。

在 GridView 控件中,显示订单状态的标签文本属性绑定到函数 GetStatus(),即其文本属性的绑定代码为:Text='<%＃ GetStatus(Eval("OrderStatus")) %>',GetStatus()函数的代码为:

```
    protected string GetStatus(object obj)
    {
        if (obj.ToString() == "1")
        {
            return "未付款";
        }
        else if (obj.ToString() == "2")
        {
            return "已付款";
        }
        else if (obj.ToString() == "3")
        {
            return "已发货";
        }
        else if (obj.ToString() == "4")
        {
            return "已收货";
        }
        else
        {
            return "已取消";
        }
    }
```

(4)"筛查"按钮的事件代码。

在筛查条件区中选择条件后,构建条件表达式,并代入数据访问方法中,筛查符合条件的记录并显示出来,事件代码如下。

```
    protected voidbtnSelect_Click (object sender, EventArgs e)
    {
        string strWhere = "";
```

```
            if (ddlOrderStatus.SelectedValue != "0")
            {
                strWhere = " AND OrderStatus =" + ddlOrderStatus.SelectedValue;
            }
            if (txtOrderBeginDate.Text.Trim() != "")
            {
                strWhere += " AND OrderDate > '" + txtOrderBeginDate.Text + "'";
            }
            if (txtOrderEndDate.Text.Trim() != "")
            {
                strWhere += " AND OrderDate < '" + txtOrderEndDate.Text + "'";
            }
            if (strWhere.Length >= 4)    //条件的长度大于等于4时则以"AND"开头
            {
                strWhere = strWhere.Substring(4);
                //考虑到构建的条件可能以"AND"开头,故用此 IF 语句去除此"AND"开头部分
            }
            OrdersBLL oOrdersBLL = new OrdersBLL();
            gvOrders.DataSource = oOrdersBLL.Orders_GetListByWhere(strWhere);
            gvOrders.DataBind();
        }
```

(5)"分页"事件代码的编写。

由于在 GridView 控件中,已设置了允许分页功能,并且每页显示记录数设置为 15,所以相应的分页事件代码中,只需要通过"gvOrders.PageIndex = e.NewPageIndex;"设定 GridView 控件的当前页,并重新绑定数据源即可,事件代码如下。

```
        protected void gvOrders_PageIndexChanging(object sender, GridViewPageEventArgs e)
        {
            gvOrders.PageIndex = e.NewPageIndex;
            string strWhere = "";
            if (ddlOrderStatus.SelectedValue != "0")
            {
                strWhere = " AND OrderStatus =" + ddlOrderStatus.SelectedValue;
            }
            if (txtOrderBeginDate.Text.Trim() != "")
            {
                strWhere += " AND OrderDate > '" + txtOrderBeginDate.Text + "'";
            }
            if (txtOrderEndDate.Text.Trim() != "")
            {
                strWhere += " AND OrderDate < '" + txtOrderEndDate.Text + "'";
            }
```

```
    if(strWhere.Length >= 4)    //条件的长度大于等于4时则以"AND"开头
    {
        strWhere = strWhere.Substring(4);
        //考虑到构建的条件可能以"AND"开头,故用此IF语句去除此"AND"开头部分
    }
    OrdersBLL oOrdersBLL = new OrdersBLL();
    gvOrders.DataSource = oOrdersBLL.Orders_GetListByWhere(strWhere);
    gvOrders.DataBind();
}
```

8.3 网上书店系统的发布

1. 网站的编译

用来发布Web应用程序的服务器,要确保已安装了IIS(Internet信息服务器)组件,并且也安装了.NET Framework。因为是用VS开发的,所以应到网上下载并安装对应的版本.NET Framework,不需要安装VS集成开发环境。

首先右击解决方案,选"重新生成解决方案",把整个解决方案都重新编译。

网站发布时,只需要把编译后的站点进行发布即可,不能把系统的源代码发布出去,经对整个解决方案重新编译后,原来三层架构中的类库项目文件和站点中的扩展名为".cs"的代码文件,都被编译到bin文件夹下扩展名为.dll的程序集之中,所以发布系统中是不含有这些类库项目文件和站点中的扩展名为".cs"的代码文件的。

再右击Web站点项目,选"发布网站",弹出"发布网站"对话框,如图8-14,在"目标位置"中自己设定发布系统的存放位置,如"C:\BookShopOnNetFaBu",选中如下的第一个复选框,"确定"后,即对站点编译,产生用于发布的系统。

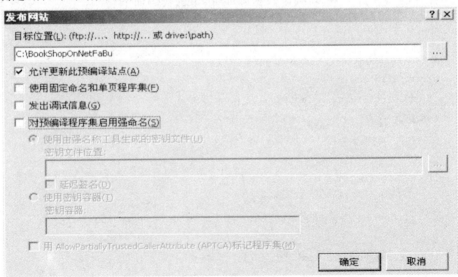

图8-14 网上书店的发布

2. 网站的部署

把 Web 应用程序发布到站点虚拟目录下的方法是，先把 Web 应用程序复制到某一文件夹，然后为这个文件夹在站点中创建一个虚拟目录，方法是右击 IIS 中的"默认网站"，选择"新建"|"虚拟目录"。弹出"虚拟目录创建向导"，在这个向导需要提供 3 个信息：别名、目录及权限。

（1）别名。

别名是远程客户端访问虚拟目录中的文件时虚拟目录的名字。例如，如果别名是 MyApp 而你的计算机域名是 www.aaa.com，你可以用 http://www.aaa.com/MyApp/Default.aspx 这样的 URL 请求页面 Default.aspx。

（2）目录。

目录是虚拟目录对应的 Web 应用程序存放的物理文件夹名。

（3）权限。

最后，向导要求你为虚拟目录设置权限，设置只允许"读取"和"运行脚本"权限即可，如图 8-15。

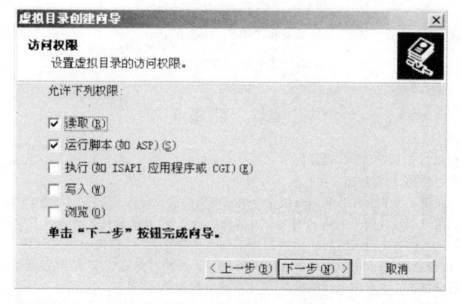

图 8-15 虚拟目录权限的设置

在创建虚拟目录之后还可以修改虚拟目录的属性，右击"虚拟目录"，选"属性"，出现如图 8-15 所示的虚拟目录属性设置对话框。

在"虚拟目录"选项卡：本地路径文本框映射对应的物理路径，在下方的权限，选中"读取""记录访问"和"索引资源"三个权限。

在"文档"选项卡：设置网站或者虚拟目录的起始页为"Default.aspx"。

在"ASP.NET"选项卡：设置网站或者虚拟目录的 asp.net 版本，如果是用 VS 2010 开发的网站，设置为.NET Framework 4.0 支持，如图 8-16。

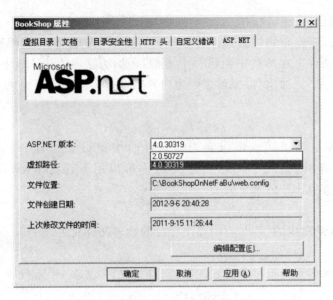

图 8-16　NET Framework 版本的选择

至此,站点的发布结束,如果是发布在本机,可以用 http://localhost/BookShop/ 来访问此站点。

习 题 8

1. 参照第 8.1 节图 8-1,设计网上书店的前台母版页,要求:母版面的上部,左部和下部,设计成用户控件,然后把用户控件放入母版中。

2. 参照第 8.1 节图 8-1,利用母版设计网上书店的前台首页。

3. 利用母版设计网上书店的图书分类信息展示页面,效果参见 8.1.2 节图 8-3,在页面中,单击"加入购物车"按钮,可以实现把图书加入购物车之中,前提是用户已登录,若未登录,会弹出消息框,要求用户先登录,图书的名称和封面图片是超链接,单击它们可以跳转到图书信息详情页。由于图书可能很多,要求实现分页功能。

4. 设计购物车管理页面,效果参见图 8-5 所示。要求能显示当前用户购物车中所有商品及总金额,并能更改所购商品数量,并能清空购物车,单击"结账"可以跳转到结账页。

5. 参照图 8-8 设计结账页,单击结账按钮可以产生订单,同时清空购物车。

第 9 章
课程项目——图书借阅管理系统

本章工作任务
- 完成图书借阅管理系统的需求分析与模块设计
- 完成图书借阅管理系统的数据库设计
- 完成图书借阅管理系统三层架构的搭建
- 完成读者查询子系统与后台管理子系统页面设计

本章知识目标
- 深入理解分层开发模式及代码复用方法
- 理解应用程序开发的思路与开发方式

本章技能目标
- 综合应用各种控件进行 Web 应用系统开发
- 掌握软件开发过程中各种异常的解决方法

本章重点难点
- 数据处理过程中相关数据的统一协同更新
- 图书借出页面设计与图书归还页面设计

9.1 需求分析和功能模块设计

图书馆作为一种图书信息资源的集散地，图书和用户借阅资料繁多，人工管理非常复杂，涉及的信息非常广泛，如用户情况、借阅图书及数量、借书天数、超过限定借书的天数、罚款情况、归还情况及未还情况等，数据信息处理工作量大，容易出错。

基于这些问题，必须建立图书馆借阅管理系统，使图书管理工作规范化，信息化，程序化，避免图书管理的随意性，提高信息处理的速度，能够及时、准确、有效的查询和修改图书借阅信息。

而图书借阅管理系统对同学们来说，业务比较熟悉，不需花过多时间去进行需求分析，从而使同学们把时间集中在数据库设计及系统的应用开发上。

本章重点阐述系统的需求和功能分析，数据库的设计，系统框架的搭建，部分关键网页的设计及思路，其他工作由同学们自己完成，以提高自己的开发能力。

图书借阅管理系统需要满足两方面人员的需求，这两方面人员分别是读者和图书馆管理人员。

读者的需求是查询图书馆图书信息、个人借阅情况、图书的预约、图书的借阅和归还、图书的续借、图书归还情况及未还情况、个人图书罚款等。

读者可直接浏览图书馆图书信息，查看自己的个人信息、本人借还信息、进行图书预约、个人图书罚款等，需要读者根据本人借书证号和密码登录系统，网上预约有过期时间，过了时间预约自动失效。

读者还是分为不同类别的，比如分为教师用户类型和学生用户类型等，不同类型用户可以借阅的最大图书数、最长借阅时间等是不一样的，为此需要对人员划分角色。

图书管理人员对读者的借阅及还书要求进行操作，对管理人员、读者、图书等基础信息进行管理和维护。

图书管理人员可以浏览、查询、添加、删除、修改图书的基本信息；浏览、查询、添加、删除和修改读者的基本信息；浏览、查询、统计图书馆的借阅信息。

但是，由于受到数据库参照完整性设计的影响，很多已经使用的记录信息是不能删除的。这种情况有两种方式来处理：一是采用级联删除，即删除某条读者信息记录时，应实现对该读者相关借阅记录的级联删除；二是并不删除，通过增加状态字段，修改状态实现虚拟删除，第二种方式是可行的做法，第一种方式一般是不使用的。

请大家亲自到图书馆去进行实地调查，结合上面的分析，请大家正确地设计图书馆借阅管理系统的功能模块图，第一种方式一般是不使用的。

功能模块图构建出来后，开发与设计就有了目标，可以依托它设计数据库，构思系统表示层的页面，以及各页面具有的功能，并指导业务逻辑层和数据访问层类的方法设计。

构建出系统的功能模块图之后，可以用语言对各子模块的功能进行描述，使各子模块的功能更详尽清晰，从而便于小组同学间交流信息。

根据实地调查和系统需求分析，给出如图 9-1 所示的系统功能模块图参考答案。

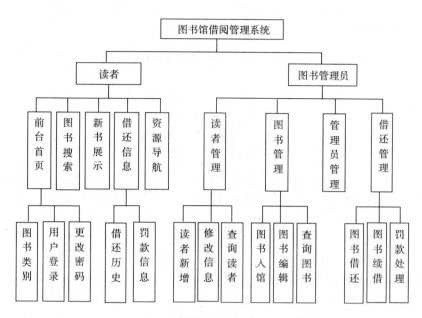

图 9-1　图书馆借阅管理系统功能模块图

各子模块的功能不再叙述，大家自己详述描述。

9.2　数据库设计与实施

1. 数据库 E-R 图设计

数据库设计应该从系统的需求出发，根据系统的功能模板图，分析系统中含有哪些实体，以及实体之间的联系，最后进行优化，得到系统的 E-R 图。然后把 E-R 图转换为具体数据库逻辑结构，最后在 SQL Server 数据库系统中，设计出具体的数据库物理结构。

结合系统需要与功能分析，找出了图书借阅管理系统中有如下几个实体，分别是：图书、图书类别、书架、读者、读者类别、管理人员。

实体间的联系分析，就是找出实体间具有的一对一的关系、一对多的关系、多对多的关系、三个或三个以上实体间的多元关系，实体内部的自身关系等。

再分析各实体之间的联系，并对各联系进行优化，去除冗余的联系，最后得到系统的 E-R 图，如图 9-2 所示。

在这个 E-R 图中，为了清晰，突出主要的，淡化次要的，省略了各实体的属性，实体间的联系也是有属性的，这些属性没有省略。

2. 数据库逻辑设计

数据库逻辑设计就是把 E-R 图中的实体及联系转化为具体的关系模型，经过分析，产生如下的关系结构，其中有下划线的属性为关系的主键。

根据图书借阅系统的 E-R 图，把每个实体设计为一张数据库表，这样得到 6 张实体数据库表，再把实体间多对多的联系变成相应的表。

最终，经过设计，得到 7 张数据库表，表的逻辑结构如下。

读者：{<u>读者编号</u>,读者证号,密码,读者姓名,<u>读者类别号</u>,性别,系部,证件注册时间,证

件过期时间,电话,地址……}

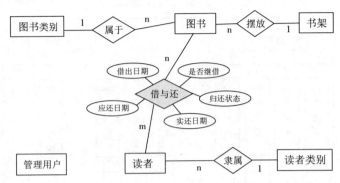

图 9-2　图书借阅系统 E-R 图

读者类别:{读者类别号,读者类别名,最大图书借阅数,最大借阅天数,可续借天数,过期每天罚款金额,丢失惩罚金额倍数……}

图书类别:{图书类别编号,图书类别名……}

图书:{图书编号,图书类别号,书名,作者,ISBN,出版社,价格,出版日期,在馆状态,存放书架号,总共借阅次数,入馆时间……}

书架:{书架编号,书架名称,备注……}

管理员:{管理员编号,管理员用户名,密码,姓名,电话,Email……}

图书借还:{借阅编号,图书编号,读者编号,借阅时间,应还时间,实还时间,归还状态……}

3. 数据库在 SQL2008 中的实现

由于在逻辑设计阶段得到表的逻辑结构,字段命名都是用中文,而在 VS 开发中类的成员属性名都是用英文命名,中文命名可能出现字符编码异常,为了对应,在 SQL Server 2008 环境下,用英文对表的字段命名,设计出的图书馆借阅系统数据库表结构如下,仅供参考。

表 - dbo.tbBookType		
列名	数据类型	允许空
🔑 BookTypeID	int	☐
BookTypeName	nvarchar(50)	☐
		☐

图 9-3　图书类别表结构

表 - dbo.tbBookshelf		
列名	数据类型	允许空
🔑 BookshelfNo	int	☐
BookshelfName	nvarchar(20)	☐
Explaination	nvarchar(50)	☑
		☐

图 9-4　书架表结构

表 - dbo.tbBookInfo

列名	数据类型	允许空
BookID	varchar(10)	☐
BookName	nvarchar(50)	☐
BookTypeID	int	☐
ISBN	varchar(50)	☑
Author	nvarchar(50)	☑
Price	decimal(18, 1)	☐
PublishPress	nvarchar(50)	☑
PublishDate	datetime	☑
Status	bit	☐
BookshelfNo	int	☐
TotalBorrowCount	int	☐
EnterLibraryDate	datetime	☐

图 9-5 图书信息表结构

表 - dbo.tbReaderType

列名	数据类型	允许空
ReaderTypeID	int	☐
ReaderTypeName	nvarchar(50)	☐
MaxBorrowNum	int	☐
MaxBorrowDay	int	☐
MaxXuJieDay	int	☐
MaxYuYueDays	int	☐
PunishMoneyOneday	float	☐
PunishBeiShu	int	☐

图 9-6 读者类别表结构

表 - dbo.tbReader

列名	数据类型	允许空
ReaderID	varchar(10)	☐
Passwords	varchar(20)	☐
ReaderTypeID	int	☐
ReaderName	nvarchar(4)	☐
Sex	nchar(1)	☐
Department	nvarchar(10)	☑
Birthday	datetime	☑
Tel	nvarchar(15)	☑
Address	nvarchar(30)	☑
CertificateDate	datetime	☐
InvalidDate	datetime	☐
ValidState	bit	☐

图 9-7 读者表结构

表 - dbo.tbBorrowReturn		
列名	数据类型	允许空
BorrowNo (主键)	int	□
BookID	varchar(10)	□
ReaderID	varchar(10)	□
BorrowDate	datetime	□
YinReturnDate	datetime	□
ReturnDate	datetime	☑
ReturnState	bit	□

图 9-8　图书借还表结构

表 - dbo.tbManageUser		
列名	数据类型	允许空
ManageUserId (主键)	int	□
ManageUserName	varchar(30)	□
Passwords	varchar(20)	□
Email	varchar(30)	☑

图 9-9　管理人员表结构

4. 数据库关系完整性设计

关系完整性通常包括实体完整性、参照完整性和用户定义完整性，其中实体完整性和参照完整性，是关系模型必须满足的完整性约束条件。

实体完整性是指关系的主关键字不能"重复"也不能取"空值"。

用户定义完整性是根据应用系统的实际需要，对某一具体应用所涉及的数据提出的约束性条件，约束了字段的取值范围、是否允许为空以及同一记录各字段值之间的关系，它保证了数据库字段取值的合理性。用户定义完整性主要包括字段有效性约束和记录有效性。比如"年龄"的取值在"0～150"之间，"入学日期"必须大于"出生日期"等。

参照完整性是定义相互关联的主键和外键引用的约束条件。正是由于参照完整性，外键字段取值要么为空，要么取对应主表中已存在的主键值，所以参照完整性的具体操作就是设计相互参照的主从表之间的插入记录规则，删除记录规则和更新记录规则。

分析图书馆借阅系统表之间的相互关系，在 SQL Server 2008 中，利用"数据库关系图"，创建表之间的参照完整性，定义相互参照的主从表之间的插入记录规则，删除记录规则和更新记录规则。

9.3 三层架构框架设计

项目要求采用三层架构方式进行设计,构建多项目的解决方案,把表示层、业务逻辑层、数据访问层和实体子层分别构建为一个项目。

一、解决方案的构建

启动 VS2013,单击菜单"文件"|"新建"|"项目",弹出"新建项目"对话框,单击展开"其他项目类型"菜单,选择"Visual Studio 解决方案",产生"空白解决方案",选择好解决方案存放的路径,输入解决方案名,创建一个空白解决方案。

然后在这个空白解决方案中,添加各层对应的类项目或站点,一个多项目解决方案的应用程序就可以创建起来了。

二、实体类子层的设计

实体类一般与数据库中的表一一对应,请大家针对每个表建一个实体类,表的字段对应实体类的属性。注意:表中的外键字段,不要直接建简单的属性,可用此外键字段对应的类建立外键成员类。

为了保持命名的一致性,私有成员变量名采用在数据库相应字段前面加下划线"_"。当类的私有成员设计好后,属性可以用"重构"|"封装字段"的方式快速构建,这样属性名与数据库字段名是对应的。

三、数据访问层设计

数据访问层是专门用来与后台数据库进行交互,直接操纵数据库,实现数据库记录的增加、删除、修改、查询等。

1. 公共数据访问类 SqlDBHelper 的构建

公共数据访问类 SqlDBHelper 的设计与网上购物系统一样,为了提高自己的编程能力,请根据以前对公共数据访问类的理解,自己独立设计代码,切忌直接把网上购物系统的公共数据访问类直接复制使用。

2. tbBookTypeDAL 数据访问类的构建

这个数据访问类主要用来实现对 tbBookType 这个数据表的访问,所以这个类的主要是对 tbBookType 数据表访问的方法。这里把主要的方法的注释写出来,请大家按注释写出相应的方法,后面的数据访问类也是写出注释,大家按注释写出相应的方法。

//按图书类别号获取图书类别实体详情

//获取所有图书类别信息

3. tbBookshelfDAL 数据访问类的构建

这个数据访问类主要用来实现对 tbBookshelfDAL 这个数据表的访问,主要方法的注释有:

//按书架编号获取书架信息

//添加书架信息

4. tbBookInfoDAL 数据访问类的构建

这个数据访问类主要用来实现对 tbBookInfoDAL 这个数据表的访问,主要方法的注释有:

//按图书编号获取图书信息详情
//按图书编号获取图书精简信息
//获取所有图书信息
//获取某类别所有图书信息
//获取前 N 本最新图书信息
//搜索图书,返回实体泛型集

5. tbReaderTypeDAL 数据访问类的构建

这个数据访问类主要用来实现对 tbReaderTypeDAL 这个数据表的访问,主要方法的注释有:

//按读者类型号获取读者类型实体详情
//获取读者类型列表

6. tbReaderDAL 数据访问类的构建

这个数据访问类主要用来实现对 tbReaderDAL 这个数据表的访问,主要方法的注释有:

//按读者编号获取读者信息详情
//按读者编号获取读者部分精简信息
//用户登录,返回用户实体信息
//获取所有读者信息列表

7. tbManageUserDAL 数据访问类的构建

这个数据访问类主要用来实现对 tbManageUserDAL 这个数据表的访问,主要方法的注释有:

//增加管理用户
//判断管理用户名是否已存在
//按管理用户编号删除管理用户
//更改管理用户密码
//登录,返回管理用户实体信息
//更新管理用户信息,不含密码
//按编号得到管理用户详细信息
//得到所有管理用户列表

8. tbBorrowReturnDAL 数据访问类的构建

这个数据访问类主要用来实现对 tbBorrowReturnDAL 这个数据表的访问,主要方法的注释有下面这些,为了示范,写出一个方法的代码。

图书借阅,同时使表中该图书状态改为'借出',总借阅次数加 1,代码如下:

```
public int tbBorrowReturn_BorrowBook(string BookID, string ReaderID, int BorrowDays)
{
    try
    {
        string sqltext = "INSERT INTO tbBorrowReturn(BookID,ReaderID, BorrowDate, YinReturnDate) VALUES( @ BookID, @ ReaderID, @ BorrowDate, @ YinReturnDate) ; UPDATE
```

登录页面,在登录页面登录成功后,把管理员的实体信息提取出来,写入 Session 对象,以便在各页面中使用管理员信息。

后台系统主页通过二级菜单,列出所有功能,并把各页面链接起来,如图 9-12 所示。

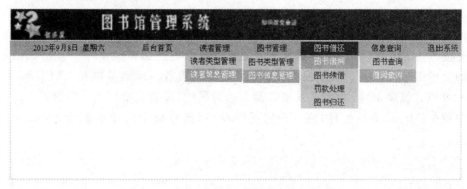

图 9-12　后台管理主页面

这些菜单在后台各页面中都会出现,所以设计为母版页。这里的二级菜单是用 VS2013 自带的 Menu 控件实现的。

下面看看怎样用 Menu 控件制作图书借阅管理后台子系统二级菜单。

Menu 控件适合于制作二级或三级菜单,它常用的属性与事件如下。

(1)ForeColor 属性:设置菜单项显示时的前景色。

(2)BackColor 属性:设置菜单项显示时的背景色。

(3)Orientation 属性:设置一级菜单项是垂直显示还是水平显示。

(4)StaticEnableDefaultPopOutImage 属性:有"True"和"False"两个值,前者是默认值,此属性用来确定静态一级菜单项右边是否显示菜单项标志图标三角形,这里全部设为"False"。

(5)MenuItem 用于制作各级别菜单项,它的属性 NavigateUrl 用来设置单击此菜单项时超链接的目标 URL,它的属性 Text 用来设置此菜单项显示的菜单文本信息,它的属性 Value 用来设置单击选择此菜单项时返回值 SelectedValue。

(6)＜StaticMenuItemStyle/＞:设置一级静态菜单项样式,常用子属性有 Width、BackColor、ForeColor 和 VerticalPadding。下面的举例设计每个一级静态菜单项显示的宽度和垂直方向在上下方留出 Padding。例:＜StaticMenuItemStyle Width ="116px" VerticalPadding="5px"/＞。

(7)＜StaticHoverStyle/＞:设置一级静态菜单项在鼠标悬在其上方时的样式,常用的子属性有 BackColor 和 ForeColor。下面的举例设置鼠标悬在静态菜单项上时前景色和背景色的变化。例:＜StaticHoverStyle BackColor="Red" ForeColor="White" /＞

(8)＜DynamicMenuItemStyle /＞:它用来设置二级动态菜单项样式。下面的举例设计二级静态菜单项显示的宽度、高度、背景色和垂直方向在上下方留出的 Padding。例:＜DynamicMenuItemStyle Height="20px" VerticalPadding="4px" BackColor="LightBlue" Width="120px" /＞。

(9)＜DynamicHoverStyle /＞:设置二级动态菜单项在鼠标悬在其上方时的样式,常用的子属性有 BackColor 和 ForeColor。下面的举例设置鼠标悬在动态菜单项上时前景色和背景色的变化。例：<DynamicHoverStyle BackColor="#00BBFF" ForeColor="White" />。

（10）Onmenuitemclick 事件：单击某菜单项时发生的事件，在此事件中，一般以菜单项的返回值 SelectedValue 的值确定单击的是哪个菜单项。

下面是图书借阅管理后台子系统二级菜单的设计方法。

首先插入 Menu 控件后，单击其右上方的快捷菜单，选"编辑菜单项"，弹出如图 9-13 左侧所示的菜单编辑器，利用"添加根项"和"添加子项"，设置一级菜单项和二级菜单项。选中相应的一级或二级菜单项，利用菜单编辑器右边的属性，设置菜单项的相应属性。

选中整个 Menu 菜单控件，在 VS 的属性窗口，设置整个菜单的属性，如图 9-13 右侧所示。

图 9-13　Menu 控件设计二级菜单

最终生成的代码如下。

```
<asp:Menu ID ="Menu1" runat ="server" ForeColor ="Black" Orientation ="Horizontal"
StaticEnableDefaultPopOutImage ="False" onmenuitemclick ="Menu1_MenuItemClick">
  <Items>
    <asp:MenuItem NavigateUrl ="~/Admin/Default.aspx" Text ="后台首页" Value ="后台首页">
    </asp:MenuItem>
    <asp:MenuItem Text ="读者管理" Value ="读者管理">
        <asp:MenuItem NavigateUrl ="#" Text ="读者类型管理" Value ="读者类型管理">
        </asp:MenuItem>
        <asp:MenuItem NavigateUrl ="#" Text ="读者信息管理" Value ="读者信息管理">
        </asp:MenuItem>
    </asp:MenuItem>
    <asp:MenuItem Text ="退出系统" Value ="退出系统"></asp:MenuItem>
    ……
  </Items>
```

　　　　<StaticMenuItemStyle Width＝"116px" VerticalPadding＝"5px"/>
　　　　<StaticHoverStyle BackColor＝"Red" ForeColor＝"White" />
　　　　<DynamicMenuItemStyle Height＝"20px" VerticalPadding＝"4px" BackColor＝
"LightBlue" Width＝"120px" />
　　　　<DynamicHoverStyle BackColor＝"＃00BBFF" ForeColor＝"White" />
　　</asp:Menu>

后台事件代码为：
　　protected void Menu1_MenuItemClick(object sender, MenuEventArgs e)
　　{
　　　　if (Menu1.SelectedValue ＝＝ "退出系统")
　　　　{
　　　　　　Response.Write("<script>window.close();</script>");
　　　　}
　　}

　　从上面讲解可以看出，有三种类型的人员访问系统，分别是匿名用户、读者和管理员。建议把匿名用户能够访问的页面放在站点根目录下，读者访问"我的图书馆"中各菜单对应的页面，放在一个文件夹中，管理员主页面中各菜单对应的页面，放在另一个文件夹中，分类存放。

3. 借书页面设计

　　借书页面设计如图 9-14 所示，当在读者证号文本框中输入读者证号，"确定"后，右边显示相应信息，同时在下方显示其未还的图书；在图书编号文本框中输入图书编号后，单击确定按钮，在右边显示此图书当前的相关信息

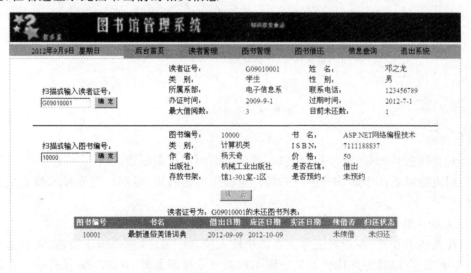

图 9-14　借书界面设计

设计思路：

　　(1)对页面上面部分，可以在母版中实现，其他页面利用母版创建，减少系统的开发工作量，也便于程序的统一。

(2)用表格对页面中间部分进行布局。页面中部的右边,是用标签来显示读者信息和图书信息。

(3)页面下部显示读者未还图书列表的是用 GridView 控件实现。

(4)在此借书界面,在读者证号文本框中输入读者证号后,单击确定按钮,在右边显示此读者的相关信息,同时把此读者的未还图书列表显示在下方的 GridView 控件中。在图书编号文本框中输入图书编号后,单击确定按钮,在右边显示此图书当前的相关信息。如果读者未还书的数量大于等于可借书的数量,或者要借的书不在馆,则通过代码方式,设置下面的"借出"按钮的状态属性 Enabled 为无效,不可使用,否则,按钮可以使用,图书可以借出。

4. 还书页面设计

还书页面设计如图 9-15 所示,当在读者证号文本框中输入读者证号,"确定"后,右边显示相应信息,同时在下方显示其未还的图书;在图书编号文本框中输入图书编号后,单击确定按钮,在右边显示此图书当前的相关信息,如果输入的图书编号处于超期未还状态,归还按钮的状态属性 Enabled 为无效,不能归还,转入罚款页面,交完罚款后,按钮才能使用。

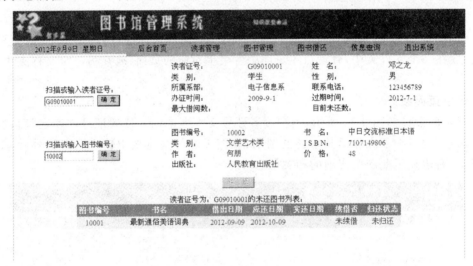

图 9-15 还书界面设计

设计思路:

(1)对页面公共部分,在母版中实现,其他页面利用母版创建。

(2)用表格对页面中间部分进行布局。页面中部的右边,是用标签来显示读者信息和图书信息。

(3)页面下部显示读者未还图书列表的是用 GridView 控件实现。

(4)在此还书界面,在读者证号文本框中输入读者证号后,单击确定按钮,在右边显示此读者的相关信息,同时把此读者的未还图书列表显示在下方的 GridView 控件中。在图书编号文本框中输入图书编号后,单击确定按钮,在右边显示此图书当前的相关信息。如果输入的图书编号处于超期未还状态,归还按钮的状态属性 Enabled 为无效,不能归还,转入罚款页面,交完罚款后,按钮才能使用。

习 题 9

1. 由项目组长搭建三层构架的系统框架,确定好整个项目的命名规范,建立好相应的文件夹,把框架分发给小组各成员。

2. 按照项目的功能模块和项目的架构体系,为本项目小组各位同学,分工各自应完成的实训任务,时间分配与进度安排。

3. 总结项目完成情况,记录项目开发过程中的得失,编写项目总结报告,要求字数在 15000 字以上。